国家林业局职业教育“十三五”规划教材

湖南

与森林养生资源概览

屈中正 文学禹 张艳红 范适 主编

中国林业出版社

图书在版编目(CIP)数据

湖南森林体验与森林养生资源概览 / 屈中正，文学禹，张艳红，范适主编. －北京：中国林业出版社，2017.7
国家林业局职业教育“十三五”规划教材
ISBN 978-7-5038-8618-8

Ⅰ.①湖…　Ⅱ.①屈…②文…③张…④范…　Ⅲ.①森林资源－职业教育－教材
Ⅳ.①S757.2

中国版本图书馆 CIP 数据核字(2016)第 164663 号

国家林业局生态文明教材及林业高校教材建设项目

中国林业出版社·教育出版分社
策划编辑：吴　卉　高兴荣
责任编辑：高兴荣　吴　卉
电　　话：(010)83143552

出版发行　中国林业出版社(100009　北京市西城区德内大街刘海胡同 7 号)
E-mail：jiaocaipublic@163.com
电话：(010)83143500
http：//lycb.forestry.gov.cn
经　　销　新华书店
印　　刷　北京中科印刷有限公司
版　　次　2016 年 10 月第 1 版
印　　次　2017 年 7 月第 2 次印刷
开　　本　787mm×1092mm　1/16
印　　张　24.5
字　　数　430 千字
定　　价　35.00 元

《湖南森林体验与森林养生资源概览》
编写人员

主　编

屈中正　文学禹　张艳红　范　适

副主编

李　蓉　张　翔

编写人员（按姓氏笔画排序）

文学禹　刘　旺　刘剑飞　许凌云
李　常　李　蓉　张艳红　张　翔
陈建平　范　适　郑新红　屈中正
顾裕文　廖晶晶　谭小雄　谭新建

前　言

发展森林体验和森林养生产业是践行习近平总书记“绿水青山就是金山银山”这一科学论断的重大举措。湖南作为我国南方重点林区之一，1982年，经国家计委和林业部批准建立了我国第一个国家森林公园——张家界国家森林公园。湖南作为全国林业建设的排头兵，多年来，坚持把森林体验和森林养生作为林业基本建设去发展和落实。目前，湖南有森林和野生动物类型自然保护区120个、森林公园113个、国家级湿地公园27个；森林覆盖率达到57.5%，高于世界31.7%和全国21.63%的平均水平。湖南森林公园地域内及其周边地区居住着汉族、土家族、苗族、侗族、瑶族、回族、维吾尔族和壮族等民族，有丰富多彩的民族传统文化。三湘大地森林公园不但成为天然的自然美景，而且都形成了夏无酷暑，冬无严寒的森林小气候，具备极高的森林康养价值。湖南环境生物职业技术学院省级森林生态旅游专业教学团队成员，在充分调查的前提下，在理清湖南森林体验和森林养生各项资源的基础上，并结合生态经济学、生态旅游学、环境伦理学等知识以及可持续发展观等理论编写了该书。

我们的目的在于充分发掘湖南森林资源，全面推介湖南特色的地方森林养生与体验资源。全书涵盖湖南省1A以上的风景名胜区、省级以上的国家森林公园的森林资源，按照指标分类体系，全面理清森林相关的景区资源，进行重点整理，着眼森林体验和养生资源全面介绍。该书具有以下特色：第一，由大到小的框架结构，便于研究湖南省森林体验和养生资源的学者和研究人员掌握湖南省森林资源。本书以长沙为交通中心，向以各地、州、市分别延展的形势，对湖南省的资源进行全面介绍，各地、州、市均有基本的资源概览，并扼要阐述地位、交通、气候等全面情况。第二，按照交通需要，形成以长沙为中心，经地、州、市到景区，再到具体的旅游景点的体验攻略模式介绍，再辅以具体的适合养生和体验的景点给予详细介绍，纲举目张，便于查找。第三，改变传统景区导游模式，着力推介湖南省森林养生与体验资源，满足自驾游、团队游等大众旅游的需要，主要以体现森林康养功能为主要目的，避免湖南美好资源陷入养在深闺人未识的尴尬局面，大力推介人民的体验需求，并提供应知而未知的相关内容，是林业和旅游人才的必备读本。第四，图文并茂，具有很强的可读性。这对湖南森林养生和体验资源的全面普及和宣传，对正在建设的森林康养区具有积极的指导意义。

全书由屈中正拟订大纲，并先后四次召开编写成员会议。共分为上篇和下篇，其中上篇包含2章，下篇包含14章，由屈中正统筹、修改定稿。第一章第一节和第二章第一节由屈中正编写；第一章第二节、第二章第一节由张艳红编写。第三章、第十三章、第十六章由李蓉、谭新建编写；第四章、第九章、第十章由张翔、屈中正、刘剑飞编写；第五章、第十二章由郑新红、范适、李常编写；第六章、第十一章由陈建平、刘旺编写；第七章、第十五章由许凌云、张艳红编写；第八章由廖晶晶、顾裕文编写；第十四章章由谭小雄编写。

全书在编写过程中，得到湖南环境生物职业技术学院的大力支持，将该书列为南岳学者项目，给与了资金支持；党委书记罗振新研究员、院长左家哺教授就本书的编写提出了许多中肯的意见。该书在编写过程中参考和借鉴了国内学者的一些研究成果，在书中已全部注明，在此，我们表示真诚的谢意。由于编者水平有限，书中存在疏漏和不足之处，敬请有关专家和广大读者不吝指正。

屈中正
2016年6月

目录

上　篇

第一章　森林体验与森林养生理论分析研究

第一节　森林体验概述

一、森林体验问题的提出

（一）人与自然的关系

人类经历了原始文明、农业文明、工业文明。自然作为人类赖以生存的环境，随着人类生产力发展水平的提高，人类在处理自身与自然的关系上，在不同阶段体现出不同的认识和看法。公元前9000年，原始人类因为生产力发展水平有限，受制于自然，以自然为中心，属于典型的自然中心主义，人与自然、人与环境之间关系和谐。进入原始文明阶段后期，铁器的出现使人类改造自然能力得到极大地提升，人类进入了农业文明阶段。在这一时期，人类为了生存与发展会不自觉地对大自然进行开发与利用，同时在我国出现了“天人合一”的生态思想。这一时期，自然处于主导地位，人类处于从属地位，人与自然之间基本和谐。随着社会生产力的进一步提高，人类开始以自然“征服者”自居，对自然的过度开发，在给人类带来前所未有的物质享受的同时，也带来了生态破坏，使人类面临自然灾害，生态、资源、人口等的诸多问题。人类与自然的关系出现了“人类中心主义”。随着现代工业的发展，生态环境不断恶化与民众精神压力的持续加大以及生态环保意识的逐渐提高，走进森林、回归自然越来越受到重视。森林体验是依托于森林资源和森林景观，通过引导人们调动自身所有感官来感受森林、认识森林，了解森林与人类活动的各种关联，促进身心健康，激发人们主动参与森林保护积极性，作为回归自然、感悟生命的重要形式之一，森林体验以其清新自然的独特环境和积极参与全身心感受，成为人们缓解压力、获取知识、愉悦心情的一种新途径。

（二）工业革命以来人类面临的环境问题

恩格斯曾告诫人类：“不要过分陶醉于我们对自然界的胜利。对于每一次这样的胜利，自然界都报复了我们。”工业革命以来，科学技术的迅猛发展给人类带来了巨大的物质性成就，先进的科学技术既给人类带来丰厚的物质资源，也给生活带来了便捷的交通与快捷的信息技术服务，但是由于人类片面地把自然当作征服的对象，同时也埋下了人类生存和发展的潜在威胁。当前人类的生存环境问题已成为世界性的问题。随着科技的快速发展，在“人类中心主义”的实践中，人类消耗了大量的环境资源，加剧了资源短缺的压力，破坏了生态、破坏了环境，特别是城市的迅速发展超出社会资源的承受力，导致各种“城市病”出现。以首先步入工业化进程的西方国家为例，他们最早享受到工业化带来的繁荣，同时也最早面临了工业化带来的环境问题。我国自从改革开放以来，经济迅速发展腾飞，城市的集聚效应已非常明显。联合国将 2 万人作为定义城市的人口下限，10 万人作为划定大城市的下限，100 万人作为划定特大城市的下限。我国将市区常住人口 50 万以下的划定为小城市，50 万～100 万的为中等城市，100 万～300 万的为大城市，300 万～1000 万的为特大城市，1000 万以上的为巨大型城市。当前，我国常住人口超过 1000 万的城市有 6 个，而超过 700 万的已经有十几个。根据国家统计局发布的 2015 年国民经济运行情况，我国目前城镇人口占总人口比重的 56.1%。根据世界城市发展的一般历程，城市发展的过程大致可分为城市化、郊区化、逆城市化、再城市化四个阶段。在城市化发展阶段，如果人口的过度集聚超过了工业化和城市经济社会的发展水平，就会发生某些发展中国家出现的“过度城市化”现象。在 21 世纪，人类面临着许多问题，如资源的匮乏、空间不足和环境的污染等正在影响着人类的生活和生产。当前人类面临的环境问题主要表现在以下几个方面。

1. **人口问题**

人类生存的环境由复杂而众多的物质资源和空间环境组成。人类的生存与繁衍离不开自然资源，也离不开良好的环境。据科学家测算，地球最多只能养活 100 亿～150 亿居民。当今世界人口的急剧增长给自然资源与环境带来巨大压力，人口与资源、环境的矛盾成为当代世界的主要矛盾之一。

2. **交通问题**

主要表现为交通拥挤以及由此带来的污染、安全等一系列问题。交通拥堵不仅会导致经济社会诸项功能的衰退，而且还将引发人类生存环境的持续恶化，在机动车迅速增长的过程中，交通对环境的污染也在不断增加，并且逐步成为城市环境质量恶化的主要污染源。

3. **环境问题**

近百年来，以全球变暖为主要特征，全球的气候与环境发生了重大的变化。引起水资源短缺、生态系统退化。根据政府间气候变化委员会的预测，未来全球将以更快的速度持续变暖，未来 100 年还将升温 1.4 ~ 5.8℃，对全球环境带来更严重的影响。环境污染使得城市从传统公共健康问题(水源性疾病、营养不良、医疗服务缺乏等)转向现代的健康危机，包括工业和交通造成的空气污染、噪音、震动以及精神压力导致的疾病等。

4. **资源问题**

联合国环境规划署在《全球环境展望》中指出“目前全球一半的河流水量大幅度减少或被严重污染，世界上 80 多个国家或占全球 40% 的人口严重缺水。如果这一趋势得不到遏制，今后 30 年内，全球 55% 以上的人口将面临水荒”。进入 21 世纪，随着我国国民经济的高速发展，人们已经开始由温饱需求转向健康需求。但是，随着现代工业高速发展，人口密度增高，噪音和废气污染日益严重，人们工作的强度越来越高，生活节奏越来越快，导致慢性病、文明病等发病率逐年上升。另外，随着闲暇时间的不断增多，也促使了人们开始考虑如何利用休闲时间来提高生活质量，改善健康。

二、森林体验的概念

森林体验是经济社会发展的必然产物，它体现了人们对人与自然关系认识的提高，体现了人们在基本的物质生活条件得以满足后，对生活品质和精神文化的更高追求。随着人们生活水平的提升和闲暇时间的增多，人民的消费观念发生了改变出现了新的发展趋势，人们对回归自然、休闲身心的愿望也与日俱增。森林正以其优越的生态环境、丰富的自然资源、独具特色的养生保健功能吸引着越来越多的体验者。总的说来，森林体验是人们通过各种感官感受、认知森林及其环境的所有活动的总称，是依托于森林资源和森林景观，通过引导人们调动自身所有感官来感受森林，认识森林，了解森林与人类活动的各种关联。

三、森林体验的类型

森林体验主要通过以下两个途径得以实现：一种是自然体验法，即通常要借助于游乐活动，使人们从感情上亲近自然成为可能，从而实现对纯自然的感知力；另一种是互动启发法，即在自然体验所启发的过程中，通过群体之间的交流、疏导等互动过程，使体验者舒缓压力建立相互信任感，最终达到促进身心健康的目的。森林体验有利于充分挖掘和发挥森林的多重功能、提升森林价值，实现保护森林生态环境与实现森林多功能利用的有效平衡；有利于提供高质量的环境教育机会和户外休闲体验，促进森林旅游向参与化、互动化、趣味化的体验经济方向发展。森林体验可以分为观光型体验、认知型体验和休闲型体验 3 种类型。

1. 观光型体验

指人们通过到森林观光游览从而到达到改变常居环境、开阔眼界、增长对森林功能的见识、陶冶性情、怡悦心情、鉴赏大自然造化之美的需求和目的，各种游憩活动的主要目的是不断拓展和提升人们在认知、运动、生产、生活等方面的体验机会，增强游客参与性，提高满足感。这是森林体验发展最初始的体验产品类型，也是最大众、最初级的体验产品，这类产品较易进入大众的视线并被接受。

2. 认知型体验

学习知识、研究学术是认知型体验产品的特性，它将教育元素融入森林体验活动是大势所趋。通过体验，人们在保护环境中加强亲近自然的意识，在开放、广阔的森林里学会如何与自然和谐相处。

3. 休闲型体验

关注的是人们精神层次的需求，它能为游客提供参与休闲、康体、探险等机会。根据民众对产品体验的不同深度，又可将其分为森林保健体验、森林娱乐体验、森林运动体验和森林探险体验 4 种形式。

四、森林体验的起源及发展

在国际上，森林体验主要是因为森林的康体功能与教育意义而被提出的。早在 19 世纪 40 年代初，先富起来的德国人出现了“文明病”。从生物需要大自然的天性出发，德国人让这些患者住进了森林，在宁静幽雅的森林环境中，跋山涉水、静思养神。1840 年，德国人为治疗“文明病”创造了“气候疗法”。而后，法国提出了“空气负离子浴”；韩国的“休养林构想”，在森林体验的康体功能方面，主要是利用森林的保健功能，通过置身于森林之中，利用森林环境及地形进行散步或相关运动，调节身心以达到疗养目的。通过以上活动，促进了森林体验的普及和发展。

日本最早于 20 世纪 50 年代末就正式开展了相关的森林体验活动。早在

1959 年，日本政府为了纪念今上天皇成婚，就成立了以开展青少年森林体验与教育为宗旨的国立中央青年之家，开创了日本森林体验之先河，随后至 1976 年在全日本设立了 13 所国立青年之家。为了研究森林体验的作用与效果，促进国民回归自然，提高身心健康，日本先后成立了国立青少年教育振兴机构、森林疗法研究会、森林体验教育网络等，并以森林体验为对象进行了一系列系统的研究，在理论与实践上都取得了一定的成果，成为世界森林体验研究与开发的典范。目前，日本将 15% 的国土面积划为森林公园，每年约有 8 亿人次去林区体验、游憩。

日本在已有森林体验的康体功能的基础上又提出了森林疗法的概念，即在森林环境中，人们利用五感来体验自然的风景、触感、声、生命力，或者利用森林地形、气候并通过在森林中运动、散步、吐纳、吸收植物精气、触摸植物等来维持和增进身心健康。经过 60 年的发展，森林体验在日本已被民众广泛接受，科学界以及政府相关部门也逐步完善了对森林体验开发利用的理论研究与管理体制，为该项活动的后续发展提供了坚实的基础。日本森林体验活动的开展主要依托于体验自然环境与促进身心健康的教育和理疗的视角。目前，日本开展森林体验活动已日趋成熟，其形式主要有以下 2 种：一是以“青少年自然之家”为平台，以森林体验为纽带，针对不同群体的青少年及相关者开展自然体验、环境教育等相关活动；二是以“森林浴、森林疗法”为基础开展森林体验活动，在森林环境中利用五感来感受自然的声、风景、味道、触感、生命力，或者利用森林地形、气候等来维持和增强身心的健康。其中在每个基地及步道的介绍中都标注了海拔、地形、气象与气候、森林类型、优势树种以及各种特色体验项目等相关信息。

另外，一种森林体验活动同样起源于德国。1986 年，德国森林基金会就提出了森林体验教育的方式，由此森林体验与教育的结合开始得到不断发展。其主旨是通过人们参与互动的森林体验活动，加深对森林的认知和感悟，激发人们爱护森林与环境的自觉性，引导人们积极保护森林，促进人与自然和谐相处。

联合国大会于 2011 年国际森林年确定了“森林为民”的主题，以此提高人类对各类森林可持续管理、森林保护和可持续发展的认识，让人们关注人类与森林的相互联系，鼓励世界各国、区域和地方组织根据各自的兴趣参与到森林的各项活动中去。

第二节　森林养生概述

一、森林养生的时代意义

现代文明给人类带来物质享受，从根本上改变了人类原先的生活方式和习性。大量工业废气排放造成地球大气层的破坏，全球气候变暖，温室效应，冰川融化，海平面升高，各种自然灾害加剧；有害物质过量排放，使空气、土壤、水源污染。随着我国国民生活水平的逐步提高。营养过剩造成各种代谢紊乱，体内毒素排泄受阻，从而诱发心脑血管疾病。现代病的症状名目繁多，正吞噬着人们的健康，都市中人们的"亚健康"状态日渐普遍，然而现代医学又往往对其束手无策。人类要具备抵抗各种病毒、细菌的防疫能力，创造健康的体魄，最重要是增强自身的自然免疫力及对各种疾病的自然治愈力。

古希腊哲学家赫拉克利特曾说"如果没有健康，知识无法利用，文化无从施展，智慧不能表现，力量不能战斗，财富变成废物"。世界卫生组织研究指出：如果一个人的健康指数是100%，那么健康的影响因素中，遗传因素占15%，社会因素占10%，医疗条件占8%，环境因素占7%，而个人生活方式高达60%。良好生态环境是最公平的公共产品和最普惠的民生福祉。生态美不美，要看绿和水，随着经济的发展和生活节奏的不断加快，人们对"养生"的需求不断提高。以习近平同志为总书记的党中央提出"美丽中国""生态文明""山水林田湖生命共同体""绿色发展"等执政理念及新概念，将"绿色化"与"新型工业化、信息化、城镇化、农业现代化"提至同等重要地位进行国家总体布局。

二、森林养生与森林环境

(一)森林养生

利用森林优质环境和绿色林产品等优势，以改善身体素质及预防、缓解和治疗疾病为目的的所有活动的总称。

(二)森林环境

森林养生基地需要具备优越的自然生态环境、良好的森林游憩条件、舒适的生活养生环境等基本条件。森林环境可分为气环境、光环境、水热环境和声环境4种。

1. **气环境**

主要涉及森林氧气、植物精气、负离子、空气洁净度和空气含菌量5项内容。

(1)森林氧气

森林通过光合作用吸收二氧化碳放出氧气，又通过呼吸作用吸收氧气和放出二氧化碳。光合作用制造的氧气是呼吸作用吸收的氧气的20多倍。据统计，1公顷森林1年生产12吨氧气，全世界森林1年共生产459亿吨氧气供人类呼吸，同时吸收掉近千亿吨二氧化碳。如果按一个成年人每日呼吸消耗0.75千克的氧气，排出0.90千克二氧化碳。根据这个标准推算，1公顷森林制造的氧气，可供1000人呼吸。而城市中各种燃料产生的二氧化碳，比呼吸放出的量大2~3倍，所以每人应具有30~40平方米的森林绿地面积。

(2)植物精气

植物精气是指植物的花、叶、木材、根、芽等油性细胞在自然状态下释放出的气态有机物。植物精气主要成分是萜烯类化合物(不饱和的碳氢化合物)。植物精气是植物的油性细胞不断分泌出来的一种"气"，散发在空气中，通过呼吸道和人体皮肤表皮进入体内，最后为人体所吸收。萜烯类化合物被人体吸收后，有适度的刺激作用，可促进免疫蛋白增加，有效调节植物神经平衡。新鲜的植物精气可以增强森林空气的舒适感和保健功能。根据不同植物释放的精气成分的差别和人们保健康复的不同需求，设置不同的区域，分别选择不同的植物进行组合配置栽培，从而形成特殊的森林小环境。

(3)负离子

空气负离子又称负氧离子，是指获得1个或1个以上的电子带负电荷的氧气离子。空气的正、负离子，按其迁移率大小可分为大、中、小离子。对人体有益的是小离子，也称为轻离子，其具有良好的生物活性。空气主要成分是氮、氧、二氧化碳和水蒸气，其中氮占78%，氧占21%，二氧化碳占0.03%，由于氮对电子无亲和力，只有氧和二氧化碳对电子有亲和力，因此，空气中生成的负离子绝大多数是空气负氧离子。在一般情况下，地表面正离子多于负离子，正、负离子浓度比值常大于1，正、负离子浓度各为400~700个/立方厘米左右。

空气负离子是对人体健康非常有益的一种物质。负离子主要通过以下两个渠道进入人体：一是通过皮肤，每一个负离子的大小只有1~3个纳米，所以细小的负离子可以直接通过细胞的间隙进入人体，人体的正常运转是需要生物电的，负离子能轻松进入细胞为人体"充电"；二是通过呼吸道，负离子可以通过与灰尘、细菌、微生物等有毒有害物质的结合，发生物理上的中和反应后下沉到地面或附着在墙面上，从而调节空气质量，并会随着空气进入人们的呼吸道。当人们通过呼吸将空气负离子送进肺泡时，能刺激神经系统产生良好效应，经血液循环把所带电荷送到全身组织细胞中，能改善心肌功能，增强心肌营养和细胞代谢。

空气负离子是和一种对保护环境非常有益的物质。人体的自然防卫只能对付大颗粒的烟尘。负离子纤维中的负离子在空气中呈"Z"字形移动，很容易给细菌、灰尘、烟雾微粒以及水滴等输送负电荷，电荷能中和空气中的尘埃、细菌、病毒等物质，与这些微粒聚集成球后落到地面，使污浊空气转化成新鲜清净的空气，从而起到净化效果。

在人烟稠密的大都市、工业污染地区、密闭的空调间，所产生的污染物及污染物的液体、固体和各种生物体与空气形成的气溶胶，使大量的小空气离子结合成大离子而沉降、失去活性，使小的空气负离子浓度降低，并出现正、负离子很不平衡状态，而令人感到不适，甚至出现头昏、头痛、恶心、呕吐、情绪不安、呼吸困难、工作效率下降等不良反应，以至引起一些症状不明的病变。长期生活在森林中的居民之所以疾病少、寿星多，与负离子含量高有着密切的关系。自然界中，空气正、负离子是在紫外线宇宙射线、放射性物质、雷电、风暴、瀑布、海浪冲击下产生的。山林、树冠，叶端的尖端放电，以及雷电，瀑布，海浪的冲击下，也可以形成较高浓度的小空气负离子。负离子不但能中和正离子，而且能抑制正离子对人类健康的危害。负离子要发挥保健功能必须达到一定的含量，世界卫生组织公布的标准是每立方厘米含有 1000 个以上的负离子才是对人体有益的。一般自然状态下，森林、瀑布、海洋及矿藏较丰富的地方产生的负离子浓度较高。大气负离子在自然生态环境中每立方厘米的浓度分布如下：森林瀑布为 10000 ~ 20000；城市公园为 200 ~ 1000；高山海边为 5000 ~ 10000。负离子是相对于正离子而言的一种宇宙能量。

(4)空气洁净度

洁净度指洁净空气中空气含尘(包括微生物)量多少的程度。空气中含尘浓度高则洁净度低，含尘浓度低则洁净度高。森林是良好的吸尘器，携带各种粉尘的气流遇到森林，风速就会降低，一部分尘粒降落地面，另一部分被树叶上的绒毛、黏液和油脂等粘住。林木在低浓度范围内，吸收各种有毒气体，使污染的环境得到净化。森林吸附粉尘的能力是裸露的大地的75倍。随着工矿企业的迅猛发展和人类生活所用矿物燃料的剧增，受污染的空气中混杂着一定含量的有害气体，威胁着人类，其中二氧化硫就是分布广、危害大的有害气体。据测定，森林种空气的二氧化硫要比空旷地少15%～50%。若是在高温高湿的夏季，随着林木旺盛的生理活动功能，森林吸收二氧化硫的速度还会加快。树木能分泌出杀伤力很强的杀菌素，杀死空气中的病菌和微生物，对人类有一定的保健作用。

(5)空气含菌量

由于空气中绝大多数细菌对人体健康有害，因此，空气中细菌含量已经成为评价一个地区空气质量好坏的重要指标。森林能分泌杀菌素，如萜烯、酒精、有机酸等。如1公顷的榉树、圆柏、槐树等树木，一昼夜能分泌30千克杀菌素。这些物质能杀死细菌、真菌和原生动物，使森林中空气含菌量大大减少。数据表明，森林空气中细菌含量为每立方米0～320个，极个别森林会达到每立方米500个；而城市空气中细菌的含量一般为每立方米2700～28600个，大部分城市为每立方米16000～28600个，大大超过国家卫生标限值每立方米3700个。

2. 光环境

人们通过听觉、视觉、嗅觉、味觉和触觉认识世界，在所获得的信息中有80%来自光引起的视觉。人眼对环境的明暗需要进行调节和适应。视觉的调节和适应过程是由眼睛瞳孔的放大或缩小以及锥状细胞和杆状细胞的过渡来完成的，需要一定的时间。光干扰是指有害的人工光对人或生物的正常活动造成干扰的现象。长期在有频闪的光源下，必将使瞳孔括约肌和视网膜因过度使用而疲劳、酸痛甚至伤害视神经，导致眼睛疲劳、酸疼，之后是头晕头痛，再后是心烦紧张，甚至心动过速。对于休息、娱乐的公共场所，合宜的光环境能创造舒适、优雅、活泼生动或庄重严肃的气氛。漫步森林，我们会感到光线柔和，从而产生极强的舒适感，这是因为树叶对阳光进行了过滤造成的。根据相关研究，森林环境散布所处的光环境照度是在城市环境的2/9，这说明森林中的光环境照度变化是不大可能造成炫光和眼睛不适的。

3. 水热环境

水环境是指围绕人群空间及可直接或间接影响人类生活和发展的水体，其正常功能的各种自然因素和有关的社会因素的总体。水环境是构成环境的基本要素之一，是人类社会赖以生存和发展的重要场所，也是受人类干扰和破坏最严重的领域。水环境的污染和破坏已成为当今世界主要的环境问题之一。热环境是指由太阳辐射、气温、周围物体表面温度、相对湿度与气流速度等物理因素组成的作用于人，影响人的冷热感和健康的环境。森林有“绿色水库”之称。大面积的森林一般都生长在年降水量为600毫米以上的湿润地区或半湿润地区，在这种降水量大的地区，森林可以缓解径流，它通过涵养一部分水源，使降水细流化，从而调节地下水资源。森林灌层可以调蓄15%～30%的降水量。森林的枯落物质层（指地面土壤以上），可以调蓄2%～5%的降雨量。森林每天要从地下吸收大量水，这些水大部分通过植物的蒸腾作用回到大气中，使森林上空的空气湿润，气温降低。据研究，森林环境中的空气温度约为20.1℃，人体最适宜的温度在18～24℃；森林环境中的相对湿度为75.1%，人体最适宜的健康湿度在40%～65%之间。

4. 声环境

人类生活在一个有声的环境中，通过声音表达思想感情以及开展各种活动。声音是由物体振动产生的声波。频率在20 Hz～20000 kHz之间作用于人的耳鼓膜而产生的感觉称为声音。我们把生活和工作所不需要的声音叫噪声。噪声长期作用于人的中枢神经系统，可使大脑皮层的兴奋和抑制失调，出现头晕、头痛、耳鸣、多梦、失眠、心慌、记忆力减退、注意力不集中等症状，严重者可产生精神错乱。研究发现，噪声超过85dB，会使人感到心烦意乱，无法专心地工作。据测定，超过115dB的噪声会造成耳聋；当噪声强度达到90dB时，人的视觉细胞敏感性下降；噪声达到95dB时，有40%的人瞳孔放大，视力模糊；而噪声达到115dB时，多数人的眼球对光亮度的适应都有不同程度的减弱。

森林是天然的消声器，具有防噪声效果，声波碰到林带，能量会被吸收20%～26%，声音强度会降低20～25dB，树木还能减少声音的反射。森林养生中，声环境也是非常重要的。人们在噪声较低的森林中，可以聆听鸟的鸣叫、水的流动等“天籁之音”。

三、森林养生的层次与类型

（一）森林养生的层次

就是充分利用森林环境和森林产品，科学地发挥森林保健效果，让人们置身森林之中，吸收天地精华，并根据森林环境及自然资源、文化等特点，有针对性地强化五感体验，开展静养、运动以及保健教育，必要时辅以医疗保健人员的指导，从而帮助人们达到预防疾病和增进(维持)身心健康的目的。根据《黄帝内经》对“养生”的三个境界划分，森林养生可以分为养身、养气、养心3个层次。

①森林养身　以森林环境和森林产品为物质基础，以保证形体、体格的健康为主要目的，科学地发挥森林保健效果，内养正气以强身，外避虚邪以防病。

②森林养气　以森林自然环境和森林精神文化为依托，达到形神共养的目的。

③森林养心　属于天人合一的最高层次，是指将身体与心灵全部融于森林乃至整个自然界中，主动将自己日常行为和精神情志活动，与自然环境和社会环境融为一体。

(二)森林养生旅游的类型

良好的生态，才是养生的基础。养生首先在于环境，绿色环境与森林是生态养生的理想场所，有较为丰富的资源。森林养生资源主要集中在山林溪谷，以绿色环境、湿润空气、适居温度、矿泉水质等为养生原料。主要的资源有空气资源(负氧离子含量极高的空气)、气候资源(适宜的温度条件、日光条件)、山林资源(花卉、竹、草药等具有特色的植物、动物)、水资源(有特殊矿物质的泉水、河流、湖泊等)、养生文化遗迹资源(养生文化的名人、寺庙、场所等)、养生民俗资源(不同民族、民俗的养生方式)。森林养生资源从大方面来看，可以分为自然资源系统和人文资源系统两大类型。

1. 自然资源系统

主要包括以下四类：一是地文资源，包括地质景观资源(岩石、矿物、古生物化石、火山、地震遗迹等)、地貌景观资源(山岳景观、岩溶景观等)等；二是水体资源，包括河流、湖泊、温泉、瀑布、海滨等；三是气候资源，包括宜人的气候、天象奇观等；四是生物资源，包括古树名木与奇花异卉、珍稀动物及其栖息地等森林生态资源。

2. 人文资源系统

主要包括两类：一是人工自然型资源，包括森林公园、植物园、动物园(含野生动物园)、自然保护区、风景名胜区、野营地等；二是人造文化型生态旅游资源，包括历史文化遗产、民族风情、特种纪念馆和纪念地等。

四、森林养生在国内外的发展状况

（一）森林养生在国际的发展状况

森林养生在国际上早有发展，在西方发达国家，经济发展领先，一系列的文明病、富贵病也比较早出现，西方国家里也比较早开始关注预防疾病、保持身体和心理健康的研究。德国、法国、英国、日本、韩国、美国等国家都进行了不同程度的探索，也取得了相应的成果。国家层次上的森林养生发展经历了三个阶段。

第一阶段：1980 年以前，以德国为代表的雏形期。德国是世界上最早开始森林养生实践的国家。1840 年，德国人为治疗“都市病”创造了气候疗法。1855 年，赛帕斯坦·库乃普医师倡导利用水和森林开展“自然健康疗法”。他在德国选择了一个名叫巴特·威利斯赫恩的小镇作为实验场所，随着疗养效果日趋显著及到访人数日益增多，镇上随之建立了数十家专门为疗养者开设的旅馆。旅馆中配有精通库氏疗法的医师，疗养者按照医生的指导专心疗养。整个巴镇也成为一个环境宜人、设施齐全的森林疗养地。如果翻阅菜单，人们还会发现专门为糖尿病、痛风患者等设计的食谱。镇上经常举行音乐会，并欢迎疗养者前去欣赏。疗养者大多来自喧闹的城市，当他们置身于这郁郁葱葱的休养地，如同到了世外桃源，对恢复身心健康十分有益。如今，在德国有 350 处森林疗法基地，公民到森林公园的花费已被纳入国家公费医疗范畴。

美国是最早开始发展森林养生，并实施养生旅游的国家之一。美国的森林面积有 2946 亿公顷，占国土面积的 32%。其中 28% 的森林为国有林，森林养生度假是森林旅游的重要形式。美国太阳河度假村，被誉为美国前十大家庭旅游度假区，某占地面积为 13.4 平方千米，三面被森林环绕，拥有如茵的草地和美丽的松树林，是不同年龄的度假游客、户外运动爱好者的养生天堂。这里提供创新、变化的配套服务和深度体验运动的空间养生场所，成为世界各地开发养生度假基地学习借鉴的标杆项目。其体系构建主要分为“旅”“居”“节”“业”四个体系，通过旅游项目、节事活动等形成完整的养生度假功能。

第二阶段：1980—2000 年，以日韩为代表的发展期。1982 年，日本林野厅首次提出将森林浴纳入健康的生活方式，并举行了第一次森林浴大会。1983 年，日本林野厅又发起了“入森林、浴精气、锻炼身心”的建设活动。日本的森林综合研究所及日本医科大学的研究小组对成人病的元凶通过科学的数据加以证实，认为成人病的主要元凶是压迫感，并提出森林是解决压迫感的最佳环境，并公布日本10处可让人感到放松的森林名单。

韩国位于亚洲朝鲜半岛南部，三面环海。属海洋性气候，森林覆盖率63%。韩国在1982年开始提出建设自然疗养林，1988年确定了4个自然养生林建设基地，1995年将森林解说引进到自然养生林，启动森林利用与人体健康效应的研究。韩国大约有120处休养林，分别由国立自然休养管理办公室、地方自治团体、个人等进行管理，其中的36处休养林归国立自然休养林管理办公室管辖，对林内的植物及设施进行管理和维护。在自然休养林中，体验和教育设施非常完善。常见的设施有自助宿营场、休养文化会馆、野生植物园、观景台、露营地、探访路以及可以享受山林浴和丛林文化体验的天然学习场等。韩国自然休养林的森林景观是自然、干净、设施齐备。林区内的植被和水体都保持自然的状态，林区内虽然没有垃圾桶，但看不到乱扔的垃圾，人们都用随身携带的塑料袋将垃圾带走集中处理。

第三阶段：2000年以后，全世界蓬勃发展期。进入21世纪，各国纷纷认识到森林所带来的健康养生效益，欧盟于2004—2008年期间发起了森林、林木及人类健康与福祉的研究；韩国营建了158处自然休养林、173处森林浴场，修建了4处森林疗养基地和1148千米林道，也有较为完善的森林疗养基地标准和森林疗养服务人员资格认证、培训体系。古巴和印度森林养生工作都开展得较为成功，并吸引大量的游客，这些游客大部分通过森林养生旅游来治疗他们的皮肤或其他的一些疾病（神经衰弱等）。古巴是森林资源丰富的国家，其森林保健资源开发利用的研究已粗具规模，尤其在森林保健旅游产品的开发方面的研究比较领先。研究者指出，在休闲健康旅游过程中不仅需要提供高品质健康旅游产品来改善人们的健康，同时还需要一系列的配套设施来支持，如在旅途过程、餐饮过程中都应该注意实施对人们健康有帮助的运用模式和注意要点。2003年，日本学者首次提出“森林浴”的概念，并进行了一系列“森林浴”的项目研究和产品的开发利用。日本于2004年成立森林养生学会，正式开始森林环境及人类健康相关的循证研究。2007年，日本森林医学研究会成立，首次使用了“森林医学”的说法，进一步丰富了森林养生内涵。由此，日本也成为世界上拥有最先进、最科学的森林养生功效测定技术的国家。同时，日本建立了世界首个森林养生基地认证体系，截至2013年，全国共认证了57处、3种类型的森林疗养基地。在森林讲解员、治疗师培训与资格认证方面有严格的标准和制度，现有1000个有资质的从业人员。

（二）国内关于森林养生保健的研究进展

我国的森林体验与养生是在前期生态旅游实践与理论的基础上建立和发展起来的。按照中国传统养生理念，人们就认为养生旅游是一种体验式的旅游形式，它融合了养生文化、养生产业和生态旅游等方式，并体现了中国传统哲学中的天人合一思想。

1982—1990 年，我国森林养生的雏形期。我国在 20 世纪 80 年代起，开始以森林观光为主要旅游形式，这为森林养生发展奠定了基础和条件。1982 年，我国建立了第一个国家森林公园——湖南张家界国家森林公园，由此掀开我国森林休闲体验发展的新篇章。随后的 10 年，我国建立了 34 处国家森林公园。

1991—2000 年，我国森林养生的探索期。1992 年，林业部在大连召开的全国森林公园及森林旅游工作会议标志着现代中国森林旅游产业进入快速发展的上升阶段。20 世纪 90 年代中期，我国森林公园建设逐步兴起，国内学者结合森林旅游就森林养生问题进行不同角度的研究。有的学者提出了在森林公园规划中选择森林疗养地的条件及发展国内森林疗养的建议；有的学者通过对不同国家森林公园的空气负离子含量进行测量，得出空气中负离子含量比城市郊区和闹市区的房内高出 80～160 倍，对保健、疗养有很高的利用价值。也有的学者根据森林公园的气候、自然条件等，建议对森林公园规划出空气浴、日光浴、负离子理疗等养生功能区。这些对我国的森林养生的理论积累和社会实践起到很好指导作用。至 1999 年初，全国已经建起不同类型、不同层次的森林公园近 900 处。1999 年昆明世博会和 1999 年国家旅游局的“'99生态环境旅游”主题活动都大幅度推进了我国的生态旅游实践。1999 年，四川成都借世界旅游日主会场之机推出了九寨沟、黄龙、峨眉山、乐山大佛等生态旅游区，开发生态旅游产品。随后，湖南张家界国家森林公园举办国际森林保护节，推出武陵园等生态旅游区。以湖南和四川为起点，生态旅游逐渐在全国范围内发展起来。

2001 年至今，是我国森林养生的发展期。习近平总书记强调，“人民身体健康是全面建成小康社会的重要内涵，是每一个人成长和实现幸福生活的重要基础”。2007 年，党的十七大报告提出：“要建设生态文明，基本形成节约能源资源和保护生态环境的产业结构、增长方式、消费模式。”在理论上提出三重生态观，逐步实现自然生态、类生态和内生态的健康持续发展与圆融和谐发展。党的十八大将生态文明提到一个前所未有的战略高度，从建设“美丽中国”的高度把生态文明置于贯穿五大文明建设的始终，全党全社会加快推进生态文明建设。截至 2013 年年底，全国共建立森林公园 2948 处。其中，国家级森林公园和县(市)级森林公园相当，分别为 779 处和 797 处；省级森林公园最多，高达 1371 处。2015 年，北京启动了“森林休养基地”建设，黑龙江等地开展了“森林医院”“森林疗养基地”建设活动，进行了有益探索。2016 年 1 月，国家林业局发布《关于大力推进森林体验和森林养生发展的通知》提出：充分利用森林的体验和养生功能，是发挥森林多种功能的重要途径，是加快转变林业发展方式、激发林业生产力的重要途径，也是加强生态文明建设和健康中国建设的重要途径。

第二章　湖南森林体验与森林养生资源研究

第一节　湖南基本概况

一、地理位置

湖南省地处我国中部、长江中游，因大部分区域处于洞庭湖以南而得名“湖南”，因省内最大河流湘江流贯全境而简称“湘”，省会驻长沙市。湖南东临江西，西接重庆、贵州，南毗广东、广西，北与湖北相连。土地面积21.18万平方千米，占中国国土面积的2.2%，在各省市区面积中居第10位。全省总人口6 737.2万人(2014年)，辖14个地州市、122个县(市、区)。湖南自古盛植木芙蓉，五代时就有“秋风万里芙蓉国”之说，因此又有“芙蓉国”之称。湖南省属于长江中游地区，地处东经108°47′~114°15′。省界极端位置，东为桂东县黄连坪，西至新晃侗族自治县韭菜塘，南起江华瑶族自治县姑婆山，北达石门县壶瓶山。东西宽667千米，南北长774千米。

二、地　形

湖南地势属于云贵高原向江南丘陵和南岭山地向江汉平原的过渡地带。全省东、西、南三面山地环绕，逐渐向中部及东北部倾斜，形成向东北开口不对称的马蹄形。炎陵县的神农峰(酃峰)是省内地势的最高点，峰顶海拔2 122.35米。湖南地势的最低点，是临湘县的黄盖湖西岸，海拔只有24米，与省内最高点相差2000米左右。湘西有海拔在1000~1500米之间山势雄伟的武陵山、雪峰山盘踞，是湖南省东西交通的屏障。雪峰山从城步苗族自治县至益阳境内是资水和沅水的分水岭，是湖南省东、西自然条件的分界线。湘南有南岭山脉，峰顶海拔都在1000米以上，向东西方向延伸，是长江和珠江水系的分水岭，山间盆地较多，谷地为交通要道。湘东有幕阜、连云、九岭、武功、万洋、诸广等山，海拔一般为500~1000米，均为东北—西南走向。湘中为海拔500米以下的丘陵，台地广布。这些盆地多为河谷沟通，并有河流冲积平地。湘北为洞庭湖及湘、资、沅、澧四水尾间的河湖冲积平原，海拔多在 50 米以下。

三、地　貌

湖南全省可划分为六个地貌区：湘西北山原山地区、湘西山地区、湘南丘山区、湘东山丘区、湘中丘陵区、湘北平原区。地貌按成因可分为：以流水地貌为主，占全省总面的 64.76%，岩溶地貌次之，占 25.97%；湖成地貌最小，仅占 2.88%，水面积占 6.39%。按组成物质(不含水域)分沉积岩(包括砂质岩、碳酸盐岩、红岩、第四纪松散堆积物)地貌为主，占全总总面积的 57.75%；变质岩类地貌次之，占 24.99%；岩浆岩类地貌，仅占 8.87%。按海拔高度(含水域)分，以 300 米以下地貌为主，占全省总面积 44.27%；300～500 米地貌次之，占 22.58%；500～800 米地貌占 18.43%；800 米以上地貌占 11.72%。按形态分，山地(含山原)占全省总面积 51.22%，丘陵占 15.40%，岗地占 13.87%，平原占 13.11%，水面占 6.39%。全省以山地和丘陵地貌为主，合占总面积的 66.62%。

四、水　文

湖南省河网密布，流长 5 千米以上的河流 5341 条，总长度 9 万千米，其中流域面积在 55000 平方千米以上的大河 11117 条。省内除少数属珠江水系和赣江水系外，主要为湘、资、沅、澧四水及其支流，顺着地势由南向北汇入洞庭湖、长江，形成一个比较完整的洞庭湖水系。湘江是湖南最大的河流，也是长江七大支流之一；洞庭湖是湖南省最大的湖泊，跨湘、鄂两省。

五、气　候

湖南为大陆性亚热带季风湿润气候，气候具有三个特点：第一，光、热、水资源丰富，三者的高值又基本同步。第二，气候年内变化较大。冬寒冷而夏酷热，春温多变，秋温陡降，春夏多雨，秋冬干旱。气候的年际变化也较大。第三，气候垂直变化最明显的地带为三面环山的山地。尤以湘西与湘南山地更为显著。湖南年日照时数为 1300～1800 小时，湖南热量丰富。年气温高，年平均温度在 15～18℃之间。湖南冬季处在冬季风控制下，而东南西三面环山，向北敞开的地貌特性，有利于冷空气的长驱直入，故 1 月平均温度多在 4～7℃之间，湖南无霜期长达 260～310 天，大部分地区都在 280～300

天之间。年平均降水量在1200~1700毫米之间，雨量充沛，为我国雨水较多的省区之一。

六、交　通

1. 公路

省会长沙与湖南省13个市州全部实现高速公路相连，形成了以长沙、株洲、湘潭、衡阳、岳阳、常德、怀化等地为中心，联络湖南省各地99%以上的乡镇公路网。截至2014年年末，湖南省公路通车里程达23.6万千米。其中，高速公路通车里程5493千米。国家公路运输枢纽城市：长沙、株洲、湘潭、衡阳、邵阳、岳阳、常德、郴州、怀化。

2. 铁路

已形成了长沙、株洲、衡阳、怀化4大铁路中心。截至2014年年底，湖南省铁路营业里程达4551.9千米。其中，高速铁路1110千米。共有京广线、沪昆线、湘桂线、石长线、洛湛线、焦柳线、渝怀线等共7大铁路干线，澧茶、资许、韶山、衡茶吉等若干支线。干线贯穿湖南省东西南北，进出省通道8个，境内铁路营运里程3840.7千米，其中客运专线604千米，铁路复线率51.3%、电气化率59.1%，路网密度为1.81千米/百平方千米，人均网密度为0.58千米/万人。形成了“三纵二横”铁路运输网，在路网中担负着承东启西、沟通南北的功能。

长株潭城际铁路，是连接长株潭城市群的城际快速铁路，项目于2010年6月30日正式开工建设，城际铁路全长96千米，共设21站，设计目标时速为200千米。工程预计于2016年竣工通车。

3. 水运

湖南水资源丰富，内河航道条件优越，有通航河流373条，全省通航里程达到1.19万千米，约占中国内河通航里程的十分之一，居中国第3位。初步形成了以洞庭湖为中心，以长沙、岳阳为湘江枢纽，湘、资、沅、澧四大干流为主干，沟通湖南省、通达长江及沿海的航道网。通航里程11968千米，约占中国内河通航里程的十分之一。湖南省有1个吞吐量1亿吨以上的国际贸易口岸——岳阳港，也是中国内陆省市最大的国际航运港口，是长江溯流而上最后的一个海运港，省内唯一直航香港、台湾、日本、韩国的港口；入围全球50强的港口。岳阳是湖南国际航运中心。长沙、株洲、衡阳、湘潭、益阳、津市等港口年通过能力均在100万吨以上。

4. 航空

湖南拥有长沙黄花国际机场、张家界荷花国际机场2个国际机场和常德桃花源机场、永州零陵机场、怀化芷江机场、衡阳南岳机场4个国内机场。在建邵阳武冈机场，并且规划了岳阳机场、邵阳邵东机场、郴州机场、湘西机场、娄底机场。长沙黄花国际机场现已开通定期航线80条，包机航线4条，可通往中国56个(包括台湾、香港)大中城市和外国包括日本、泰国、韩国、新加坡、越南等国，成为湖南对外开放的主要门户和中国民用航空干线的重要枢纽。长沙黄花国际机场是中部六省首个过千万人次的机场。旅客吞吐量在中部地区排名第1位，全国机场排名第12位。

第二节　湖南森林体验与养生资源概述

湖南省地处我国中部、长江中游，因大部分区域处于洞庭湖以南而得名“湖南”，因省内最大河流湘江流贯全境而简称“湘”，南自古盛植木芙蓉，五代时就有“秋风万里芙蓉国”之说，因此，又有“芙蓉国”之称。湖南山地连绵，气势雄伟，复杂多变的地形地貌，构成众多大自然的奇观，构成一幅幅秀丽的画卷。湖南是华夏文明的重要发祥地之一，相传炎帝神农氏在此种植五谷、织麻为布、制作陶器；舜帝明德天下，足历洞庭，永州九嶷山为其陵寝之地。湖南以“屈贾之乡”和“潇湘洙泗”的美誉，以“心忧天下、敢为人先、经世致用、兼收并蓄”为精神特质的湖湘文化薪火相传。

一、湖南森林体验与养生资源分布情况

湖南生物资源丰富多样，是全国乃至世界珍贵的生物基因库之一，具备良好的森林游憩条件、舒适的森林养生环境等基本条件。主要资源分布如下所示。

①以武陵山地区为代表的物种谱系体验区　该区域是资江、沅江、澧水的发源地，长江和洞庭湖的水源涵养地和生态屏障，属于典型的亚热带植物分布区，保持着近乎原始的亚热带森林景观、生物环境和生态系统，拥有多种古老珍稀濒危物种，是世界同纬度下物种谱系最完整、生物多样性最丰富的地区之一，具有极高的生态价值和科学价值。同时，湖南森林类型多样，植被组成复杂，结构稳定，季相变化和森林景观的垂直梯度变异明显，展示出森林的生态美和形象美。湖南拥有木本植物1900多种，受国家保护的树种有108种，其中，有被世界生物界称为“活化石”的银杏、珙桐、水杉，还有

青钱柳、伯乐树、香果树、竹柏等名木古树。湖南动物资源有陆栖脊椎动物821种，受国家保护的一级野生动物有丹顶鹤、金钱豹、苏门羚等18种。这些宝贵的资源，不仅可供人们进行科学考察和研究，大部分也可以向游人开放，带来原生态的森林体验和森林养生。

②以南岭山地森林及生物多样性区为代表的亚热带植被及珍稀动植物资源体验区　该区域是长江流域与珠江流域的分水岭，是湘江、赣江、北江、西江等河流的重要源头区，具有丰富的亚热带植被和众多珍稀动植物资源，区内的湘江是长江的重要一级支流、湖南的母亲河。

③以罗霄—幕阜山地森林及生物多样性区为代表的亚热带常绿针、阔叶树种体验区　位于湘、鄂、赣三省边界，是湘江、赣江及北江部分支流的发源地，植被以亚热带常绿针阔叶树种为主，并有大量热带区系动植物分布，区内生物资源较丰富。

④以洞庭湖湿地及生物多样性区为代表的水资源及湿地生态环境体验区　洞庭湖区是湖南省内河及水体的重点分布区，对维系全省水资源安全，保护湿地生态环境具有非常重要的作用。湖南山清水秀，河网密布，水系发达，全省天然水资源总量为南方九省之冠。湖南水系发达，境内有东江水库、五强溪水库等大中型水库，这些河流、水库边缘或中央岛屿的森林已经作为水源涵养林纳入严格保护，依托这些森林和水景所建起来的森林公园，是开展森林体验的极佳场所。

⑤以湘中丘陵盆地防护林与森林经营区为代表的自然生态体验区　这一区域包含娄底地区，邵阳地区，益阳地区以及衡阳一部分，为典型的丘陵地带，气候温和湿润，得大自然的鬼斧神工，因山就势造就众多美妙自然景观。

在森林体验方面，湖南依托前期在开发森林旅游方面的经验。体验者可以通过以下三条线路体验湖南的森林资源。第一条是以长沙为基点，连接常德花岩溪、石门夹山到张家界、湘西的湘西北森林体验干线；第二条是以长沙为基点连接天际岭、大围山至岳阳的湘东北森林体验干线；第三条是以长沙为基点连接南岳、衡阳岣嵝峰至五盖山、莽山的湘南森林体验干线。

二、湖南森林体验资源的特点

“楚地”历史、文化源远流长，湖南境内既有优美的森林景观，又有由山川、河流、天象等景物构成的自然奇观，以及众多名胜古迹。全省森林旅游资源不但丰富，而且品位高。总的来说，湖南森林体验资源具有以下特点。

1. **资源内涵丰富，分布广**

湖南植被丰茂，四季常青，有森林和野生动物类型自然保护区120个、森林公园113个、国家级湿地公园27个；森林覆盖率达57.5%，高于世界31.7%和全国21.6%的平均水平。湖南有被联合国教科文组织列入《世界自然遗产名录》的张家界武陵源、“五岳独秀”的南岳、天下驰名的桃花源、湘南胜境莽山。湖南幸存有世界著名的五大植物“活化石”银杏、珙桐、水杉、水松、银杉。炎陵神农谷国家森林公园的银杉分布数量多、生长好，八大公山、壶瓶山的珙桐群落世间少有。

2. **文化传承悠久，富有民族风情**

湖南人杰地灵，文化源远流长，湖南也是少数民族众多的省份之一，森林公园内及其周边地区居住着汉族、土家族、苗族、侗族、瑶族、回族、维吾尔族和壮族等民族，少数民族地区自然资源丰富，有不同的民族语言、特殊的风俗习惯和丰富多彩的民族传统文化，民族风俗习惯如婚丧嫁娶、节日喜庆，以及服饰、歌舞等民族特色也将不断丰富森林体验的内涵。此外，湖南也是人物辈出之地，在适宜开展森林体验的地区中也不乏历史人文、宗教遗迹。人文资源中有炎帝陵、舜帝陵、南岳、韶山、岳麓书院等。

3. **森林环境好，质量高**

湖南森林具备优越的自然生态环境、良好的森林游憩条件、舒适的生活养生环境等基本条件。目前，湖南全省森林公园总数接近100个，国家级森林公园数量居各省(自治区、直辖市)前列。众多的森林公园展现了多姿多彩的湖南山水画卷。从森林体验个和养生所需要得森林环境来看，湖南现有林地面积1102.28万公顷，在森林固碳、制氧等方面的生态效益总价值达到1.01万亿元。总体上来说，三湘大地森林公园不但成为天然的自然美景，而且是在调节气候，无论是繁华都市，还是乡野，都形成了夏无酷暑，冬无严寒的森林小气候，具备极高的森林康养价值。如湖南省森林植物园森林覆盖率高达90%，既是森林植物资源的收集、引种、良种培育、加工利用科研基地，又是科普旅游娱乐佳所。神农谷至今保存着我国南方地区最大的一片原始森林，面积达11.6万亩；空气负氧离子含量位居亚洲第一，是非常理想的旅游避暑、休闲疗养的胜地。张家界国家森林公园是中国第一个国家森林公园，不仅自然风光奇美，而且动植物资源极为丰富，森林覆盖率达98%，以秀美的奇峰为主体，有“扩大的盆景，缩小的仙境”“大自然的迷宫”等美称，与九寨沟并称为中国的山水两绝。

下　篇

导读：长沙是湖南省省会，全省的政治、经济、文化、科教和旅游中心，国务院首批颁布的24座历史文化名城之一，长沙市建成区绿化覆盖率42.21%，绿地率40.68%。自然资源极为丰富，极具特色，因城内岳麓山巍峨西峙，浏阳河逶迤东来，湘江穿城而过，橘子洲静卧江心构成得天独厚的“山水洲城”奇观。长沙位于丘陵向平原的过渡地带，自古以“山水名郡”闻名天下，城内岳麓山为南岳72峰之足，与首峰回雁峰遥相呼应；橘洲长岛风貌独特，宛如彩带，为古潇湘八景“江天暮雪”所在；大围山盘绕100余千米，群峰连绵，山峦叠嶂；石燕湖青山环抱，碧水悠悠；洋湖湿地生态固氧，为长沙的“绿肺”和“绿肾”。

第三章　长沙市森林体验与森林养生资源概览

“长沙”之名最早见于3000多年以前的西周，古为楚之重镇，秦之名郡，汉之国都。长沙作为湖南省省会，是国务院首批颁布的24座历史文化名城之一。2013年6月20日，在德国举行的联合国可持续城市与交通柏林高层对话暨2013全球人居环境论坛上，长沙获得“全球绿色城市”荣誉称号，2013年长沙市被评为“2013年全国十佳生态文明建设示范城市”，2015年荣获“2015中国最具幸福感城市”荣誉称号。长沙市现辖芙蓉区、天心区、岳麓区、开福区、雨花区、望城区6个区，长沙县、宁乡县2个县，代管浏阳市1个县级市，总面积1.1819万平方千米，总人口704.4万。

1. 地理位置

长沙市地域范围为东经111°53′~114°15′，北纬27°51′~28°41′。东邻江西省宜春、萍乡两市，南接株洲、湘潭两市，西连娄底、益阳两市，北抵岳阳、益阳两市。

2. 地形地貌

由于长沙城处于从丘陵向平原的过渡地带。西侧为低山区，碧虚岭海拔300.8米，为岳麓山高峰。山前有天马山、凤凰山大小岗丘罗列；山后有桃花岭、金牛岭等。西北分布着元古代震旦纪期的浅变质岩和板岩组成的丘陵。盆地中心为沿江的冲击台地，是长沙城市建设的主要地带。其地层主要是第四纪更新世的冲积性网纹红土和砂砾。长沙地形地貌多样，山地占29.52%，丘陵占17.74%，岗地占23.28%，平原占25.3%，水面占4.16%。

3. **气候概况**

长沙属亚热带季风气候，气候特征是气候温和，降水充沛，雨热同期，四季分明。长沙市区年平均气温17.2℃，各县16.8～17.3℃，年积温为5457℃，市区年均降水量1361.6毫米。从11月下旬至第二年3月中旬，节届冬令，长沙气候平均气温低于0℃的严寒期很短暂，全年以1月最冷，月平均为4.4～5.1℃。

4. **交通条件**

长沙是国家交通枢纽，拥有长沙站和长沙南站两个火车站，京广铁路贯穿城区南北，沪昆铁路连接东西；京广高速铁路与沪昆高速铁路在长沙火车南站交汇。此外还有连接长沙与常德石门的石长铁路。截止2010年年底，长沙公路通车里程达到15306.54千米，其中高速公路总里程286.94千米。另有3条国道、14条省道和106条县道密集分布，等级公路总里程为12346.90千米。黄花国际机场是长沙的民用机场，距离市区约22千米，可直航境内75个主要城市和曼谷、首尔、釜山、大阪等境外城市，2014年，黄花机场完成旅客吞吐量1802.1万人次，位居全国第12位，中部地区首位。水路方面，长沙港可通江入海，已与长江沿岸及南京、上海、连云港等港口通航。长沙轮船客运中心站每天有到益阳、津市、安乡、常德、茅草街、湘潭、湘阴、岳阳等地的班船。

第一节　橘子洲旅游区

一、概　况

橘子洲位于长沙市湘江江心，是湘江下游众多冲积沙洲之一，也是世界上最大的内陆洲，形成于晋惠帝永兴二年(305年)，距今已有一千六百多年的历史。主体景区91万平方米，所在地属于亚热带季风湿润气候区，温暖湿润，四季分明，年平均气温17.2℃，年均降水量1361.6毫米。橘子洲西望岳麓山，东临长沙城，四面环水，南北长15千米，东西宽50～20m，形状为一个长岛，是长沙重要名胜之一。景区原面积约17公顷，其中开放区面积约6公顷，是国家AAAAA级旅游景区和国家级重点风景名胜区。橘子洲头于

1961 年被辟建为橘洲公园，2001 年更名为长沙岳麓山风景名胜区橘子洲景区。橘子洲景区是全国文明风景旅游区示范点、全国首批“红色旅游”经典景点之一，省级文明单位、湖南百景单位、潇湘八景之一、长沙“山、水、洲、城”旅游格局的核心要素。

二、主要森林体验和养生资源

橘子洲是国内最著名的江心洲，也是世界最长的内河绿洲，洲上树木众多，盛产美橘，故名橘洲，以风景秀丽，历史悠久著称，是宋代潇湘八景之一“江天暮雪”的所在地，被誉为“中国第一洲”。橘子洲上生长着数千种花草藤蔓植物，其中名贵植物就有 143 种。有鹤、鹭、鸥、狐、獾等珍稀动物。三面环山，一面临水，气候湿润宜人，是花果生长的绝佳区域。自古以来，橘子洲享有“五六月间无暑气”的美誉，是一处消暑胜地，毛泽东青年时代就常常来此游泳、漫步，在沙滩上进行日光浴。2004 年，长沙市委、市政府决定对橘子洲景区进行整体开发建设，将整个橘子洲建设成一个以自然风光为主体，以“生态、文化、旅游、休闲”为主题，以探访伟人踪迹、凸显红色旅游、展示湖湘文化、突出生态休闲为主要游赏内容的“生态之洲”“文化之洲”“生命之洲”。橘子洲景区整体开发陆地面积达 91.64 公顷，总投资约 14 亿元，游客年容量合理估算为 209.46 万人次/年。整个橘子洲景区开发建设结构规划为“一轴四区”，一轴为贯穿南北的旅游轴线，四区为核心景区、旅游配套服务区、沙滩公园、水上运动区。主要景点有洲头颂橘亭、汉白玉诗词碑、铜像广场、藤架广场、毛主席畅游湘江纪念点、揽岳亭、枕江亭、盆景园、大门广场等。

(一)橘洲文化园

橘洲文化园(图 3-1)位于毛泽东青年艺术雕塑以北，面积约 4 公顷，植物配置主要以橘树为主，是目前城市内最大的橘园。橘树品种包括宫川、兴津、大分一号、南丰广橘、南丰蜜橘、雪橙、甜橙、羊角柚、宫溪蜜柚等约 27 种，数量达 600 多株。仿古亭前栽植胸径达 50 厘米的优雅黑松，形成赏

图 3-1

心悦目的园中园景观。

（二）百亩橘园

整个洲头以百亩橘园贯穿于各个景点，主要分布于雕塑广场和橘洲文化园等景区。园内橘树优秀品种有42个，数量有1200多株，其中柑橘类如麓山南橘、宫本、宫川、不知火、山下红、国庆一号等知名品种20多个，柚类如胡柚、HB柚、强德勒柚、金兰柚等优秀品种10余个，橙类如埃及长城、细荷页齐橙等品种10余个。通过种植多种不同品种的橘子树来强化橘子洲主题，从而营造出自然风景与人文景观意境交融的情景（图3-2）。

图3-2

（三）竹园

竹园汇聚各种名竹，成丛成簇，有龟甲竹、圣英竹、白纹阴阳竹等名贵和乡土品种60余种，园区面积约91亩，是江南地区品种最齐全的竹园之一。园内新建湖南民俗民居博物馆，馆内展示明清以来较有代表性的湖南民俗、民居风格的家具、渔具、农具等实物以及湖湘文化元素的字画，使游客对湖南民俗有所了解（图3-3）。

图3-3

（四）梅园

梅园内种植的梅花品种多，有美人梅、垂直梅、游龙梅、红梅、绿梅等品种14类600多株，树形苍劲古朴，面积约46亩。修建有精致的园林小品。园中的朱张渡是历史上“朱张会讲”所留遗址，朱张渡在湖湘文化发展中发挥了重要作用(图3-4)。

图3-4

(五)桂园

桂园内种植了大量名贵桂花树，品种有金桂、银桂、丹桂、四季桂系列约200多株，面积约46亩。桂园内建有湖南特色的民居，园内的水池与民居互为映衬，幽静而又淡雅(图3-5)。

图3-5

三、体验攻略

抵达长沙后，可以乘坐地铁2号线到橘子洲站下；2号线每天的运营时间为早上6:30~22:30；自驾游可走五一大道、枫林一路、橘洲路抵达。

可参考向南游览线路：百米高喷→诗词碑→桃园→潇湘名人会所→梅园→竹园→雕像群→毛泽东青年艺术雕塑→指点江山→观景台，乘坐观光车向北返回起点。

第二节　岳麓山风景名胜区

一、概　况

岳麓山位于古城长沙湘江西岸，是一处融自然景观与人文景观于一体的城市山岳型风景名胜区。岳麓山的地理位置独特，山脉属南岳衡山，为南岳七十二峰之一，称为灵麓峰。据地质学考证，岳麓山奠基于古生代，形成于中生代，发展于新生代，距今三亿余年，因南北朝刘宋时《南岳记》“南岳周围八百里，回雁为首，岳麓为足”而得名。山南北长约4千米，东西宽1.5~2千米，面积5.533公顷，最高峰为云麓峰，海拔295.4米，整个山形“碧嶂展开，秀如琢玉”，规划在风景名胜区范围以外的外围保护区面积 22.68 平方千米。小气候优势明显，山中较长沙市区气温低 4～6℃，1993 年 8 月建成了湖南省首条观光索道，近年来完善各类配套设施，每年接待游客约 70 万人次，为世界罕见的集“山、水、洲、城”于一体的国家 AAAAA 级旅游景区、全国重点风景名胜区、湖湘文化传播基地和爱国主义教育的示范基地。

二、主要森林体验和养生资源

岳麓山是一个天然的生物园，巨大的“植物博物馆”，以典型的亚热带常绿阔叶林和亚热带暖性针叶林为主，部分地区还保存着大片的原生性常绿阔叶次生林，森林总面积 587 公顷，森林覆盖率 96%，景区植物种类繁多，共有植物种类 174 科 597 属 977 种，其中野生植物有 117 科 403 属 555 种。古树名木，随处可见，晋朝罗汉松、唐代银杏、宋元香樟、明清枫栗，生机勃勃，其中百年以上的古树 14 种 384 株，最老的树林在 1700 年以上。岳麓山四季风景宜人、秀美多姿，有列为道家七十二福地的二十三洞真虚福地的云麓宫，有湖湘第一道场的麓山寺，融儒、释、道三教共存一山，而“万山红遍、层林尽染”的独特红枫秋景，更是古今闻名。岳麓山风景名胜区不仅拥有“山、水、洲、城”的独特自然景观，更因其深厚的历史人文底蕴和湖湘文化、书院文化、宗教文化和名人文化等而蜚声中外。

（一）爱晚亭

爱晚亭位于岳麓书院后清风峡，始建于清乾隆五十七年（1792 年），由岳麓书院院长罗典创建，原名红叶亭。爱晚亭之名取于唐代诗人杜牧“停车坐爱枫林晚，霜叶红于二月花”的诗句，由清代诗人袁枚建议改名。亭内横匾“爱晚亭”由毛泽东手书，与安徽滁县的醉翁亭（1046 年）、杭州西湖的湖心亭（1552 年）、北京陶然亭公园的陶然亭（1695 年）并称中国四大名亭。爱晚亭后

图 3-6

两条小溪四季景色宜人，春来桃红柳绿，曲涧鸣泉；盛夏绿荫蔽日，凉风习习；寒秋红枫似火，晚霞增辉；隆冬绿树银妆，妩媚多姿(图 3-6)。

(二)麓山寺

古麓山寺建于西晋泰始四年(268 年)，古麓山寺依山势而建，殿宇不多，却有一番巍峨壮观之相。弥勒殿、大雄宝殿、观音阁依次排出，两厢为斋堂，再加上寺中匠心独具的绿化设计，与寺外古木参天的宜人景色交相辉映，更是引人入胜。麓山寺前两株苍劲的罗汉松护卫在观音阁前，一左一右，一大一小，就像武士把关，所以，它被人们称作“松关”，到现在已有 1700 多年的树龄了，人们称它为“六朝松”(图 3-7)。

图 3-7

(三)白鹤泉

白鹤泉位于麓山寺后，因山上树木茂盛，丰富的地下水经沙岩滤泄至此涌出，源源不断，清澈透明，甘甜清凉，无论冬夏从不枯竭。古人称此泉为“冷暖与寒暑相变，盈缩经旱潦不异”。相传古时候曾有一对仙鹤常飞至此因而取名白鹤泉，有趣的是，以泉水煮沸沏茶，蒸腾的热气盘旋于杯口，酷似白鹤。曾有寺僧砌石为井如鹤形，刻“白鹤泉"三字于崖上，并建有一石碑。堪称岳麓山一绝，故有“麓山第一芳涧”的美称。从古至今，远近居民多有早晚来这取水饮用的习惯(图 3-8)。

图 3-8

(四)自来钟

自来钟位于云麓宫前侧，夹在一株高十多米的唐代银杏树的树杈中，树粗数围，树杈将钟抱在怀中。钟是道家用于作息的信物，激越清扬，传响四方，游方道士闻声归来，故叫“自来钟”。又因钟悬于数十米的高处，山风吹拂嗡嗡作响，所以又叫“自鸣钟”。原钟在清代中期被毁，同治六年(1867 年)，重铸安放在宫的左侧。钟口直径为四尺五寸，上铸“大清同治六年造”(图 3-9)。

图 3-9

(五)穿石坡湖

穿石坡景区位于岳麓山半山腰之上。穿石坡，是岳麓山东南幽谷中的自然景观，此处林壑清幽，巨石横亘，山涧清溪自云麓峰经穿石坡直下山脚的枫林村，终年不竭，尤以溪流穿越巨石而过，环境优雅，四季风景宜人，空气清新，是岳麓山风景名胜区中一主要景点，是游客游岳麓山必去的景点之一，周围的居民也经常登山到此处欣赏美景、晨练、散步(图 3-10)。

图 3-10

(六)响鼓岭

响鼓岭位于岳麓山云麓峰顶云麓宫后，因巨石旁的坡地上用脚蹬地可有崆峒之声而得名。岭上建有石亭，称为响鼓亭，供游人休息和观景，响鼓岭是俯瞰岳麓西南风光的绝佳视点，极目远眺，水天相接，阡陌纵横，景色十分优美。附近巨石上“响鼓岭”三字为周翰陶先生所刻(图 3-11)。

(七)笑啼崖

笑啼崖位于白鹤泉南侧山上，这里地势奇特，路径弯曲，树木龙钟，崖石鼓突，为岳麓山不可多得的景观，岩石处于麓山裂隙中段，常因山谷中风声回荡，而萧然有声，尤其是在万籁俱寂的深夜，这种似笑非笑，似啼非啼，不禁使人毛骨悚然（图 3-12）。

（八）万景园

图 3-11

万景园建于 1985 年，占地面积 6600 平方米，建筑面积 1590 平方米，内有温室、花房等生产管理车间及一些游览性建筑。万景园除了植物盆景，还有山石盆景，桂林山水、张家界石林、黄山绝壁迎客松长年在园中安家落户。万仞高山浓缩于盈尺之地，不失巍峨险峻；而老干曲虬枝，竟然绿叶丛生，尤觉生意盎然，几案陈列一景常引人无限遐想，故称盆景为“无声的诗，立体的画”，深受人们喜爱（图 3-13）。

图 3-12

（九）鸟语林

图 3-13

长沙鸟语林坐落于全国闻名的岳麓山风景区内，占地 40 亩。园内征集了中外珍稀鸟类近 200 个品种约 5000 只鸟，其中国家一、二级保护鸟类有丹顶鹤、白鹤、红腹锦鸡等，还有国外的金刚鹦鹉、黑天鹅、鹈鹕、火烈鸟等珍稀鸟类。鸟园注重园林造景艺术，突出鸟类表演，融驯养、保护、繁殖、观赏、科普宣传为一体，是湖南省唯一的大型鸟类观赏、鸟艺表演乐园。漫步鸟语林，既可尽情观赏自然环境中五彩斑斓的珍禽异鸟，增长知识，还可观赏鸟艺剧场诙谐的鸟艺表演，又可感受亲手喂鸟的乐趣，真可谓“走进鸟语林，不乐都不行”（图3-14）。

图3-14

三、体验攻略

抵达长沙后，可以乘坐地铁2号线到荣湾镇站下（2号线每天的运营时间为6：30～22：30）；自驾游可走五一大道、枫林一路、麓山路抵达岳麓山东大门，或者走五一大道、枫林一路、银盆南路、荣湾路、潇湘中路、潘楼路，进入麓山南路、登高路，抵达岳麓山南大门。

可参考游览线路：

①岳麓山东大门→索道→极目山庄→禹王碑→长廊→响鼓岭、鸟语林→印心石屋→麓山寺→白鹤泉。笑啼岩→蒋翊武墓→刘道一墓→覃理鸣墓→爱晚亭→南大门；

②岳麓山东大门→索道→极目山庄→禹王碑→长廊→响鼓岭、鸟语林→云麓宫→飞来石→归来钟→万景园→肖劲光铜像→穿水坡水塘→五轮塔→南大门；

③岳麓山南大门→爱晚亭→舍利塔→刘道一墓→覃理鸣墓→半山亭（休息）→蒋翊武墓→麓山寺→白鹤泉。笑啼岩→印心石屋→云麓宫→飞来石 归来钟；

④岳麓山南大门→五轮塔→半山亭（休息）→麓山寺→白鹤泉。笑啼岩→蔡锷墓→黄兴墓→长廊→极目山庄→索道。

第三节　大围山国家森林公园

一、概　况

大围山国家森林公园位于湘赣界，是罗霄山脉的支脉，东边属江西省宜春市下辖的铜鼓县，西北方为湖南浏阳市的东北部，它既是浏阳河的发源地，又是湘东第一高峰，主峰七星峰海拔1607.9米。公园面积7万余亩，距省会长沙119千米，浏阳市67千米。大围山属于中亚热带季风气候，山高林密的地理特点，构成"夏无酷暑，冬无严寒"的森林小气候，使大围山具有"天然空调""大氧吧"的优势，这里年平均气温11.4℃，年相对湿度85%以上，夏天平均气温20～28℃。它以森林茂密、资源丰富、风景秀丽、气候宜人，被称为"湘东绿色明珠"，1992年经林业部批准为国家森林公园，2007年经全国旅游景区质量等级评定委员会评定为国家AAAA级旅游景区，2012年通过了国家地质公园的评审。

二、主要森林体验和养生资源

大围山国家森林公园群山环抱，立峻挺拔，土地肥沃，雨量充沛，植被丰富，种类繁多。原始次生林和人工林浑然一体，形成一片绿色的海洋。植物种类有23个群系3000多种，列入国家一、二类保护树种有17种；已发现野生动物60余种，列入国家一、二类保护动物达14种；森林中繁殖的彩蝶1200多种，堪称"天然动植物博物馆"。公园以"秀"著称。在崇山峻岭和茂密森林之间，镶嵌着无数奇峰异石和100多处流泉飞瀑。山得水而秀，水因林更美。春天，鸟语花香，流水欢歌，生气盎然。盛夏，登临海拔1515米的五子石峰，满山杜鹃，姹紫嫣红，堪称一绝。深秋，红枫尽染，与青松翠竹相映，五彩纷呈，令人陶醉；若秋高气爽，在海拔1607.9米的七星岭顶峰极目远眺，群山莽莽，层峦叠嶂，朝赏日出，夕观落霞，高山壮丽景色尽收眼底，使人心旷神怡，豪情满怀。入冬，遍山玉树琼枝，银妆素裹好风光。

(一)栗木桥景区

栗木桥景区位于公园的西端，是大围山精华景区，面积占公园游览面积的12.5%。该景区是公园的核心景区，海拔在650～960米之间，总行程1.7千米，境内旅游资源丰富，休闲、避暑条件优越。景区以栗龙谷为主要游览线路，融山、水、石、林为一体，以幽取胜。景区内现有森林景观多处，自然景观19处，人文景

图3-15

观1处，这些景观多姿多彩，或静或动，各显灵气，是增长知识、陶冶性情、启迪智慧、休闲度假的理想场所。景区海拔在700～900米之间，植被覆盖率达98%，气候条件宜人。境内夏无酷暑，冬无严寒，四季分明，令人舒适惬意(图3-15)。

(二)夫妻松

图3-16

栗木桥至森林宾馆的公路边，有两棵黄山老松，高15米，一高一低，一胖一瘦，树皮却正如男人和女人的皮肤一样，正好是一树粗糙，一树细密，紧密依偎在一起，犹如夫妻一般恩爱有加，被游客称之为夫妻松(图3-16)。

(三)枫林瀑布

两岸岩壁陡峭，瀑布口7.5米，高约10米，倾斜角为75°，较为平整，溪水白上滚滚而下，径瀑口飞泻下倾，瀑声轰隆，如雷贯耳，也是整个景区当中负氧离子最高的地方，每立方毫米50000～60000多个，瀑布正前方有一片枫树林，金秋十月，枫叶红透，尤为壮观，瀑布也更加美丽(图3-17)。

图3-17

(四)五桥喷雪

有五座木桥呈“之”字形错落有致地搭在溪涧的巨石上，飞瀑流泻，卷起千堆雪浪，流水声、松涛声和谐成乐，以溪水洗面，神清气爽(图3-18)。

(五)船底窝景区

船底窝景区位于公园的中央地带，海拔在960～1500米之间，沿途一边流水潺潺，顽石星落，一边是高大葱笼的乔木，一路走过去观不尽的怡然幽雅山水画，一路听不完美丽动听的交响曲，整个景区林木葱笼，是自然保护区的核心地带，景区全长2.1千米，是一个环形游道，可由左边走上，然后可穿过小溪走右边下，这样就可避免游客走重复路线。船底窝景区的终点有一个分叉路口，左边到玉泉寺景区，右边至五指石景区，景区全程比较长，景点分散其中，比较适合登山等活动(图3-19)。

图3-18

图3-19

(六)白面石景区

位于公园的西南端，因境内海拔1100米处有一巨大白色花岗岩体而得名。主要景点有万亩高山杜鹃、穿心石、园中园、五指石、牛石城、骆驼峰、白面石、白面将军庙等。该景区的主要特色是高山杜鹃、奇峰异石、高山灌木林和山下的田园风光。白面石是一巨大花岗岩转石，直立于高山坡上，高45米，最宽处30余米，略向前倾，上窄下宽，呈三角形状，该石因表面呈多条白带，如脸施粉，故得名“白面石”；五指石系大围山第二主峰，海拔1521.7米，山峰上有五块巨石，形状酷似五个指头，故名，站在峰顶，可远眺张坊，大围山、官渡三乡的山水田园风光；牛石城位于拐子湖北面山坡，整个山坡至上而下有十余块巨石，巨石或立或卧，围成一方块状立体构造城堡，石丛中既可作野营休憩之地，也是避风挡雨的天然场所(图3-20)。

图3-20

(七)马尾漕景区

马尾槽瀑布位于东麓园的一片竹林上方，全程长1.6千米，整个瀑布长30~40米，宽10米，但水的流量不大，就像马尾，因此得名。一泓溪水从横在溪涧的几块岩石上轰然泻下，清亮的水碰到嶙峋的石头上，分割扯成大小几绺，喷射出千万朵晶莹的浪花(图3-21)。

图 3-21

(八)七星岭

大围山以七星峰为最高峰，海拔1608米，七星峰南北两侧为浏阳河的源头，在海拔1200米范围内，群峰逐渐浑圆融合形成西宽东窄，长约17千米的带状苔地灌丛草原，镶嵌着玉泉、天星等13个沼泽湖泊，另传山顶的“天星湖”为王母的七个女儿沐浴的湖泊。山岭东南侧“U”形谷为冰川侵蚀地质遗迹，是指从粒雪盆(冰窖)中伸出的冰舌在山谷中流动时，磨蚀和掘蚀两侧岩石所形成的谷地，其谷底宽敞，两坡陡立，横剖面(垂直冰川流动的剖面)呈“U”形，其纵剖面(平行冰川流动的剖面)有时呈阶梯状，其中常保存各种冰蚀痕迹、冰碛(冰川沉积物)和冰水沉积(图3-22)。

图 3-22

(九)大围山杜鹃

大围山杜鹃花主要分布在七星岭、红莲寺、五指石景区海拔1200米以上的溪谷及坡顶，尤其以七星岭、五指石一带最为密集。由于地势起伏、海拔高低的差异和种类的不同，即使在同一座山上，杜鹃盛开期也有先有后，观花期从四月下旬至五月中旬，实可谓“人间四月芬菲尽，围山五月杜鹃红”。每年春暖花开之际，10 万亩杜鹃花海穿上“红色盛装”，大围山杜鹃花节如期而至，花海中，游人如梭，人影闪现，成为大围山特有的胜景(图 3-23)。

图 3-23

(十)大围山草原

大围山峰顶之间地势平缓，有众多给水洼地，水草丰富，15 公顷以上的草场 48 个，最大的有 2000 公顷(图 3-24)。

图 3-24

三、体验攻略

自驾游由南向北，可走京港澳高速、长浏高速、浏东公路、东信大道、大围南路抵达大围山国家森林公园。自驾游由北向南，可走大广高速、沪渝高速、长浏高速、官张路、S309、X112，进入大围南路，抵达大围山国家森林公园。

可参考游览线路：栗木桥景区→船底窝景区→七星岭景区(骆驼峰、高山草原、陈真人庙)→峡谷漂流。

第四节　石燕湖生态旅游景区

一、概　况

石燕湖生态旅游景区位于长沙、株洲、湘潭三市交汇处，景区占地面积10平方千米。距长株潭三市10～20千米，年接待游客量达50万人次。公园群山环绕，青山碧水形成了“夏无酷暑，冬无严寒”小气候，年平均气温14℃，夏天平均气温28℃，石燕湖生态旅游景区群山环抱，碧水如玉，峰峦秀削，芳草鲜美，古干虬枝，绿荫匝地，被评定为AAAA级旅游景区、湖南省首家野生动物园、湖南百景、湖南省十大水体旅游景区、国内专业的拓展训练基地、群众赛龙舟基地，是长沙市民最受欢迎的十佳旅游景区之一。

二、主要森林体验和养生资源

石燕湖生态旅游景区四周环绕着郁郁葱葱的原始次森林，除水面以外森林覆盖率达98%以上，空气中负氧离子含量每立方厘米达8万个以上，被誉为“湖南九寨、人间瑶池”“都市人绿蓝色的梦幻”“长株潭三市绿色中心公园”。石燕湖历史底蕴深厚，地质学上著名的三亿年前的泥盆纪跳马涧系岩层标准组石，在这里发现过大量的鱼化石、石燕化石，石燕湖便得名于此。石燕湖文化源远流长，有舜帝南巡留下的舜帝石、关公跳马的跳马涧、南岳七十二峰的玉屏峰，有金龟岛、观音庙、昭山古洞、天鹅池、少奇先祖墓、明吉简王墓、五子登科树等名胜古迹。

（一）石燕湖

石燕湖水面近千亩，水深30余米，这里的水有几个突出的特色：一是湖水清幽纯净，据专家测定，水中富含人体所需的铁、锌、钙等十多种微量元素，并达到国家一级水质标准，可直接作饮用水，被称为“人间瑶池，湖南九寨”。众人劈波斩浪划桨开大船的赛龙舟活动也成为石燕湖的一大特色项目（图3-25）。

（二）三市峰

三市峰又名寨子岭，是石燕湖生态旅游区的最高峰，也是长、株、潭三市之间的最高峰，海报274米，这里悬崖峭壁、地势险峻，解放以前是土匪结寨藏身的地方。登上山顶，可以北眺长沙、南望株洲、西瞰湘潭，三市尽收眼底（图3-26）。

图 3-25

（三）万福万寿塔

万福万寿塔共有七级，高 268 米，内设螺旋楼梯，共 101 级，古人说，登山则情满于山，观海则意溢于海，登上塔顶，临风远眺，顿觉风起于群山之脚，雾集于湖水之滨，在天气清朗时，可瞰湖中碎金跃动，天光云影融为一体，令人飘然欲仙（图3-27）。

图 3-26

（四）金龟岛

金龟岛位于石燕湖生态公园的中心岛，南北而驻，形似乌龟，每逢晴日，晨曦初露，岛的西侧，可见绕龟背形成的金光万道，因此得名。岛的东侧产野生灵芝，为当地一奇。岛上有石燕塔、送子观音庙、通天响鼓梯、五子登科树、听涛轩等自然景观，又有吊脚楼、觅穴居、树上屋、水榭座等休闲佳境（图3-28）。

图 3-27

（五）五子登科树

位于公园金龟岛上，传为一对夫妻在观音庙前求得一胎五子，五子成人后均高中科甲，夫妻二人跪拜求子之处长出一树，树生五枝，后来被人们称为“五子登科”(图 3-29)。

三、体验攻略

从长沙出发，自驾可走万家丽大道，向南，经环保大道，左转一路向东抵达石燕湖。长沙星沙、火车南站、汽车南站均有抵达石燕湖的公交。

图 3-28

可参考游览线路：三亿年前泥盆纪跳马涧系标准组石、关帝古泉→过塑身门、走黑白两道、钻黑森林生态迷宫→拓展体验：仙人过桥、外公桥、外婆桥→石燕湖山水乐园→石燕湖地下峡谷漂流→石燕湖 E 感觉篝火狂欢晚会。

图 3-29

第五节　湖南省森林植物园

一、概　况

湖南省森林植物园是国家 AAAAA 旅游景区，位居雨花区洞井镇，韶山路东侧，距 107 国道约 1 千米，区位优越，交通便捷，总面积 1.4 平方千米，主要包括了水域和黄土丘陵部分。所在地区属于亚热带季风气候，气候温和，降水充沛，雨热同期，四季分明，适宜多种植物的生长，植物园内因植被覆盖率高，小气候优势明显，比市区气温低 5～8℃。植物园成立于 1985 年，为公益性科研事业单位，隶属于湖南省林业厅，1992 年和 1994 年经林业部先后批准为天际岭国家森林公园、湖南省野生动物救护繁殖中心。该园是长沙的“绿肺”和天然氧吧，森林覆盖率高达 90%，这里层峦叠翠，山青水秀，鸟语花香，气候宜人。在公园最高点天际阁登高望远，近观公园美貌，远眺长沙胜景，极目楚天，令人心旷神怡，是镶嵌在长沙、株洲、湘潭三市间的一颗绿宝石。

二、主要森林体验和养生资源

湖南省森林植物园既是森林植物资源的收集、引种、良种培育、加工利用科研基地，又是科普旅游娱乐佳所。园内辟有植物分类区、珍稀濒危植物区、药用植物区、观赏植物区等 10 个区，建园 20 年来，该园引种驯化、迁地保存了植物 107 科 749 属 1883 余种，救护、驯养了野生动物 38 种，包括银杉、珙桐、黄腹角雉等国家一级保护植物和动物。珍稀濒危植物区在植物园中部山坡，内有珙桐、鹅掌楸、金钱松、银杉、银鹊树、红花木莲、金叶含笑、黄山木兰等珍稀植物 111 种。与之毗连的药用植物区有药材 600 多种。建成了湖南省最大的、达到国内先进水平的植物组培中心，具有年产 200 万株组培苗的生产能力。

湖南省森林植物园是湖南省唯一获国际汽车联合会、国际卡丁车联合会国际 B 级、中国汽车联合会国家 A 级资格认证的室外标准赛场。2005 年通过招商引资，由香港皇权集团等出资在园内建成了“文景高尔夫球练习场”，共有 60 多个标准的练习打位，是全国环境最好的高尔夫球练习场之一。日本赠送的 2000 多株樱花树苗经过公园植物专家的精心培育已经成为闻名遐尔的樱花园，是长沙市的一大特色自然景观，每当 3 ~ 4 月樱花盛开之时，游人如织，络绎不绝，大有日本“花见”之感。公园在 2002 年承办了湖南省首届花卉博览会，先后举办了 1997 年蝴蝶展、2001 年迎国庆大型七彩风车展、2003 年春节“春满三湘”世界名花展。特别是每年举办一次的樱花节和“爱鸟科普宣传周”，深受广大市民的喜爱。

（一）国家杜鹃园

国家杜鹃园（中国杜鹃属种质资源异地保存库）建于 2008 年，面积 450 亩，重点收集保存杜鹃属植物中适应性强、价值大、观赏性强、开发利用价值高的珍稀种类、种源和居群 2000 份，共 150 种 300 个品种，打造成为国际先进水平的中国杜鹃属珍稀植物迁地保育与遗传育种平台。已引种保存 88 种 230 个品种，其中天门山杜鹃、张家界杜鹃、涧上杜鹃系国内首次引种栽培。并成立了首家杜鹃研究中心，长期致力于杜鹃属植物的引种驯化、迁地保育、和开发利用研究。杜鹃园共分为六类展示区，共十一个部分。包括映山红保护展示区 4 个，面积 12 公顷。主要种类包括丁香杜鹃、满山红、锦绣杜鹃、白花杜鹃等 62 个品种（图3-30）。

（二）樱花园

樱花园建于1987年，面积200亩，收集展示染井吉野樱、红叶樱、垂枝樱、云南樱、御衣黄、关山、八重红大岛、普贤像、尾叶樱、山樱、冬樱花等樱花品种10多种3000多株，其中2000株染井吉野樱系1985年日本滋贺县赠送，成为园内主要的观赏种。“小园新种红樱树，闲绕花枝便当游”。每到樱花盛开的时候，樱花与樱花湖构成绝妙景观，游人如织，络绎不绝，是湖南乃至中国赏樱的最佳场所（图3-31）。

图 3-30

图 3-31

（三）世界名花园

世界名花园是展示世界多种名花的百花园，面积75亩。现已完成牡丹园的初期建设，现有观赏牡丹9大色系、42个品种、4000株，占地面积6亩，为我国地栽观赏牡丹最南端的地方。名贵品种有黄色的“金阁”“姚黄”。其他区域根据季节不同，结合花卉生长特性展示世界名花，春季展示郁金香、风信子、洋水仙等球根花卉，夏季展示盆栽荷花，秋季展示向日葵，同时展示蓝花鼠尾草、硫黄菊、三色堇等时令草花品种，全年展示各种花卉1000多个品种，近300万株（盆），是国内最美的名花展示区之一（图3-32）。

图 3-32

(四)木兰园

木兰园建于1995年，园内分为三个点，分别在三湘景园、木兰科植物展示区和木兰科植物种质资源基因库，统称为木兰园，分布面积约180亩。分为木莲区、木兰区、含笑区和综合区四个大区，共收集并成功保育木兰科植物7属82种，其中包括乐昌含笑、杂交马褂木、观光木、海南木莲、醉香含笑、重瓣紫玉兰等一批优良用材树种和园林景观树种(图3-33)。

图3-33

(五)茶花园

茶花园位于樱花湖畔，建于1992年，面积约45亩，现有半齿红山茶、长瓣短柱茶、糙果茶等山茶物种及十八学士、金盘荔枝、星桃牡丹、紫魁等30多个茶花品种，约700株。茶花为我国十大名花之一，它鲜艳、高雅、清丽、吉祥，叶片翠绿、花朵硕大，自晚秋至初夏，不同品种次第绽开，以春花为主，但亦有品种在冰雪时开放(图3-34)。

图3-34

(六)荫生植物园

荫生植物园建于2005年，面积7.5亩，由五个藤架、一条长140米的溪沟、两个天然水井和一块沼泽地组成，园内道路系统完整。收集和展示荫生植物680种，包括柔毛大叶桂樱、马蹄参、薄叶润楠、八角、棱角山矾、墨紫含笑、杜茎山、黄常山、牛耳枫、鼠刺、乌药、蝴蝶花、少花马蓝、赤车、楼梯草属、冷水花属、七叶一枝花、小八角莲、八角莲、十大功劳属、淫羊藿属、旋蒴苣苔、血水草、多种蕨类、石菖蒲、阳荷、山姜、地瓜榕、多种苔类、喙果鸡血藤、龙须藤、湖北羊蹄甲、五指那藤、显齿蛇葡萄、美味猕猴桃等荫生植物（图3-35）。

图 3-35

三、体验攻略

湖南省森林植物园处于雨花区交通枢纽核心地带，公园四周为湘府路、韶山路、万家丽路、李洞路所环绕，毗邻京珠高速。距省政府仅 2 千米。十多条公交线路纵横贯穿，构筑起了十分发达的景区旅游立体公共交通网络。游客可乘坐 7、17、152、102、103 路、107、120、123、147、152、502、702、703、801、802、806 路公交车到达省植物园站点，并步行至植物园西门。也可乘坐 16、602、938 路公交车至植物园北直接抵达景区。

可参考游览路线：天际阁→杜鹃广场→竹园→山茶园→樱花园→樱花湖→世界名花园。

第六节　长沙黑麋峰森林公园

一、概　况

黑麋峰国家森林公园是国家 AAAA 旅游景区，位于湖南省望城县东北角，地处湘江东岸、长沙近郊，北接汨罗市高家坊镇，南连开福区，东与长沙县接壤，西靠杨桥村，民望村，距省会长沙仅 19 千米，是长沙近郊最大的国家级森林公园，面积 4079 公顷，主峰海拔 590. 5 米，公园中，山高林密，构成“夏无酷暑，冬无严寒”的森林小气候，年平均气温 14℃，夏天平均气温 28℃，公园主体是黑麋峰，森林覆盖率达 73. 9%；植物种类有 7 个群系 673 种，列入国家重点保护动物 34 种。2000 年 5 月被批准为省级森林公园，2011 年被批准为国家级森林公园。

二、主要森林体验和养生资源

黑麋峰国家森林公园自古号称“洞天福地”，登临绝顶，群山莽莽，奔来眼底，朝赏日出，暮观落霞，令人心旷神怡。公园内空气清新，水质优良，山高林密，夏无酷暑，冬无严寒，被誉为都市人的大“氧吧”，共有景点108处，其中自然景点70处，人文景点38处，经评价分级，有一级景点28处，二级景点50处，三级景点30处。公园境内植被丰富，森林覆盖率为83%，曾因有“麋鹿满坡”而得名，现已发现野生动物71种，列为省级和国家级的有34种。黑麋峰人文鼎盛，唐高僧、书法家怀素墨迹至今犹存，明正德皇帝朱厚照曾游历黑麋峰，唐大诗人刘长卿尝上山寻幽访胜，故道家称此山为“洞阳山”，列入全国“三十六洞天”之二十四位。山顶“黑麋古刹”源远1200余年，香火不绝，声名远播。

（一）天然攀岩基地

森林公园属火成岩地貌，岩石表面光滑、倾斜角度大、岩石出露地表，在山体中形成一面面石壁，令人称奇。其中以管理处至拓展训练营周边的石壁最为壮观，共有6处，最大石壁面积超过1公顷，高约60余米，长约180米，表面光滑，与地面的倾斜度超过60°，且寸草不生，而周边土壤植被全覆盖在岩石表面，生态环境极为脆弱，现已建成攀岩基地（图3-36）。

图3-36

（二）寿泉

位于黑麋峰山下洞阳村，距离寿字石仅80米，井口成矩形状，长1.9米，宽1.5米、深1.2米，泉水清澈可口，取水泡茶，味色俱佳，盛夏不涸。相传古代一位遍

图3-37

访名山圣地、吸收天地精华的长寿老人在黑麋峰凿地挖坑，坑内涌出汩汩清泉，泉水渐满却不外溢，终年不涸，喝了能够长命百岁。所以，大家称它为"寿泉"(图3-37)。

(三)仙麋湖

位于黑麋峰东北方向，正常蓄水位海拔 276.0 米，水域面积约 12.4 公顷，最深处达 25 米，是镜虚湖的主要水源地。仙麋湖四面环山，西南有虎形山、铁炉山、烂竹山、东北有狮形山、凤形山，正北是一字峰、响鼓坨，正南的蜘蛛山、尖刀山、六头岭一字排开，错落有致；湖泊港汊众多，港湾幽静，岸线自然蜿蜒，两岸林竹茂密，山水相依，景色秀美怡人。适宜游人垂钓、划船、游泳、森林浴(图 3-38)。

图 3-38

(四)镜虚湖

位于森林公园内西部湖溪冲内，正常蓄水位海拔 103.7 米，水域面积 33.6 公顷，平均水深 32.0 米，总库容 959.32 万立方米。两岸属典型的火成岩山体，陡峭岩石形成的长宽之比为 8∶1 的峡长湖面、裸露山体与石山灌丛相结合，形成两山相拥、沟谷成湖、奇石满山、峰峦叠翠的"峡谷平湖"独特景观。镜虚湖较好地保留了自然堤岸与山地植被，岸线自然秀美，与潇湘天池景观互补性强，相得益彰(图 3-39)。

图 3-39

（五）潇湘天池

位于森林公园黑麋峰的半山腰，正常蓄水位海拔400米，水域面积43.6公顷，平均水深26米，总库容996.5万立方米，西侧库岸为高达50余米的悬崖峭壁，气势雄伟；东南面为高耸的黑麋峰，保存着满山翠绿的毛竹林；东北侧库岸位于山顶之颠，其山脚以地带性阔叶林与竹林为主体的秀美湖溪峡谷景观；湖中有大小半岛10余个，港湾曲折，湖水碧绿。该天池以广袤的湖面、陡峭的湖岸、巍峨的群山与翠绿的毛竹有机结合，形成山中有湖、群山环抱、峰峦叠翠、水天一色的"山顶平湖"独特景观，犹如一颗碧玉镶嵌于崇山峻岭之中，誉为"人间天池""潇湘美景"。沿通往黑麋峰顶的高低错落、蜿蜒曲折的盘山公路俯视天池，水因库留，山因水媚，因林而秀，山水相映，极为壮观，引人入胜(图3-40)。

图3-40

三、体验攻略

长沙黑麋峰森林公园距长沙市中心50分钟车程，从长沙市中心、河西、二环、三环、绕城、高速、长株潭快速路等主要干道进入芙蓉北路后，朝湘阴方向一路向北，就能到达黑麋峰森林公园。

第七节 洋湖湿地公园

一、概 况

洋湖湿地公园是国家AAAA旅游景区，位于长沙西南部、洋湖国际生态新城内，北依岳麓山、东临湘江，地处连接长株潭的潇湘大道西侧，位于长沙市二环线和三环线之间，与湖南省人民政府隔江相望，是两型社会建设范围内的长沙大河西先导区中的重点建设地区。洋湖湿地生态系统作为片区最大的生态配套工程，规划面积 4.85 平方千米，其中 0.85 平方千米为河流湿地，集中建设的湿地公园占地 4 平方千米，成为中南地区最大的城市湿地景区，每年可固定二氧化碳 6500 吨，成为真正的城市“绿肺”和“绿肾”。洋湖湿地公园是长沙城区最大的湿地公园。

二、主要森林体验和养生资源

洋湖湿地公园总投资约 55 亿元，建成包括湿地休闲区(800 亩)、湿地生物多样性展示区(1450 亩)、湿地科教区(550 亩公顷)、湿地生态保育区(3200 亩)等四个功能区，分三期实施，2013 年底全部建成。公园力图以湿地生态为基底，以湖湘地域文化为特色，配置有湿地植物 1500 余种、15 万株，鸟类 150 余种以及大量的亚热带动物和昆虫，湿地生态系统完整，是“科教洋湖、生态洋湖、文化洋湖”全面展示的区域，在净化空气、实现水资源循环利用、提升城市品质的同时，打造集生态科普、湿地群落观赏、湿地文化展示、两型理念宣传以及户外实践、互动体验、生态旅游为一体的特色旅游目的地。自 2013 年正式开园，年接待游客 30 万余人次。

(一)揽秀亭

揽秀亭是湿地公园登高揽胜处，精美的木制工艺，廻廊曲折，既朴实自然，又简洁大方。站在揽秀亭上，可以将整个湿地休闲区一览无余；亭子四周水面宽阔，碧水中鱼欢虾跳，芦荻丛生、群鸟飞翔，不远处各类花卉竞相开放，各种树木郁郁葱葱，而木式生态建筑在绿荫中若隐若现，呈现一派与世隔绝，世外桃源的景象(图 3-41)。

图 3-41

(二)农耕文化体验区

为让游客深度体验农耕文化，感受劳动与自然之美，湿地景区开辟了生态农田，并设有渔文化体验、耕种文化体验、水车文化体验等旅游区域。游客在渔文化体验区可享受亲自捕鱼的乐趣，进行网鱼、罩鱼、撮鱼、赶鱼、垂钓等活动；在耕种文化体验区可参观农事和古旧农具展、学习制作和使用农具、亲自下地耕种等活动；水车文化体验区设置了四人踏水车、两人摇水车、吊桶打水等活动环节，游客可根据自身喜好，自由组合，开展农耕文化体验活动(图3-42)。

图 3-42

(三)凌烟阁

凌烟阁坐落于休闲景观中心水上小舞台的西面，是水上长廊的一部分。四周绿柳成荫，水面云雾缭绕，将浩大的建筑遮掩其中，如虚似幻，缥缥缈缈。在此既可与水中鱼儿尽情嬉戏，又可将景区多姿多彩的自然美色尽收眼底；让人共享山水园林自然生态，领略人与自然和谐共生之美(图 3-43)。

图 3-43

(四)秋雪亭

明代文学家陈继儒，取唐人“秋雪蒙钓船”的诗意，将深秋时成千上万的芦苇泛黄摇曳，芦絮满天飞舞，喻为“秋雪”。湿地景区水域内种植了大量的芦苇，深秋之时，景区内成千上万的芦絮满天飞舞如漫天飘雪，秋雪亭也因此得名。在此举办过环保音乐会的音乐大师马修连恩到访此地，亦说风吹芦苇的声音很有意境(图3-44)。

绿色建筑示范区是景区两型实体展示区，是木结构低碳绿色示范建筑，其设计以人为本，尊重自然，注重两型、生态、环保、科技理念的运用，通过水体或植被等景观与周边区域隔离，形成一个小岛屿，各独栋建筑均设置专用通道进入，各单体建筑之间互不干扰但又可以相互联系。建筑外墙为专用木龙骨，外侧封 OSB 板和单向呼吸透气纸，外墙表皮为室外防水涂料，内侧采用防火石膏板，墙体采用填充玻璃保温棉，外门窗选用断热节能型铝合金门窗、双层中空玻璃及外遮阳，并通过太阳能发电等多种技术相配合，实现恒温、恒氧、恒湿，示范区冬暖夏凉，相较于传统建筑节能约 70%。

图 3-44

三、体验攻略

公园距长沙市约 13.5 千米，目前已开通多条公交线路，可乘坐 4、318、206、207、938 路公交车直达洋湖湿地，自驾游可从南二环、西二环转至坪塘大道，行至坪塘大道与岳塘路交汇处即到洋湖湿地主入口(北大资源时光正对面)，或者过湘府路大桥沿洋湖大道直行 100 米右转上坪塘大道行至洋湖湿地主入口。

第八节　凤凰山国家森林公园

一、概　况

凤凰山森林公园位于湖南省长沙市大河西先导区夏铎铺镇，总面积 2159 公顷，于 2009 年 12 月被国家林业局批准为国家级森林公园。凤凰山森林公园属于衡山余脉北支，起于黄茅大岭，沿望城、湘潭、韶山等县市边境蜿蜒起伏，止于宁乡。其地理位置优越，交通便利，紧临省道 S208，距宁乡县城 8 千米、金洲大道 12 千米、长沙市 35 千米，离长常高速公路仅 15 千米。这里处在中亚热带湿润气候区，长年雨量充沛、气候宜人，为野生动植物生息繁衍创造了良好的自然环境。森林公园系国家两型社会试验区的重要生态屏障、长株潭城市群核心绿地，历来具有长沙“后花园”和“天然绿肺”美称。

二、主要森林体验和养生资源

凤凰山森林公园资源丰富，境内狮子山、仙女岭、小鱼岭、大界岭、芦茅塘山、扁担坳、凤形山山峰连绵不绝，森林区系起源古老，成份复杂，堪称湘中丘陵区的种质基因库。这里高比例存在的珍稀濒危物种为同类地区罕见，极富保护价值。园内已查明国家重点保护植物23种，国家重点保护动物14种。这里的森林季相变化万千，呈现了大自然的生态和谐美景。这里凤凰山森林公园不但有着独特的森林资源，更有着优美的自然景观和深厚的人文底蕴。公园分为香山冲、龙凤山、陶家湾三个景区，共有山、水、石、寺等知名景点50多个。公园集森林景观和传统文化于一体，自然与人文景观交相辉映，都市风尚与乡野气息和谐共存。与本省的其他森林公园相比，凤凰山森林公园的价值不仅在于其山水共存，互为依托的自然与人文景观，更在于其对乡村旅游的极大带动，对“两型”社会建设的有力推动。公园获批为国家级以来，定位为长沙近郊最具旅游价值的生态休闲胜地，每年将达到承接游客50万人次，成为长株潭两型社会试验区的生态福地与旅游胜地。

(一)龙凤山

苍劲的龙山和俊秀的凤山共同托起雄关古道，嵇茄山顶，朝阳日辉，落日晚霞，黄龙出洞，万亩竹林，绿涛奔涌，滴水崖苍岩凝翠，碧波潭眉眼含情，令人流连忘返，眺望波光湖面，闻蝉撕鸟鸣，赏溪声共瑟，品甘洌山泉，高山流水与大地飞歌，使人们倍感野趣盎然，返璞归真(图3-45)。

图 3-45

(二)香山湖景区

香山湖景区是凤凰山国家森林公园的一部分，为核心景观区之一，是国家一级保护区，其设计遵循文化性原则，注重当地特色历史人文的展示与传承，建成“郁郁葱葱竹海绿，竹器成景行人忆；风雨廊桥湖心映，芳草萋萋彩蝶吟”的江南景象，打造出一个集观光、休闲、娱乐为一体的公园(图3-46)。

图 3-46

(三)龙凤峡漂流

龙凤峡漂流河道两岸峡谷幽深，险滩连连，龙凤峡漂流自嵇茄山山顶至香山冲水库尾端，全长 3.2 千米，240 米高强落差，途经 17 米、22 米、38 米多处高难度垂直落差冲浪点，更有祥龙加身，“入龙口、出龙升，游龙冲浪、乐享其祥”的响鼓潭独特漂点，途经垂直落差 38 米高的响鼓谭瀑布龙跃深潭、凤舞九天的漂道设计更是堪称天下第一，是众多爱好挑战自我者的乐园(图 3-47)。

图 3-47

三、体验攻略

公园距长沙市约 48.7 千米，自驾游长沙岳麓西大道，进入长张高速，到欧洲路，进 X022 抵达凤凰山国家森林公园，全程约 70 分钟。

第四章 株洲市森林体验与森林养生资源概览

株洲，位于湖南东部，古称建宁，公元214年，三国东吴在此设建宁郡，到南宋绍熙元年(1190年)正式定名为株洲。2007年获批国家“两型社会”建设综合配套改革试验区。此外，株洲还拥有国家绿化城市、国家卫生城市、国家文明城市、国家园林城市等荣誉称号，现辖5县4区和1个国家级高新区、1个“两型社会”建设示范区，总面积11262平方千米，总人口405万，市内建成区面积125平方千米，城区人口118.47万。

1. 地理位置

株洲位于湖南东部湘江之滨，长沙市以南50.5千米，地处东经112°17′30″~114°07′15″，北纬26°03′05″~28°01′27″，位于罗霄山脉西麓，南岭山脉至江汉平原的倾斜地段上。

2. 地形地貌

市域总体地势东南高、西北低。北中部地形岭谷相间，盆地呈带状展布；东南部均为山地，山峦迭障，地势雄伟。水域面积637.27平方千米，占市域总面积的5.66%；平原面积1843.25平方千米，占16.37%；低岗地面积1449.86平方千米，占12.87%；高岗地面积738.74平方千米，占6.56%；丘陵面积1916.61平方千米，占17.02%；山地面积4676.47平方千米，占41.52%。山地主要集中于市域东南部，岗地以市域中北部居多，平原沿湘江两岸分布。

3. 气候概况

株洲属亚热带季风性湿润气候，四季分明，雨量充沛、光热充足，风向冬季多西北风，夏季多正南风，无霜期在286天以上，年平均气温16~18℃，是名副其实的膏腴之地，适宜多种农作物生长，为湖南省有名的粮食高产区和国家重要的商品粮基地，长江流域第一个粮食亩产过吨的县(市)就产生在株洲代管的醴陵市。

4. 交通条件

株洲是一个交通枢纽城市。“北有郑州，南有株洲”，株洲是贯穿南北、连接东西的重要通道。铁路方面，株洲是南方最大的铁路枢纽，京广、沪昆铁路在这里交汇，衡茶吉铁路正在加紧建设。武广高速铁路建成通车，到北京只要4 小时，到广州2 小时。株洲火车站平均每3 分钟接发一趟列车，是全国五大客货运输特级站之一。公路方面，106 国道、107 国道、320 国道、京港澳高速、上瑞高速以及连接闽南、赣南、湘南的“三南”公路都在境内穿过。随着正在建设的岳汝高速、长株高速的竣工通车，株洲的交通优势更加明显。航运方面，穿城而过的湘江，是长江第二大支流，四季通航，千吨级船舶可通江达海。空运方面，去黄花国际机场经长株高速直达，仅40 千米、20 多分钟车程。

第一节　炎帝陵

一、概　况

炎帝陵景区位于炎陵县城西17 千米的鹿原镇境内，是国家AAAA 级旅游区、国家级风景名胜区、全国重点文物保护单位、全国爱国主义教育示范基地、中国井冈山干部学院社会实践教学基地、海峡两岸交流基地。炎帝陵被海内外炎黄子孙尊奉为“神州第 ·陵”。

炎帝陵景区总体规划面积111. 86 平方千米，划分为七大功能区，现在已经建成并开放的仅是陵区核心部分，分为祭祀区和拜谒区两大功能区，共有40 多处自然和人文景观可供游客朋友瞻仰、观光。

二、主要森林体验和养生资源

这里洣水环流，古树参天，景色秀丽。圣陵座北朝南，山上古木荫蔽，山下河水潺潺。圣陵宫殿金瓦红墙，庄严肃穆，古香古色的建筑群，同秀美的自然风光相互交融，使圣陵更为神圣壮观，的确是一座风光秀丽、历史悠久、文化内涵十分丰富的陵园，吸引着无数的海外炎黄子孙前来寻根祭祖。主要有炎帝陵殿、御碑园、皇山碑林、天使公馆、圣火台、神农大殿、朝觐广场、神农大桥、白鹭亭、崇德坊、鹿原陂、龙堖石、龙爪石、洗药池、邑有圣陵等自然景观，均是引人入胜的去处。

(一)炎帝陵殿

炎帝陵殿位于炎陵山西麓，沿陵墓南北纵轴线均衡对称布局，座北朝南，南临洣水，南北长 73.4 米，东西宽 40 米，面积 4936 平方米，建筑面积 903 平方米。陵园保持了浓郁的清式建筑风格，红墙黄瓦，古木参天，庄严肃穆，气势恢宏。

陵园分为四进：一进为午门，拱形石门，左右分列为拱形戟门和长方形掖门，门扇均为实榻大门。左右分立雄健的山鹰和白鹿花岗石雕。二进为行礼亭，是炎黄子孙奉祀始祖的地方，采用庑殿顶，前后檐各四柱落脚的三开间长方亭，亭中设置香炉、烛台，供人们进香祭拜行礼之用。三进为陵殿，重檐歇山顶，由三十根直径 60 厘米的花岗岩大柱按四排前廊式柱网排列支撑，上下檐为单翘昂头五彩斗拱，正脊檐角饰鳌鱼兽吻。四进为墓碑亭，采用四角攒尖式屋顶，檐角高翘(图 4-1)。

图 4-1

(二)神农大殿

神农大殿座落在炎帝陵殿中轴线东侧，占地面积 2 万余平方米，建筑面积 1413 平方米，清式仿古建筑，由大殿、东西配殿、连廊和两个四方亭组成，大殿外廊挺立着 10 根高浮雕蟠龙石柱，蟠龙栩栩如生，石柱为福建花岗岩整石制作。“神农大殿”匾额为中国书法家协会主席沈鹏先生题写。神农大殿内的神农八大功绩图是由广州美术学院根据民间传说和史籍记载，精心创作出来的，展示了炎帝一生的主要功绩(图 4-2)。

图 4-2

(三)碑廊

碑廊是御碑园的主要建筑，分列碑园东西两侧，为硬山卷棚式仿古建筑。

全长 84 米，壁上镶嵌明清御祭文碑 51 块，宋、明、清、民国和中华人民共和国等历史时期有代表性的记事碑 5 块，共 56 块。现在最早御祭文碑是洪武四年(1371 年)朱元璋登基告祭文碑(图 4-3)。

图 4-3

(四)九鼎台

位于御碑园中心。台面外圆内方，圆台直径 18 米，方台 9.999 米。主席台上厝置九尊花岗石方鼎，每尊 1.2 吨。九鼎是我国古代国家最高权力的象征，这里寄寓祖国统一，民族昌盛，国家利益高于一切之意(图4-4)。

图 4-4

(五)神农功绩图壁画

壁画嵌于御碑园北面照壁，弧形，全长 40 米，高 1.5 米，由 268 块黛青色辉绿岩石板和 12 块花岗石组成。壁画以组绘画手法表现题材，以线雕造型丰富艺术效果，形象地表现了炎帝神农氏“剡木为矢，弦木为弧”“重八卦为六十四卦”“遍尝百草，宣药疗疾”“斫木为耜，揉木为耒”“教民耕种，种植五谷”“削桐为琴，始作蜡祭”“始造明堂，相土而居”“耕而作陶，埏埴为器”“治麻为布，制作衣裳”“日中为市，交易而退”十大主要功绩，生动展示了上古社会的自然风貌和社会风情(图 4-5)。

图 4-5

(六)咏丰台

图 4-6

座落于龙珠山西面山坡，与圣火台遥相呼应。咏丰台始建于清道光七年(1827年)，民国初年倒塌。1988年修复炎帝陵时，重建于炎帝陵殿的左侧山坡上，原台上有咏丰亭，八角重檐式，顶高7米，亭额悬“咏丰台”横匾和“台记丰年咏，亭留旧日香”楹联。2002年修建炎帝陵公祭区时，改建于龙珠山西面平台之上。现咏丰台石碑由一座花岗岩整石制作，碑高2米，边长1米，重约5.5吨，碑顶雕有四方龙陛(图4-6)。

(七)圣火台

图 4-7

位于神农大殿南龙珠山，与咏丰台分列于祭祀大道两旁，居东。1993年为点取首届“炎黄杯”世界华人华侨系列龙舟赛圣火而建，台高40米，台中央立有高3.9米，体积为31立方米的褐红色点火石，正面刻有1.5米高的朱红象形体“炎”字，犹燃烧的火炬。台面三层呈宝塔形，每层高0.6米，直径分别为9米、6米、3米的梯形圆台，底层铺设花岗岩石板，外护正方形花岗石栏板，边长100米，取天圆地方之义。游客登临圣火台，可远眺炎帝陵殿、神农大殿全貌，可领略炎陵山恰似卧龙饮水之势(图4-7)。

(八)龙脑石

传说当年炎帝灵柩水运至此，江水翻腾，雷声大作，一阵湍急旋涡，将炎帝灵柩沉入水底，卷入石穴。原来是水中的金龙为感炎帝救治之恩遂跃出水面，将炎帝请至龙宫作客。后来天上玉帝为惩罚金龙无理，用圣旨罚金龙化为石龙。龙头化为龙脑石，龙爪化为龙爪石。至今龙脑石、龙爪石风韵犹存，巨龙首兀立江面，栩栩如生，为炎陵自然胜景(图4-8)。

图4-8

(九)龙爪石

位于炎帝陵殿前山脚下的水岸边，巨石临江，状似龙爪。附近的秀色优美,环境优雅宁静,十分迷人(图4-9)。

图4-9

(十)圣德林

全省123个县(市、区)及林业部门各捐献2棵大树，栽种于通往神农大殿的御祭大道两旁。在每棵香樟树下的天然河卵石上，用篆文镌刻各县(市、区)的名称。在圣德广场旁边，立有碑名为“圣德林”碑，石碑之后呈现弧形树立着9块花岗岩留言碑，碑高2.6米，镌刻着123个县(市、区)书记、县(市、区)长的祈愿(图4-10)。

图4-10

(十一)御碑园

位于炎帝墓冢之后，坐落炎帝陵殿中轴线之北，大殿后墓碑亭两侧有拱门，道路可通。园长100米，面积6400平方米，建筑面积280平方米。东西碑廊各长40米。廊壁刊历代御祭文碑51块(其中明代13块，清代38块)，另刊宋、明、清及控记事文碑5块。东西碑廊之间有九鼎台，台上列石鼎9只，每只高1.5米，重1.11吨，象征国家统一，金瓯无缺。园北面是弧形照壁，镶石刻壁画《神农功绩图》。壁画长 40 米，高 1.5 米，由 228 块正方形粗磨青石板镶成，壁画以炎帝功绩为主题，以原始先民从渔猎到农耕，从穴处到定居这一历史性转变时期的生产和生活为背景，采用线雕手法制作而成，生动形象地表现了炎帝勇于开拓、敢于创新、乐于奉献的伟大实践和高尚精神（图 4-11）。

图 4-11

（十二）牌坊

位于 106 国道南侧，炎帝线端口处，距炎帝陵 10 千米。牌坊高 18.66 米，主体横跨 22 米，选用花岗石砌成，四根石柱下各安置石狮一座，牌坊正面刻原国家主席江泽民手书“炎帝陵”；背面刻陈云同志题词“炎黄子孙、不忘始祖”（图 4-12）。

图 4-12

（十三）咏邮亭

1998 年 10 月为纪念《炎帝陵》特种邮票发行而建。咏邮亭位于炎帝陵“皇山碑林”名碑北侧山坡上。亭系庑殿式结构，黄色疏璃瓦，亭宽 6.05 米，进深 4.3 米，高 5.20 米，亭中立有《炎帝陵》邮票小全张汉白玉石碑，正面刻《炎帝陵》邮票小全张，背面刻邮票发行纪念碑文。碑座高 0.68 米，碑高 1.28 米，宽 2.40 米，厚 0.25 米。为当今世界最大之“邮票”（图 4-13）。

图 4-13

（十四）五子庙

五子庙是为纪念“炎陵五子”建造的，炎陵民间流传着“炎陵出五子”的故事。五子即神农天子、钟馗才子、孟姜女子、铁头太子、罗浮孝子。五子庙是1995年根据五子的传说形象而设计的仿古建筑，单层。里面摆放着分别代表智慧、勇敢、刚正、忠效、善良的圣人或奇人的塑像。庙顶青砖红瓦，雕梁画栋，与周围古木相得益彰，一种古朴神秘的怀古氛围，前来烧香拜佛的香客不断（图4-14）。

图 4-14

（十五）白鹭亭

坐落在九龙印上方30米外，重檐圆顶结构，由6根直径30厘米的花岗石柱支撑。亭中央立有一块汉白玉碑，铭志株洲市各界为炎帝陵建设捐款文及名单（图4-15）。

图 4-15

（十六）神农洗药池

又名“天池”。位于炎陵山顶，宽约2亩许，其水夏凉冬温，清碧澄清。传说炎帝常在此洗药，尝味草木，故其水浴之可以健肤，饮之可以强体（图4-16）。

（十七）鹿原亭

位于炎陵山山顶，亭呈飞檐角式，古色古香。相传炎帝出生后仙鹿为其喂奶，神鹰为其蔽日遮荫。据此传说，鹿原亭外置有石雕鹿群，卧、立、跃、哺，形神各异，栩栩如生，四周苍松环绕，景色宜人（图4-17）。

（十八）天使馆

位于炎陵北数十步。始建于明代，为历代钦差大祀官斋居，明末毁，清初重建，又毁于水灾。1989 年在旧址之南另择地重建(图 4-18)。

（十九）邑有圣陵

位于炎陵故道，桥头岭下官垄口道旁，石壁上镌刻乾隆十六年路碑“邑有圣陵”四个大字。炎帝去世后，人们把他安葬在钟灵毓秀的“长沙茶乡之尾”，即今湖南省炎陵县(原名酃县)城西 17 千米处的鹿原陂。《路史》载，炎帝在临终之前嘱咐他的随从：“当葬南方，视旗矗立，遇峤即止”。人们按照他的嘱咐，沿洣水南上，寻找安葬之地。

图 4-16

图 4-17

他们几经周折，终于来到一个峤阳岭的地方。这里“四面崭绝，鸟道羊肠”。站在峤阳岭上，举目南望，只见群山环抱之中，有一块平展开阔的原野。洣水三回九折，穿嶂过峡，奔腾而来。原野南端，层峦叠翠，虬木森森，烟云出没，气象万千。

图 4-18

这就是鹿原陂——一块富庶之地，至尊之地，文明发祥之地。辛劳一生的炎帝，应该有这样一块安息之地。传说，居住在这里的先民，听到炎帝安葬鹿原陂的消息，纷纷来到洣水河畔。他们身披麻布，腰上扎着草绳，头上戴着草圈，击土鼓、吹卜筒(可以吹响的竹筒)为炎帝送葬。就连住在几十里外汤市的先民也连夜赶来，他们希望炎帝葬在汤市，因为那里有长流不息的温泉，常开不谢的鲜花，是上天赐给的一方福地(图 4-19)。

图 4-19

(二十)阙门

炎帝陵阙门位于公祭区入口处，2011 年 5 月，该工程荣获株洲市“十大标志性重点工程”，采用目前最先进的石材干挂工艺建造而成。主塔高 17.09 米，被誉为“中华第一阙”。沿祭祀大道两侧立 5 对五谷柱，高 8.79 米，直径 1.2 米，分别雕饰稻、粱、菽、麦、黍图案(图 4-20)。

图 4-20

(二十一)石雕祀像

炎帝雕像身高 9.7 米，底座长 8.7 米，宽 4.7 米，重约 390 吨，以红色花岗石雕制。炎帝一手拿着谷穗，一手握着耒耜，寓意开拓农耕文化(图 4-21)。

图 4-21

三、体验攻略

炎帝陵风景名胜区虽地处湘东边陲，但公路交通十分便利，106 国道、炎睦高速从炎帝陵牌坊前通过；衡炎高速更是直达炎帝陵入口；另外，正在修建的炎汝高速在景区设有互通口。景区距长沙、南昌等周边大中城市以及南岳、井冈山等著名景区均只有 2 ~3 小时路程。

炎帝陵景区距县城 19 千米，由 106 国道及炎陵高速连接，景区内部道路全部拓宽硬化，停车场设施良好，为进入景区提供十分便捷的条件。

从株洲汽车站到炎陵汽车站，每天有 10 余班汽车往返，路程 225 千米左右。抵达“炎帝陵”牌坊时下车，搭当地公交车 20 ~30 分钟即到。

第二节　神农谷国家森林公园

一、概　况

神农谷又名桃源洞，AAAA 旅游景区，位于罗霄山脉中段、湘赣边境万阳山北段的西北坡，与革命纪念地江西井冈山仅一脊之隔，相距 12 千米，距离炎陵县城 45 千米。森林公园位于中亚热带季风湿润气候区，年平均气温 14.4℃，1 月最低平均气温 3.9℃，7 月最热月平均气温 23.8℃，年降水量 1967.9 毫米。年平均空气相对湿度 86%，区内日照少、气温低、云雾降水多、空气湿度大、风速小、气候垂直变化大、是典型的山地气候特征。

二、主要森林体验和养生资源

神农谷国家森林公园内森林茂密，小气候环境优越、空气清新、负离于含量高，更能促进人体身心健康。境内四季分明，冬季寒冷、夏季凉爽、春秋季宜人，根据逐日平均气温与空气相对湿度的组合状况和对人体心理感觉及生活测试结果分析，森林公园境内使人感觉舒适的时间有 114 天，舒适的旅游期长达 196 天，4 月中旬至 11 月是神农谷国家森林公园的舒适旅游期。景区不仅自然景象丰富，而且山水结合的好，与植物相得益彰，形成了她神秘、野趣、奇险、恬静的风景特色。至今保存着我国南方地区最大的一片原始森林，面积达 11.6 万亩；空气负氧离子含量位居亚洲第一，每立方厘米高达 13 万个。它是一个集自然景观、人文景观、森林生态环境和森林保健功能于一体的生态型公园，是非常理想的旅游避暑、休闲疗养的胜地。

(一)甲水景区

由甲水电站沿河上行到神农湾大酒店为名甲水景区。主要景点有万洋秋红、甲水幽谷、野猪过河、石蟹戏水、石钟滩、仙翁垂钓、龙母生双子等（图 4-22）。

图 4-22

（二）田心里景区

由镜花溪和孟华溪到田心里汇合成万洋河。万洋河依山傍崖，蜿蜒曲折，穿行绝壁深涧之中，往西流出。有一线天、黑龙潭、藏药洞、一线瀑、竹影泉声、石板滩、狮子岩、白龙潭、田心里、东坑瀑布等景点（图 4-23）。

图 4-23

（三）东坑景区

由田心里沿镜花溪上行为东坑景区。区内主要景点有：田心民俗村、烧烤场、佚名亭、东坑瀑布、杜鹃花园、大院冷杉、南方铁杉等（图 4-24）。

图 4-24

（四）桃花溪景区

由珠帘瀑布溯桃花溪上至焦石，为桃花溪景区。地处中心的桃源洞村，是最典型的山村民居风格。桃花溪左侧支流上游为焦石。沿珠帘瀑布上行，有珍珠潭、天女散花、姊妹瀑、猴林、民俗村、古老仙、杜鹃报春、竹园、云台仙、老鼠沿梁等景点（图 4-25）。

（五）平坑景区

由桃源洞村沿右支流太平溪上行为平坑景区。主要景点有牛角垅民居、枫叶知秋、平坑瀑布、三面回音、七姑仙等。景区与井冈山市接壤，为桃源洞森林公园的东大门(图4-26)。

图 4-25

（六）黑龙潭

黑龙潭潭水是黑色的，原因有三：一是溪水清幽；二是树荫照水；三是潭水有十几米深。咆哮的涧流到这里后变得平静如歌，两岸植被密布，巨树横斜于河滩之上，游人至此，自然歇息，听水声，闻鸟鸣，品怪石，看滩景，陶冶情操的理想之地(图4-27)。

图 4-26

（七）楠木群落

图 4-27

楠木群落里主要有红楠、基脉润楠、黑壳楠等等，红楠是在翠绿的树冠上挺立着红色的芽苞，十分醒目，因而得名。红楠是国家三级保护优良珍稀树种，其木材坚韧，结构致密，具光泽和香气，是楠木类中材质较优的一种。四季常青，适合风景树或行道树，不论植于山间还是栽于庭前、屋后，均使人感到蔚然可爱，而且有防风、防火之效，深受群众喜爱，尤其备受佛门、道家的青睐，在中国古代，庙宇、宫观附近栽楠之风很盛。红楠的药用价值也很高，它的树皮和树叶加上食用盐捣烂敷于患处可以治扭挫伤筋，根入药能治手足浮肿(图4-28)。

（八）珠帘瀑布

图 4-28

珠帘瀑布，独具特色，玉珠银花般的水流从 48.2 米的悬崖上飞泻而下，撞击在石壁上，水珠顺着石壁滚动而下，恰如一挂珠帘，因此得名“珠帘瀑布”。每当天气晴朗的日子，约下午三四点钟时刻，瀑布下方会出现一道漂亮的小彩虹，成为一道奇观。这里也是负氧离子含量最高的地方，每立方厘米高达 136426 个，堪称亚洲之最。空气负氧离子又称空气维生素和生长素，具有降尘、灭菌、加强肝、脑、肾、肾上腺等组织氧化过程的功效，对哮喘、慢性支气管炎、烫伤、鼻炎、神经性皮炎、神经官能症、冠心病、高血压、肺气肿、偏头痛以及肿瘤疾病等极具疗效。不少人慕名前来这里疗养治病，并取得了很好的效果（图 4-29）。

图 4-29

（九）石板滩

石板滩是万阳河最漂亮的石滩景点。河滩上遍布巨石，有的宽若平台，层层高起；有的可坐数十、数百人；有的圆若累卵，立于飞泉险滩之中，激起层层白浪，十分俊美。

图 4-30

河滩两岸山势险峻，林木茂盛，风景宜人。坐在这光洁宽阔的石滩上，听水声、闻鸟鸣、品怪石、看滩景，尽情享受大自然的恩赐。溪边层层竹林，小径曲折，溪流也如低吟清唱，环境十分幽静，是田心里景区一道别致的风景。有诗人称赞道“竹风婆娑摇翡翠，泉影潋滟照琉璃”（图 4-30）。

(十)神农飞瀑

神农飞瀑，又名东坑瀑布。看，在那蓝天、青山、绿树间，好似一道白练当空飘舞，又如一条云龙飞身入潭。瀑布落差为235.2米，成三叠下泻，是湖南省落差最大的瀑布。瀑布风姿，一年四季，各有千秋。春夏时节，水量急增，天河倾泻，一级撞击一级，惊心动魄；枯水季节，一线瀑有如轻纱薄绢缥缈其中，飘飘洒洒，直落谷底。这里是户外运动和探险的好去处，更是受摄影师青睐绝好风景。在瀑布的顶上，有一座石拱桥，建筑年代已无从考证，造型极为古朴凝重，与神农飞瀑的潇洒风姿形成鲜明的对比(图4-31)。

图4-31

(十一)仙女观瀑

传说这是一位等盼丈夫回家的村女。很久很久以前，桃源洞村有一个年轻猎人，那天进山打猎，在山中遇见一只老虎在追咬一只水鹿(山牛)，猎人想要救下水鹿，捕猎那只老虎，就向老虎开铳了。老虎负了伤，反过来扑咬猎人，没有扑着猎人，反被猎人又打了一铳，老虎只好负伤而逃。猎人便拼力追赶，一直追到珠帘瀑布这里，老虎一跃窜进了瀑布下面的岩洞，猎人也脱下外衣、放下鸟铳带着砍刀泅水追进了洞里。结果一去就再也没有出来了。第二天，猎人的妻子循着猎人的足迹找到这里，看见了猎人丢在洞外的衣服和鸟铳，知道猎人进了瀑布下面的岩洞，就站在洞口等，等啊等啊，一直等到今天……所以这个山岩后来就被叫做等夫岩，也有人因景而叫，把它叫做“仙女观瀑”(图4-32)。

图4-32

图 4-33

（十二）溯溪

溯溪，是由峡谷溪流的下游向上游，克服地形上的各处障碍，穷水之源而登山之巅的一项探险活动。神农谷景区内的溯溪旅游项目是目前省内唯一一家综合性溯溪景点，全程2.3千米，由农耕作坊、古水车群、溯溪探险等几部分组成，是游客感受炎帝农耕文化、品尝民间美食、探索原始自然风景的好去处（图4-33）。

（十三）桃花溪

由珠帘瀑布溯桃花溪上至焦石，为桃花溪景区。这里潭瀑相连，浪飞雾飘，径回溪折，绝壁峙立。地处中心的桃源洞山庄，绿荫掩映，小桥流水，土墙青瓦、木杜吊楼，典型的山村民居风格。桃花溪左侧支流上游为焦石，溪边长满杜鹃，春季到来，花团锦簇，山上是望不断的竹林。主要景点有珠帘瀑布、猴跳峡、仙女观瀑、桃源洞山庄休闲度假区等（图4-34）。

图 4-34

（十四）树抱石

珠帘瀑布下行约2千米的万阳河畔，竖卧一虬曲苍劲的古钩栗树，树主干胸围2.1米，高19米，其根部孪生两棵树，树干浑圆，直插蓝天，故当地人称之为“龙母生双子”。树的根部因被溪水冲刷，大部分裸露，盘根错节，如同巨蟒，占地百余米见方，其主根紧紧抱着一方巨石，故又名“树抱石”。在这棵树的左右两侧生长两株杜英树，树干粗大挺拔，它们成双成对，根结连理，如同一个和睦的大家庭（图4-35）。

（十五）芳草鹿原

图 4-35

位于神农湾酒店西南2.5千米的横泥山，海拔1800米，沿山脊一带，可远眺神农飞瀑雄姿。崇山峻岭之上托出一块万亩草甸，十分罕见。草甸内芳草丛竹，当中有一个十米见方的水池，各种灌木、藤蔓、杜鹃、圆锥绣球沿草甸边缘生长，并栖息着成群的红嘴相思鸟和画眉。一年四季山花烂漫，鸟语花香，野生动物出没其中，另有一番幽静而独特的情调，在南国崇山中实不多见。因为这里可以经常看到群居的野鹿，故名芳草鹿原（图4-36）。

图 4-36

（十六）汤药池

沿黑龙潭上行约1千米处。溪中遍布巨石，有的宽若平台，可坐数十人，有的圆若累卵，立于飞泉险滩之中。右岸有一巨石，第四纪冰川形成一个巨大的冰臼，天然生成一个两米见方的水池，名为“汤药池”。传说炎帝神农氏曾在此洗药，近旁蹲一兔状巨石，为当年偷食炎帝草药的野兔所变。石板滩两岸山势险峻，林木茂盛，山溪自绝壁夹缝中穿过，溪流奔涌，透过几道山梁，仍涛声如雷（图4-37）。

图 4-37

（十七）古老仙

在桃源洞村海拔1100米的山崖上，有一座庙宇名叫古老仙。可就在这古老仙的前面又有一座观音堂。传说在嘉庆年间，桃源洞村一天时间竟来了两批远道而来的客人，都带来了各色礼物，说是来酬谢居住在桃源洞姓古、李、徐、陈的四位恩人。桃源洞村民都感到很奇怪，桃源洞有姓苏的、姓万的、姓姚的、姓刘的，唯独没有这四姓。但好客的桃源洞村民们热情地接待了来客，并答应仔细查访(图4-38)。

图4-38

（十八）七姑仙

桃源洞有一个人间仙境，名叫桃源洞仙。凡到过桃源洞的人都会发现，这里除了满山遍野的松杉翠竹之外，还有星棋布的樱桃树。县志记载，清朝嘉庆庚午年间，万姓村民曾捐款兴建了一座“桃源仙寺”，并由孟姓廪生作记。现仙寺无存，但桃源洞的传说却流传下来了(图4-39)。

图4-39

（十九）飞来石与婆婆仙

在桃源洞北部的瓜寮，有一座山，山顶上有两块石头，在一块巍然屹立的巨石上面又重叠着一块大石头，两块石头象是从天外飞来，又好像是谁有意堆叠。两块石头微微向前倾斜，一眼望去，随时有倒下来的危险。然而千百年来没有倒塌(图4-40)。

三、体验攻略

图 4-40

距省会长沙 319 千米，从长沙出发经株洲，入 320 高速公路到醴陵，路经攸县、茶陵至炎陵；或从京九铁路至井冈山市，经江西吉安龙市至炎陵；或沿京珠高速到衡阳大铺，转入衡茶高速到炎陵分路口下，再沿 G106 线，到炎陵县城，转入 S321 线，到沔渡镇，转入县乡道路，到十都镇，然后就到了神农谷景区。

第三节　云阳国家森林公园

一、概　况

云阳国家森林公园位于茶陵县城西，山城一体，离县城中心仅 2.5 千米。总面积 8941.4 公顷，最高峰天堂山，海拔 1130 米，最低海拔仙人湾 110 米，相对落差 1000 余米(图 4-41)。

图 4-41

云阳国家森林公园有自然景观 35 处，历史人文景观 31 处，森林资源十分丰富，自然景观得天独厚，历史宗教文化源远流长，历来道佛共融相存，被誉为“可以长生、可以隐居、可以藏修”的神地，同时又是始祖炎帝的栖居之地。云阳山秀润灵异，群峰竞秀，丹崖流霞，飞瀑垂炼、深谷笼幽、古洞藏奇，自古声名远播，被称为是寻根谒祖的“圣山”、朝岳拜佛的“神山”，穷理悟道的“灵山”，览胜休闲的“仙山”，故有“神农故邑”“古岳圣地”之美誉。

二、主要森林体验和养生资源

公园内气候适宜、雨水丰沛、土壤深厚肥沃，是动植物繁衍生长的理想之地，从而形成了植被丰富，万木葱笼，森林繁茂的绿色王国、动物世界。椐调查园内有木本植物 71 科 347 种，各种野生动物近 120 种，森林覆盖率 91.7%。尤其是公园近几年来卓有成效的植物景观改造，更加丰富了公园的植物景观，提升了公园植物景观美学价值和观赏价值。实现了春天山花灿漫，盛夏林茂浓荫，深秋满山红叶，隆冬玉树琼花的森林景观的整体效果。

云阳国家森林公园以其良好的森林环境和独特的地理条件，在湘东旅游线上一直享有“天然空调”“天然氧吧”“天然矿泉水”之美誉。

（一）神龟岩

神龟岩位于赤松山南侧的峰峡，因有一块酷似乌龟的巨岩而得名。这灵龟谷还有一个非常奇特的现象，那就是在陡峭的崖壁上挺立着一排排柏树，这柏树，无论它是长十年、百年，还是千年，永远只有这么高——也就 1 米左右，而且只长在云阳山这片岩壁上。峡谷两侧悬崖夹峙，一排排柏树在陡峭的崖壁上悄然挺立，峡谷两端正中一股瀑布劈岩击石，飞泻而下，泄落涧谷（图 4-42）。

图 4-42

（二）东阳湖

东阳湖旅游区，位于井冈山、炎帝陵、南岳三大旅游区之间，有 4 条高速（衡炎高速、岳汝高速、泉南高速、茶安耒常高速），2 条铁路（衡茶吉铁路、醴茶铁路）以及 106 国道和 320 省道两条公路可抵达，交通极其便捷。

图 4-43

旅游区水面面积达 18 平方千米，湖中大大小小岛屿近百个，两岸青山连绵，岛屿星罗棋布，湖岛交互，山水相依，目前旅游区呈现“一带五区”的格局，即东阳湖观光游憩带、东阳湖观光接待区、中莞客家体验区、夏乐休闲娱乐区、桃坑康体养生区、江口生态保育区，是集泡温泉、狩猎、水上娱乐、养生度假多功能于一体的原生态养生旅游区(图 4-43)。

(三)老君岩景区

在紫微峰西侧半山腰突起的岩峰叫老君岩。奇岩怪石，千姿百态，其中两块挺拔高大的巨石，远看像是一坐一立的两个人在亲切交谈，大者如端坐的老道人，名为“老君石”；稍小者如全神贯注聆听教诲的道童叫“秦人石”，像端坐的道人那块巨石和秦人石旁边有一石窟，名为“老君石屋”，民间叫它“老君岩”。

图 4-44

2008 年，在原老君庙遗址上重造了老君石像，建祭台，刻《道德经》，重立的太上老君石像高 5. 95 米，两边还有九九八十一级台阶(图 4-44)。

(四)云阳仙

原名云阳山寺，始建于唐开元年，清代改名云阳仙。今为道观，主祀南岳圣帝。这座古庙，时为佛寺，时为道观，时为书院，但不管是佛也好，道也罢，儒也行，都要祀奉南岳圣帝。因云阳山空气清新，夏日凉爽，所以建了这座避暑行宫，让南岳圣帝每年农历六月、七月来此避暑，逐步形成“六月七月朝云阳，八月朝衡山”的民俗。这样一来，佛道两教也看上了这块“风水宝地”。正一派道教、南禅宗清源派佛教进入湖南，上云阳山。先后建有云阳山寺赤松坛白云仙罗汉庵等到10多座寺观庵坛，云阳山成了湘东南重要宗教活动场所。云阳仙竹树簇拥，窟岩为邻，泉水潺潺，幽雅宁静。黄庭坚在此住了一晚后，发出“道人先作鹿门期”的慨叹，向往归隐生活(图4-45)。

图4-45

(五)祈丰台

祈丰台位于紫薇峰上，传说是炎帝和其雨师赤松子祀天祈丰的地方。后来人们在紫薇峰上建了一座祈丰台，祈丰台是一座三层的楼阁式建筑，第一层的墙体外围上有关于炎帝和赤松子的一些“事迹”图；二楼供奉着炎帝神农氏的神像；三楼有“通天灵钟”，现在擂“通灵钟”演变成“擂钟祈福”的内容(图4-46)。

图4-46

(六)张良试剑岩

在五雷池身后有座巨岩，中间一道笔直的裂缝，把巨岩分成两半。据传汉留候张良随赤松子到此，赤松子炼丹，张良铸剑。后来刘邦准备大展鸿图，来山上请张良下山助一臂之力，张良当时已铸成了一把宝剑，为了试一下宝剑是否锋利，他劈岩试剑，劈开了岩石，这就是“张良试剑岩”(图4-47)。

图4-47

(七)古南岳宫景区

从文化墙的右边开始，首先是云阳山重修记，接着是五幅浮雕壁画，壁画刻画的纤毫毕现，栩栩如生，画的内容呢，就是关于南岳圣帝选址在此造行宫的神化故事。放生池占地面积2200平方米。这个放生池自古以来就有，2008年在原址上进行了重修和扩建(图4-48)。

图4-48

(八)观音岩

观音岩是一个自然岩窟，高10余米，穹顶呈“人”字形，像是人工开凿的穹庐，底座岩石与五雷池相连，岩石东侧有一处宽不足一寸的裂隙从穹顶直至岩底，堪称名副其实的“一线天”。

传说南海观音到衡山祝贺南岳宫落成典礼，在筵席上听南岳圣帝盛赞云阳山风景秀丽，气候宜人，可惜只有七十一峰，无法让七十二地煞星安神定位，不然的话，他就在云阳山建南岳宫了。后来人们把这岩窟叫做“观音岩”，又称“忘忧岩”。据说，到此看到“过隙阳光”就会免灾得福，事事顺心。因此，游人来到这里都要烧香朝拜，祈求观音消灾赐神福(图4-49)。

(九)五雷池

五雷池，岩石飞垒，岩壁纵裂，岩缝中水鸣声如雷，涓涓的泉水汇入石窝泉池。一年四季无论旱涝，“不盈不竭”，下雨时，泉水没有丝毫浑浊。奇怪的是泉池中有一只大青蛙，平时隐身水底岩缝中，如果从水底岩缝中显露出身子，天就会下雨。据当地人说：这五雷池的水，因为是龙涎水，凡人喝

图 4-49

图 4-50

了就可以清心明目，强身健体，还能祛病消灾，所以很多上山朝拜的香客总要带一瓶五雷池的水回去(图 4-50)。

(十)白云寺

白云寺(图 4-51)原名白云庵，始建于唐代。大雄宝殿是 1992 年在原址上按原貌恢复的，它的建筑风格，并非我们看到一些建筑是仿明清，它完全是保留了宋代的建筑风格。雄伟庄严的大殿，中央供奉着三尊金色的大佛坐像，慈祥而端正，中间这尊是婆娑世界的教主释迦牟尼佛，在他左边一尊是东方琉璃世界的教主药师琉璃光如来，右边的一尊是西方极乐世界教主阿弥陀佛。最下方的是大慈大悲观世音菩萨。大殿两旁是十八罗汉。天王殿迎面而坐的是弥勒菩萨，因他笑颜常开所以都称他“皆大欢喜”。在弥勒菩萨像的两旁，分别立着四位高大的天王，手拿琵琶的是东方持国天王，手拿宝剑的是南方增长天王，手臂绕缠一龙的是西方广目天王，那右手拿伞，左手握银鼠为法器的是北方多闻天王，四位所拿的法器分别代表“风”“调”“雨”“顺”，代表

图 4-51

人们对年景美好的愿望。

三、体验攻略

从株洲中心汽车站出发，乘坐汽车到达茶陵，路程为 163 千米，车程 3 小时左右。从长沙始发至茶陵的 5367 次列车，早上 6：38 出发，11：12 到达茶陵站。

可参考游览路线：①衡炎高速→茶陵收费站→茶陵大道→犀城大道→赤松路→云阳山东大门牌坊→云阳山东大门；

②106 国道→云阳街→犀城大道→赤松路→云阳山东大门牌坊→云阳山东大门。

第四节　酒埠江风景名胜区

一、概　况

酒埠江风景名胜区(图 4-52)位于酒埠江镇的东南部，国家 AAAA 旅游景区，始建于 1958 年，湖区集水面积为 610 平方千米，总蓄水量为 3 亿立方米，平均宽度为 500 米，最大宽度为 2300 米，平均水深 37 米，深水航道为 24 千米。酒仙湖两岸群山巍巍，层峦叠嶂，林木葱茏，四季竞翠，湖区空气清新，碧水蓝天。皓月银波，置身其中顿觉远离尘嚣，心旷神怡，让人有当年苏子遗世、辱宠皆忘，逍遥而居的感觉。

图 4-52

二、主要森林体验和养生资源

泛舟于湖上，两岸山岛逶迤如龙，天水共成一色，似入画卷。缥碧湖水千丈见底、其绿如蓝。青鱼、银鱼、红鱼不时结伴游过，那摇头曳尾恬然自在的风姿。

清风从水中岛山拂面而来，带来浓郁醉人的芬芳。漫山遍野的乔木与灌木仿佛是要将积攒了一个冬春的力量全部释放，油光发亮的叶子绿的发亮。夹杂其中的野蔷薇争相怒放着，如雪般洁白，绚烂得让人晕眩。叶子的清香、花朵的甜香，和着氤氲的水雾蒸汽，让人陶然欲醉，不知今夕何夕。成群白鹭突然惊起，盘旋于水面，激起点点涟漪。

(一)阳升观

阳升观始建于唐天宝七年(公元748年)，唐玄宗发现此胜景。敕令建造观宇，赐名朱阳观。香火一直旺盛。

图 4-53

解放后，观宇分给当地村民居住。文化大革命时期，部分建筑遭到破坏。阳升观历史悠久，建筑布局考究，装饰艺术精湛。具有历史、艺术、科学价值。每年阴历的8月11日至8月15日举行盛大的庙会(图4-53)。

(二)白龙洞

白龙洞(图4-54)地处攸县酒埠江国家地质公园内(酒仙湖)，位于风景秀丽的酒埠江风景区鸾山镇老漕村梅山坳腹地，大约为3亿年前发育的岩溶地貌洞穴。

图 4-54

白龙洞因洞内岩溶景观“白龙马”而得名。洞内景观千变万化，洞中有洞，楼上藏楼，钟乳石千姿百态、三步一景、五步一阁，万千景象，令人叹为观止，被誉为湘东第一洞。

洞长达数千米，可供开发的旅游路线为4000余米，现向游客开放的线路为980米，洞内上下分三层，上、中层为旱洞，下层为水洞。洞中各种岩溶景观桥、山、田、幔、瀑、笋等应有尽有。其中唐僧西行、神象观瀑、观音坐莲等形象景观更是俯首皆是，栩栩如生。

洞因“四绝”而闻名国内，白龙马、古河床、古生物化石、石钟音乐厅无不令人拍手叫绝。洞中的“天下第一柱”高达29米，国内称雄。音乐厅中的“石钟音乐”传颂着前所未有的石头会唱歌的神奇，这里的石钟乳可以敲出多种音乐。

（三）仙境乐园

仙境乐园位于攸县酒埠江风景名胜区峦山镇皮佳村西北角，紧靠攸澧公路。整个乐园分动、静两个区域，以仙人宫为主体的系列岩溶洞穴侧重营造休闲区域；以明湖为主体，洞外以“水”为主题的戏水乐园区则着重营造娱乐氛围（图4-55）。

图4-55

（四）仙人桥

图4-56

仙人桥景点（图4-56）属典型的喀斯特地貌，是原有地下石灰岩溶洞在地壳抬升作用下大部分顶盖塌陷以后，保留下来的一小块顶盖形成的一座天然石桥。仙人桥位于攸县酒埠江风景名胜区太阳山景区漕泊乡的七里村，石桥下洞高60余米，桥面长约20米，两头窄中间宽，最窄处仅50厘米左右，最薄处也仅2米。此桥天造地设，鬼斧神工。

仙人桥峡高雄险。桥下七里峡曲折险美，常年溪流不断，溪水汹涌澎湃或悠然潺潺。峡谷里的石灰岩、火成岩、玄武岩似蹲似卧、张牙舞爪，而且谷内浓荫匝地、绝壁幢幢、瀑雨涟涟。这是一条正在发育中的“活谷”，实为世间罕见。

（五）桃源谷

图 4-57

桃源谷是酒埠江国家地质公园（酒仙湖）内的古河道，全长约2000米。谷内环境清幽、植被茂盛、溪流清澈、碧潭飞瀑、乱石穿孔，珍稀植物、名贵药材数不胜数，是大自然赐于人类的天然氧吧。春天，樱桃、杜鹃漫山红遍；秋天，猕猴桃、野葡萄挂满山沟。踏进桃源谷，虽静，然有淙淙溪流声声入耳，也感受到一种远离尘嚣的宁静。那是一种纯自然的静，一种震憾心底的。用镜头和心灵去与这里的一草一木，一水一石亲近、交流，在聆听中穿越时空、俯瞰宇宙，那是心的神往和遨游（图4-57）。

（六）酒埠江地质博物馆

图 4-58

酒埠江地质博物馆位于酒埠江旅游区酒埠江镇酒仙湖畔寒婆坳，酒埠江地质博物馆占地面积约25000平方米，由主场馆、广场、停车场三大部分组成。场馆建筑面积3200平方米，分游客中心、序厅、地球厅、地质厅、人文景观厅、森林湿地公园厅、观景台等部分。酒埠江地质博物馆以喀斯特地貌为主题，集中展示了酒埠江国家地质公园的各类溶洞景观，包括岩溶峡谷、天生桥、天坑、竖井、地下河、裂隙泉、动植物化石等地质遗迹（图4-58）。

（七）攸女仙境

图 4-59

景点位于酒仙湖畔双子坳半岛，与寒婆坳码头隔湖相望，是酒仙湖国家AAAA级景区的重要景点之一。景点于2011年9月由湖南酒埠江旅游开发投资有限公司开发建设，为了不破坏其原生态的风景，其工程材料全靠船舶、马匹和人工运进景区。该景点分为“四园一寨一塔”，“四园”即：民俗文化园、豆腐文化园、攸女园及怡醇园；“一寨”指攸女寨，包括攸女阁、松韵亭、隐轩居等景观；“一塔”指占地132.25平方米，总高32.58米的双子塔，当地民间传说有“寒婆育子”“双子报恩”等（图4-59）。

（八）酒仙湖

图 4-60

酒仙湖位于攸县酒埠江风景名胜区酒埠江镇的东南部，是一个它始建于1958年，1960年合闸蓄水的国家级大Ⅱ型水库，酒仙湖两岸群山巍巍，层峦叠嶂，林木葱茏，四季竞翠，湖区空气清新，碧水蓝天。皓月银波，置身其中顿觉远离尘嚣，心旷神怡，让人有当年苏子遗世、辱宠皆忘，逍遥而居的感觉。

水库集水面积625平方千米，蓄水面积11.2平方千米，库容253亿立方米，平均水深30米，深水水道长24千米，平均水面宽500米，最宽2300米，坝顶高程170米，坝高50米，长356米，坝顶宽5.5米，为全国十大土堆坝之一，在工程地质学上具有重要研究价值（图4-60）。

(九)宝宁寺

千年古刹宝宁寺坐落在攸县酒埠江风景区酒仙湖景区酒仙湖之滨，地处黄丰桥镇乌井村。宝宁寺创建于唐天宝十年(751 年)，是湖南最早的佛教禅院之一。宝宁寺为佛教南宗曹洞宗祖庭，从唐五代至宋元期间，宝宁寺香火一直很盛，成为湖南名刹和佛教南岳、江西两系的交往中心。宝宁寺现存的寺院殿宇，是清光绪二年修复的模式，前后有三进，殿、堂、楼、阁、台共 24 座。宝宁寺在中国佛教史上享有较高的声誉和地位，“北有少林，南有宝宁”之说盛极中国佛教界，一代佛学泰斗吴立民评价宝宁寺为“国宝”(图 4-61)。

图 4-61

(十)天蓬岩景区

位于黄丰桥镇和柏市镇交界的洞口山，地处湘赣边陲，景观丰富。它山清水秀，自然景观众多，溶洞、瀑布、奇峰、异石、珍稀植物、田园风光等不胜枚举，还是历代兵家争夺的要塞。天蓬岩现有的重要景观资源包括：洞口山、天蓬溪、婆婆岩、龙王洞、山泉寺、石狮崖、九叠泉瀑布、方竹园、梯田风光等。其中九叠泉瀑布，落差高达 80 米，有“远望林中喷雪，近观九天落莲”之称。古树名木有小叶青冈木和女贞(图 4-62)。

图 4-62

(十一)九叠泉瀑布

位于黄丰桥镇天蓬溪中段，溪水至此下落，形成九叠泉瀑，落差达 80 余米。每叠瀑布高差不等，少则 1 米左右，多则 10 米有余。枯水季节，涓涓溪流缓跳落，恰似一条随风飘动的银色丝带。丰水季节，奔腾的溪水像脱缰的野马，咆哮而下，击起水花千丈，给人粗犷、豪放的美感(图 4-63)。

（十二）梯田风光

图 4-63

位于黄丰桥镇大塘村土灰岭组，海拔390m，布局奇妙，层次分明，色块和谐，内容丰富，颇具诗情画意，游人禁不住驻足欣赏和摄影留念。整个田园风光面积近千亩，四面的山坡平缓，山体高差不大，地势开阔。山丘沟谷中生长着低矮的灌木花草，山丘交汇处是一片小盆地，其间绿草如茵，形成了盆中盆的景观。中央有一座村落，住几十多户人家，白墙青瓦、炊烟袅袅点缀于漫山绿色之中。北坡是阔叶树林，随着季节变换色彩。盆地的东面是群山，放眼望去，层峰逶迤，云雾缭绕（图 4-64）。

图 4-64

三、体验攻略

从长沙到株洲上瑞高速醴陵出口下，再上 106 国道一直往南走到达网岭镇走网酒旅游大道即可；或者走京株高速株洲县的朱亭出口下，再上网朱路一直走到底就是酒埠江。

第五节　大京风景名胜区

一、概　况

大京风景区（图 4-65）距株洲市区公 12 千米，共有区划面积 29. 67 平方千米，为 AAA 风景名胜区，主要景区是婆仙岭和京水湖及周边地带，俗称核心景区。共有地文景观类、水域风光类、生物景观类、古迹及建筑类、休闲求知健身类等资源 5 类 20 种 34 项景观。

图 4-65

二、主要森林体验和养生资源

森林面积 16.6 平方千米，占总面积的 56%，森林覆盖率高，植被茂密，树木层次分明，物种丰富。水湖水面达 3600 亩，湖水清澈，四面环山，数十条溪涧依青山石崖蜿转至此，九曲十八弯，山水辉映，层峦叠障，谷幽清奇，竹林浩瀚，花果清香，使人心旷神怡。如此独特的水面资源，在周边景区中极为少见。空气中细菌含量少（每立方米空气中细菌含量只有 16 个，而株洲市 18700 个，广州市 28600 个），负离子含量高，最高的地方达到每立方厘米 4810 个，夏季最高气温比市区低 10.8℃。

（一）京水湖

京水湖的主坝，建于 1958 年，高 36 米，它是在毛主席号召兴修水利时期，大京 1 万多人进行肩挑人扛修筑成的。大京有十八条山溪汇聚于此，高峡出平湖，形成了今天的京水湖。其实这里最开始的命名是叫大京水库，主要以农业灌溉为主，后来经历了许多年，这里的植被越来越茂盛，山更绿了，水也更清了，由此便作为旅游城市的一个景区来开发。

京水湖水面积近 3600 亩，蓄水量达 1500 万立方米。经专家测定：景区温度与市中心温度相差 10℃ 左右，负离子浓度每立方米 3000 多个，堪称一个天然的绿色大氧吧（图 4-66）。

图 4-66

(二)金轮古寺

金轮古寺始于唐代，1958年“大跃进”时期拆除，1992年修建，金轮古寺是一座历史悠久的古寺，在当地久负盛名。古寺由山门拾级而上，雕梁画柱，碧瓦朱檐，为境内一大佛教胜地。自恢复以来，每天来此进香拜拂的人络绎不绝，而特别是到寺庙抽签拜佛的人更多，据说也非常灵验。金轮寺的香火的旺盛也使婆汕岭的名气也越来越大，即史志所谓“四邑名山”(图4-67)。

图 4-67

(三)百鸟天堂

百鸟天堂,在树林里每立方米空气中含负离子3000多个,百鸟都喜欢到这里嬉戏,所以称“百鸟天堂”(图4-68)。

图 4-68

(四)山水佳处

山水佳处是京水湖的精华所在。夏天，这里的温度要比市区低8～10℃，空气中负离子含量要比市区高出100多倍。京水湖九曲十八湾而幽，让人感到心旷神怡(图4-69)。

图 4-69

（五）婆仙岭

婆仙岭，传说在很久以前，有姑嫂七人在这里相依为命，修行度日。她们吃尽了人间辛苦，终于看破红尘，聚居在这山之顶，岭之巅。后来，她们终于感动了上苍得道成仙了。后人就叫这个山岭为“婆仙岭”。她们给这座山留下了这么一个独特的名字，但再也没有回来，只给婆仙岭留下了满山满岭的红杜鹃（图4-70）。

图 4-70

三、体验攻略

大京在株洲市郊东南，离市区有15千米，市内公交车25路专线中巴到达景区。浙赣复线、320国道通过株洲大京景区入口处，株洲火车站开设巴士专线直抵株洲大京景区中心。

导读：湘潭市位于湖南东部，风景秀丽，人杰地灵，是镶嵌在长株潭城市群中的一颗绿色明珠，境内“五山四水”将湘潭装扮成为山清水碧的风景长廊。韶山、乌石峰，山川钟神秀，峰林毓伟人；涓水浇灌万亩莲田，荷花飘香，湘莲誉满天下；湘江环城而过，涟水河畔嵌明珠；水府山水好，白鹭飞翔，溶洞屈深，其内岛屿三十八，犹如大珠小珠洒落玉盘，实乃中国最美顶级湖泊度假胜地。

第五章　湘潭市森林体验与森林养生资源概览

“湘潭”之名最早见于1500多年以前的隋朝，为中国优秀旅游城市、国家园林城市，地处湖南省的中部偏东地区，东西宽约108千米，南北长约81千米，辖湘潭县、湘乡市、韶山市、雨湖区、岳塘区五个县(市)区，总面积5006平方千米，总人口近300万，城区人口87万。

1. 地理位置

湘潭市位于湖南省的中部偏东地区，地跨东经111°58′~113°05′，北纬27°21′~28°05′。东西横宽108千米，南北纵长81千米，总面积5005.8平方千米。

2. 地形地貌

湘潭地形较平坦，地貌轮廓是北、西、南地势高，中部、东部地势低平，地势起伏较为和缓，反差强度不大，全市地势最高点为西部的褒忠山，海拔802米，最低点为易家湾的吴家巷，海拔150米以下。地貌类型多样，山地、丘陵、岗地、平原、水面俱备，近80%的面积在海拔150米以下。

3. 气候概况

湘潭属中亚热带季风湿润气候区，气候特征是：夏秋干旱，冬春易受寒潮和大风侵袭。光能资源比较丰富，历年平均日照时数1640~1700小时。热量资源富足，平均气温16.7~17.4℃。降水量较充沛，但季节分布不均，年际变化大，全年降水量为1200~1500毫米。

4. 交通条件

湘潭交通运输业平稳发展。航空方面湘潭至长沙黄花国际机场路程仅需1个小时，可直飞北京、上海、深圳、香港、曼谷等大中城市，并在建长株潭第二机场—韶山机场。铁路方面湘黔线横贯市境，京广线在市区经过，洛湛线在市境西北经过，境内设有湘潭站、湘潭东站(货运站)、湘乡站和韶山站四个站；将于2016年底通车的长株潭城铁境内设昭山、荷塘、板塘、湘潭四站；沪昆高铁湘潭北站的正式运营，标志着湘潭市进入高铁时代。公路方面，湘潭与长沙、株洲形成省内最便捷的公路网并合组为国家公路运输枢纽，7条高速公路：京港澳高速公路、上瑞高速公路、长潭西高速公路等，在建高速公路两条；两条国道：G320国道、G107国道；5条省道，在建干线公路4条。市内交通方面现有公交车660余台次，经营41条线路，基本实行1元票制；市区运营出租车1400辆；2013年，湘潭市公共自行车租赁系统率先在九华启动建设，已全面完成工程建设、安装和调试工作并投入使用，确定了53个公共自行车站点，1100台崭新的自行车投入使用。同年，韶山的公共自行车租赁系统也开始试运行。

第一节　韶山旅游区

一、概　况

韶山风景名胜区位于湘潭市市区以西。北、东与宁乡县麻山乡、朱石桥乡、三仙坳乡毗连。东南与湘潭县良湖乡、楠竹山镇接界，南与湘乡市龙洞乡、白田镇、金石镇接壤，西与湘乡市白田、金石镇相邻，面积115.3平方千米。韶山古属荆楚，相传虞舜南巡至此，赏心悦目，遂与妻臣在山上奏起韶乐，引得凤凰来仪，百鸟和鸣。韶山因而得名。韶山风景名胜区周围，群山起伏，连绵不绝，西有韶峰、黑石寨、峰子山、十八罗汉，山势极为雄伟磅礴。

韶山风景名胜区是中国人民的伟大领袖毛泽东同志的故乡，既是国家级重点风景名胜区、首批中国优秀旅游城市、中国重要的革命纪念地、爱国主义教育基地、青少年革命传统教育基地，也是享誉中外的景色秀丽的旅游胜地，属于国家AAAAA级风景名胜区，自然、生态环境优良，森林覆盖率达56%，空气十分清新，有“天然大氧吧”的美誉。主要景点有：毛泽东故居、毛泽东铜像、毛泽东纪念馆、毛泽东遗物馆、毛泽东诗词碑林、毛泽东纪念园等人文景观，以及充满神秘色彩的“西方山洞”滴水洞、黑石寨等自然景观。

二、主要森林体验和养生资源

(一)毛泽东同志故居

图 5-1

毛泽东同志故居，位于韶山市韶山乡韶山村土地冲上屋场，坐南朝北，总建筑面积566.39平方米，系土木结构的“凹”字型建筑，背靠青山，门前有一张池塘，对面是一条与屋背并出的山岗，三起三伏，形成三个品字形。毛主席就是在上屋场度过了他难忘的少年时代。韶山冲坐落在青山环抱之中，这里山势虽不高，但重峦叠翠，郁郁葱葱中透着大自然赋予的灵气。小山堆屋后山上竹茂山翠，屋东有菜地、稻田、鱼池和晒谷坪。屋西前侧隔不远便是毛泽东少年时代就读的私塾旧址—南岸，南岸西面为小韶山，山如龙头、遍布青松。1961年3月4日，国务院公布韶山毛泽东同志故居为全国重点文物保护单位；1983年6月27日邓小平在门额匾上题字“毛泽东同志故居”；1997年7月入选中宣部首批全国爱国主义教育基地(图5-1)。

(二)毛泽东铜像广场

图 5-2

铜像广场(图5-2)面积约1112平方米，铺地面积约885平方米。铜像三面环绕56株雪松，象征我国56个民族团结在党中央周围，形成厚实壮观的背景林效果。而花坛中则植有冬青、山茶、月季等花卉该区域主要供游客鲜花、瞻仰，表达对毛主席的崇敬和思念之情。

毛泽东铜像是1993年经中共中央批准兴建的纪念毛泽东百周年诞辰重点献礼工程。主席身着中山装，手执文稿，左胸前挂着“主席”字样的出席证，目视东方，面带微笑，神采奕奕、巍然挺立，成功的再现了主席在开国大典上的光辉形象，铜像由著名雕塑大师、中国美术馆馆长刘开渠和中国人民革命军事博物馆雕塑家程允贤设计雕塑，历时120天，由南京晨光机器厂铸造，主席铜像重3.7吨，像高6米，基座高4.1米，通高10.1米，10.1暗喻中华人民共和国成立的日子，更象征着主席是新中国的主要缔造者。铜像褐红色大理石基座正面，镌刻着江泽民同志题写的“毛泽东同志”五个贴金大字。

（三）滴水洞景区

1959年6月，毛泽东回到阔别32年的故乡，来到了滴水洞口的韶山水库游泳说：“将来我退休了，在这里盖个茅房住”。1960年，湖南省人民政府在此依山旁水建造寓所，房屋建筑形式与北京中南海房屋的结构相近似。1966年6月，毛泽东南下视察到韶山，在一号楼住了11天。他于这年7月8日在武汉写信称此处为“西方的一个山洞”，使滴水洞不仅具有神秘色彩，而且扬名天下。1986年秋，经湖南省委、省政府批准对外开放。

图5-3

滴水洞在韶山冲西北约4千米的地方，是一个三面环山，一面以一小山涧为出口的狭窄谷地，长2～3千米，宽约0.5千米。由于谷深青幽，犹似一洞，山上有一泉水，从岩石滴下，故称“滴水洞”。滴水洞周围青山怀抱，林木苍浓，有树木、草本植物800余种，其中珍贵林木30余种；山涧流水潺潺，四季鸟语花香，深谷青幽雅静，特别是在炎热的夏季，滴水洞气温比谷外低3～5℃，是一处天然的避暑胜地。

滴水洞景区的三大核心部分：以一号楼为中心的别墅系列；西面以毛泽东祖坟，虎雕、虎亭、滴水清音为主的虎歇坪景观系列；东面以毛泽东曾祖父母坟、龙泉三叠、奔龙泉池、观音远眺为主的龙头山景观系列(图5-3)。

（四）韶峰景区（韶峰、索道、诗词碑林、毛泽东纪念园）

韶峰景区（图 5-4）位于韶山冲南，距毛泽东故居约 3 千米，海拔 520 米，为韶山第一高峰，又名仙顶峰。韶峰风景秀丽，古有八景：韶峰耸翠、胭脂古井、顿石成门、石屋青风、塔岭晴霞、仙女茅庵、凤仪亭址、石壁流水。相传舜帝南巡来到韶峰，演奏韶乐，韶山因此得名。景区内自然景观争相辉映，有观日出、赏晚霞的韶峰耸翠，有娥皇、女英施妆梳洗的胭脂古井，有相传舜帝南巡奏韶乐的凤仪亭址，塔岭晴霞，石屋清风，有梦公顿石古迹顿石成门、鱼龙女凿石找泉拯救百姓的石壁流泉等韶峰八景和六朝松、实心竹、白石泉、飞来船等韶峰四绝，以及五龙朝圣、双龙戏珠、鲲鹏展翅、金龟汲水等自然景观。乘坐索道游览韶峰，登其巅，俯视江流如带，美景奇观尽收眼底，令人心旷神怡。主要景点有韶山毛泽东诗词碑林、韶峰游览索道、韶峰寺等。

图 5-4

毛泽东诗词碑林是隆重纪念毛泽东同志诞辰 100 周年的永久性纪念工程，园中树碑 50 块，镌刻毛泽东诗词 50 首，碑随诗意造，诗赋碑体吟。室内设有“毛泽东诗词艺术展”“毛主席和六位亲人塑像展”“毛泽东家书展”，是广大青少年开展爱国主义教育和革命传统教育的极好场所。

毛泽东纪念园是一个集纪念、教育、游乐于一体的综合性景园，屹立于毛泽东同志故居斜对面约 500 米处的山坡上，依山就势建有毛泽东和他的战友们工作和战斗过的主要革命胜地和纪念设施，主要景点有湖南一师井亭、南湖游船、长沙清水塘、武汉农讲所、茅坪八角楼、黄洋界纪念碑、沙洲坝水井、遵义会议会址、泸定桥、枣园窑洞、延安宝塔、西柏坡旧居及韶山毛泽东纪念堂等。她是青少年革命传统教育和爱国主义教育基地，被誉为中国革命的历史之窗、文化之窗，先后被评为“湖南省最佳公园”“湖南省最佳旅游景区”“湖南省文明卫生单位”。

韶山铭园与毛泽东纪念园相邻，主要景点有伟人情园林、怀念亭、六位亲人墓、慈严堂、韶山民俗馆、少年毛泽东求学之路展、龙源洞等。她气势宏伟，构思奇异，再现了韶山民俗文化、风土人情，是韶山独具匠心的旅游纪念地之一。

（五）黑石寨景区

黑石寨景区位于韶山风景名胜区北部，景区内群山起伏，绿水滢滢，植被丰富。区内青沟水库，水域狭长，沟壑纵横，两边崇山峻岭，每到春季则山花遍野，群芳争艳，而秋季来临则“层林尽染”，迷人欲醉，一幅世外桃源之象。滑油潭更是苍松翠竹，峰回路转，流泉叮咚，鸟鸣山涧。有青沟里水库、红旗水库、韶山鹿场、杨林鹿场、黑石寨等景点。境内景区最高海拔500.9米，最低海拔118.8米，总面积30平方千米。当地为典型的中亚热带气候，自然植被属亚热带常绿阔叶林等 。景区内人烟稀少，现存大量的野生动物。景区内山脉蜿蜒，沟壑纵横，水库环绕，植被茂盛，每到春季则山花遍野，群芳争艳。而秋季来临则层林尽染，迷人欲醉。为湖南长株潭城市群区域内少有的避暑胜地。景区夏季室外温度36℃时，室内温度仅27℃。夜间气温仅18℃，空气清新，负离子高(图5-5)。

图 5-5

（六）狮子山景区

狮子山景区位于韶山风景名胜区的东部，有如意亭、大塘湾、板凳岭、坪顶岭、燕子洞、四仙抬宝、雄狮吞日、乳桐庙等景点。狮子山景区分为狮子山景观小区和板凳岭景观小区。狮子山景观小区以岩石景观为主，沿狮子山山脊成带状分布。狮子山形似雄狮，狮头怪石嶙峋，狮身巍然，雄狮下有一如母狮状小山，两山之间为球山，构成狮子滚绣球景观。山上树木苍翠，四季常青，景色宜人。板凳岭小区则以大塘湾、如意亭等革命旧址为主，

图 5-6

这一带是毛泽东杨开慧开展农民运动频繁活动之地。杨开慧曾在如意亭创办农民夜校，毛泽东韶山脱险，即从狮子山下直插宁乡(图 5-6)。

(七)毛氏宗祠

毛氏宗祠坐东南朝西北。毛氏宗祠是韶山毛氏家族的总祠堂，始建于 1758 年，1763 年建成。建筑系砖木结构，青砖青瓦，建筑面积约 700 平方米。宗祠大门天头有“毛氏宗祠”四字，大门外两边各立一石鼓。祠堂房屋分为三进：第一进为戏楼。楼阁中部为戏台，可容纳数十人登台演庆。楼两侧为化妆室。楼下中部为一小厅。两侧各一厢房，左为庖厨地，右为酒饭舍。第二进为中厅。右廊悬钟，左廊悬鼓。是全族办公、讲约、祭祀和摆酒设宴的地方。第三进是敦本堂，堂中安放历代祖宗神主牌位。堂左为住宿处，堂右为钱谷、祭器等物的收藏处(图 5-7)。

图 5-7

(八)毛泽东纪念馆

毛泽东纪念馆为全国唯一一家系统展示毛泽东主席生平事迹、思想和人格风范的纪念性专题博物馆，馆名由邓小平于 1983 年 4 月 20 日题写，包括生平展区、专题展区、旧址群等部分，总建筑面积 32955 平方米，占地面积 148 亩，现馆藏文物、文献、资料 6.3 万件，其中毛泽东晚年生活遗物 6400 余件，陈列展览面积 16453 平方米，为全国优秀爱国主义教育示范基地，国家一级博物馆。

图 5-8

毛泽东纪念馆，采用韶山农村房屋外貌，城市园林风格建造，创造性地把湖南乡间农舍格调同苏州园林风格相结合，集庄严、朴素、美观于一体，白色的粉墙，疏朗的内园，明快的单廊，小桥假山、花园亭台，给人一种走进革命传统教育艺术殿堂的感觉。毛泽东纪念馆主要陈列毛泽东的生平事迹，该馆基本陈列共8个室，反映了毛泽东从少年和青年学生时代起到1976年毛泽东逝世为止的生活与斗争业绩。另辟有《毛泽东同志的革命家庭》《韶山风物耐人思》和《国际友人在韶山》3个专题陈列室（图5-8）。

三、体验攻略

①高铁：长沙南→韶山南，行程30分钟左右；

②公路：早晨5：00开始，每15分钟有一趟车往湘潭市；上午7：00至下午5：30，每30分钟有一趟车往长沙市。韶山市内有环形公路联通各景点。汽车站与火车站至韶山冲毛泽东故居，从早晨6：00至下午7：30，均有环形公共汽车和中巴车，时刻不停地往返于汽车站、火车站与毛泽东故居之间。从韶山汽车站与火车站至韶山冲毛泽东故居，全程约10分钟；

③公交：韶山南火车站→韶山冲景区。每天6：00~19：30期间，均有公共汽车和中巴车往返，1路车，约10分钟车程。

第二节　东山书院旅游区

一、概　况

东山书院始建于光绪二十一年（1895年），迄今已有百年历史，书院初建时曰东山精舍，1900年改称东山书院，1905年改为湘乡县公立东山高等小学堂，1940年改办中学，名曰湖南省私立东山初级中学，直至全国解放。1951年，私立东山初级中学与湘乡市一女子职业学校合并为湘乡市初级中学。1952年，中南军政委员会教育部决定在书院旧址恢复东山学校，定名为“湖南省立东山小学”。1958年9月10日，毛泽东给师生写信并题写校名后称东山学校。现在东山书院已成为一所完全中学。2006年5月25日，东山书院被国务院批准列入第六批全国重点文物保护单位名单。

东山书院从1890年开始筹建，1895年12月奠基，1897年（岁次丁酉）建成正厅三进，1900年6月全部落成。书院如今基本上保留了一百多年前的原貌，为清代光绪年间的建筑群。书院建筑主体具有典型的湖湘书院文化特色，采取中轴对称多重院落空间布局，由围墙、阙屋，环河、石桥、正堂三进(头门、讲堂、礼殿)及东、西各五斋及藏书楼组成。书院建筑同时融入了地方祠庙建筑特点和西式建筑风格。书院门额为汉白玉石，上书“东山书院”四字，为当朝书法家黄自元所书，正厅左廊墙上上有知县陈吴萃所撰《东山书院记》。书院落成后，于1896年11月15日开始办学。东山书院旅游区现为AAAA旅游景区，全国文物重点保护单位，湖南省文物重点保护单位。

二、主要森林体验和养生资源

东山书院正厅三进，东西各五斋，合计六十余间。整个建筑规模宏伟，屋宇轩昂，环境幽雅。“主讲有堂，游憩有所，斋房庖福，网不备具。枕山面面野，环以大溪，缭以长垣”，确是一个求学的好地方！而书院外则是石桥横跨、便河清清、绿树红花、鸟声清脆，让人觉得百年书院是古朴而不失清新，庄严而又见活泼，身处其中，离了闹市喧嚣，只有百年文化气息扑面而来，心中一片澄静空明。

东山书院旅游区自2010年着手创建国家AAAA级旅游景区工作以来，先后改造拓宽了40米的城市主干道—书院路，建成了10000平方米的生态停车场，绿化景区9万多平方米和改造了生态游步道，扩建了3000平方米的游客接待中心，并制作了景区标识系统，安装了环保、监控、消防等设施设备，使旅游区的旅游服务功能逐步健全，景区质量得到显著提升。

东台山国家森林公园

东台山国家森林公园(图5-9)(东山书院位于其山脚下)，是湘潭市境内唯一的国家级森林公园，位于湘乡市郊，与湘乡市区隔河相望，公园面积341.7公顷，辖东台山、塔子山、狮子山三大景区。山体秀美，形如仪凤翔空，昔人美曰“东台起凤”，故名凤凰山，是湘乡八景之首。

图5-9

东台山国家森林公园由侏罗纪开始的燕山运动形成的断陷盆地中隆起的部分形成的，具有典型的新华夏系构造带上的断裂特征。海拔63.5～323米。

东台山国家森林公园林木茂盛、古树参天、鸟语花香，木本植物 63 科 134 属 187 种，草木植物 180 多科 1000 余种，森林覆盖率达 93.7%。公园地形地貌多变，峰崖林立，怪石嶙峋，溪泉淙淙，公园内绿树成荫，满目葱郁，鸟语花香。茂密的森林给动物创造了良好的生态环境，山间有较为珍贵的保护动物栖息，如穿山甲、小灵猫、山羊及各种蛇类等，鸟类有信天翁、环颈雉、画眉、八哥等。东台山是第一山矿泉水——芸泉井的发源地。第一山矿泉水经国家地质部、卫生部、轻工业部技术评审鉴定，属于低钠、低矿度含锌和偏硅酸的钙镁型优质天然饮用泉水，并合有多种有益于人体健康的微量元素和化学成分，泉水甘洌，是公园的饮用水。

东台山国家森林公园不仅自然景观优美，而且人文古迹众多，历史悠久。景区内的文塔、八角亭、凤凰寺有千余年历史；唐代恒氏二女练丹求仙的晒药石、洗药井，旁侧的天书石独具神韵；紫树玄台，风景别致；领袖台、将军坨挺拔秀丽，气势雄伟；引凤桥、门楼群，古色古香，构造绝妙，独一无二；凤凰山庄集楼阁亭榭、碑林书画、奇花异草、山珍野味于一体，引人入胜，耳目一新。领袖读书台是毛泽东少年时，与同学们指点江山，激扬文字之地。将军坨留下了新中国名将陈赓、谭政、黄公略的足迹。目前已形成以森林生态休闲旅游为发展主题，以寻觅毛泽东青少年时期活动为发展主线，集林业科技、旅游观光、生态休闲于一体的国家级森林公园，是人们寻觅伟人足迹的重要载体，是长株潭城市群人们生态休闲、低碳旅游的良好处所。

从引凤桥进入森林公园，可见卢嘉锡副委员长题写的“东台山国家森林公园”。园内森林茂密，流水潺潺，曲径通幽，春日芳香扑鼻，夏日凉风习习。春夏，百花盛开，万紫千红；秋冬，红叶满山，耀眼夺目。经林荫道，来到听泉阁，一池碧水，万树葱绿，桥亭相映成趣。

三、体验攻略

景区交通条件也很便利，有直接通往湘乡县城的公路。湘乡县铁路、公路纵横交汇，分别通往湘潭、株州、娄底、韶山、长沙、衡阳等地。潭邵高速出口→红仑经开区→工贸新区→桑梅西路→汽车广场→大将路→二大桥→东山学校(东山书院)→东台山国家森林公园。

可参考游览路线：景区大门→旅游接待中心→松涛亭→沈春农烈士纪念碑→望凤亭→凤凰寺→先锋林→惜才亭(鹰嘴石)→山顶旭日阁→泽裕广场→揽湘亭→中餐(起凤山庄)→塔子景区→文塔。

第三节 盘龙大观园

一、概 况

图 5-10

国家 AAAA 级旅游景区——湘潭盘龙大观园位于湘潭市岳塘区芙蓉大道 195 号，占地 11600 多亩，总投资 20 亿元，是由湖南盘龙投资集团投资兴建。距长沙、株洲、湘潭三市中心 15 ~ 30 分钟车程，是长株潭“绿心”，美轮美奂，既具明清风格又有江南风情的生态休闲乐园。景区内有杜鹃园、樱花园、荷花园、兰花园、茶花园、盆景园、蔬菜博览园、农耕园、紫藤园、养和园十大特色主题园。奇花异草名树是她的特色，迷人山水清泉是她的靓点，灿烂历史文化是她的魅力，亭台楼阁水榭是她的底蕴，正因此，她被誉为“珍稀植物的王国、野生动物的天堂、天人合一的绿洲”(图 5-10)。

二、主要森林体验和养生资源

湘潭盘龙大观园是中南地区规模最大、数量最多、品种最全的赏花基地，名副其实、美轮美奂的长株潭“后花园”。园内有杜鹃园、樱花园、荷花园、兰花园、茶花园、盆景园、蔬菜博览园、农耕园、紫藤园、养和园十大特色主题园。

(一)杜鹃园

杜鹃园占地 100 余亩，分为室外、室内展区。园中拥有 700 多个杜鹃品种，5 万多株，是目前中国规模最大、数量最多、品种最全的杜鹃花专类园。这里有来自美国的“双喜”“西子”，德国的“西德 1 号”“西德 2 号”“西德玉”，日本的“金彩”“珍宝菊”“蓝樱”“黄鹃”“七彩”和朝鲜的“金达莱”等世界精品。有国内外珍稀的“紫云楼”“五宝珠”“绿宝玉珠”“花天惠”。特别是由盘龙大观园新培育的“盘龙杜鹃”，形奇色异，举世无双。这里，“寿”达千年的“古桩杜鹃”依然生机勃发；花呈七色的“彩云杜鹃”婀娜多姿；轻盈飘逸的“云片杜鹃”如红霞漫天；雍容华贵的“高山杜鹃”花大如球；形似孔雀开屏的“东瀛杜鹃”更是栩栩如生。每年10月至翌年5月，各色杜鹃竞相绽放，整个杜鹃园如同花的海洋(图5-11)。

图5-11

（二）樱花园

樱花园占地280亩。“樱灿惊三月，如霞丽质柔”，每年1～4月都有樱花开放。盘龙樱花园汇聚了70多个中外樱花品种，其中包括“郁金”“冬樱花”“关山樱花”“云南樱花”“台湾钟樱花”“台湾牡丹樱花”“松前早咲”“普贤象”“加拿大红叶樱花”“染井垂枝”“八重红大岛”“八重红枝垂樱花”等国内外珍稀名品(图5-12)。

图5-12

（三）荷花园

荷花园占地300多亩，被中国荷花界专家誉为国内唯一的荷花品种宝库。灿若瑶池的荷花园，有历届中国荷花展获金奖品种30多个，有世界上最大的荷花“舞妃莲”，也有最“袖珍”的品种“小精灵”，有缤纷的睡莲，也有初霜时节仍盛开的“冬荷”，品种达1200多种。在这里，可以把世界荷花赏遍(图5-13)。

图5-13

（四）兰花园

兰花园占地50多亩。分为国兰区、洋兰区二大部分。国兰区种植了春兰、春剑、蕙兰、建兰、寒兰、墨兰、莲瓣兰等名贵珍稀品种500多个，洋兰区种植了蝴蝶兰、文心兰、卡特兰、兜兰、石斛兰、万带兰等200多个品种，是目前国内为数不多的、品味最好、品种最多、环境最美的室内兰花展示厅。兰花属兰科，大部分品种原产中国，同时，又因兰花的叶、花、香独具四清(气清、色清、神清、韵清)，被称为“花中君子”，所以，国人对兰花情有独钟。“幽兰香风远，蕙草流芳根”，李白的咏兰诗脍炙人口，在中国史书古籍中，2000多年前，兰花就留下了令人迷恋的芳踪(图5-14)。

图5-14

(五)盆景园

盆景园占地50多亩，盆景园拥有1000余盆名贵盆景，绝大部分盆景树龄都在百年以上，有的甚至超过千年，其特色、规模和珍稀程度国内首屈一指，日本黑松、罗汉松、红枫、五针松、大阪松、紫薇等名贵品种多达700余株，数量为中国之最。盆景园的盆景造型千姿百态，有的如苍龙横空出世，有的如旭日初升，有的婷婷玉立，有的如出海蛟龙。特别是园中绝大部分盆景，树龄都在百年以上，有的甚至上千年，其特色、规模和珍稀程度国内首屈一指(图5-15)。

图5-15

(六)茶花园

茶花园占地约20亩，拥有300多种茶花。有国家一级保护植物金花茶，国家二级保护植物云南金花茶，还有来自世界各地的“花仙子”“澳洲黄”“玉玲珑”“宫粉皇后”“菲丽克斯”“菲丽丝”“大彩云”“梅布尔”等世界珍品。冬春之际，各种颜色的茶花盛开，整个茶花园艳丽缤纷，美不胜收(图 5-16)。

图 5-16

（七）蔬菜博览园

蔬菜博览园占地 50 多亩，主要以展示现代农业技术、推广最新农业科研成果、普及现代农业科普知识为主题。园中所有生产要素、生产工艺全部采用环保、无污染标准。土壤全部采用东北腐殖土，技术采用滴灌、水培、雾培。园中种植了近百种时令果蔬，有亩产值可达 20 多万元的“水果黄瓜”“甜丝瓜”等，也有观赏性的“彩色辣椒”“五彩南瓜”和“空中红薯”等。所有作物不施化肥、不施农药、不打除草剂、不用生长激素。全部产品均符合优质、有机农产品要求(图 5-17)。

图 5-17

（八）农耕园

农耕园样板区(图 5-18)占地 20 多亩，是“我家菜园”“我家庄园”“我家农场”。您若想亲近自然，放松自我，您若想体验农家生活，享受别样的生活情趣，每年只需支付微薄的费用便可租赁一块菜地，节假日或双休日就

图 5-18

可领着家人，带上朋友一起来大观园放飞心情。同时，还能收获安全、优质、有机的劳动成果。

（九）养和园

养和园占地1800多亩，是盘龙大观园所有主题园中面积最大的。园中苍松翠竹掩映，亭台楼榭生辉，是盘龙大观园的精髓所在。养和园中大小景点有20多处，它们或风情别致，或独具韵味，令人心旷神怡。波光潋滟的天鹅湖，被列入世界濒危鸟类的疣鼻天鹅、翘鼻麻鸭、黄鸭、大雁、丹顶鹤以及国家一、二级保护动物中华鲟、白天鹅、黑天鹅、鸳鸯等40多种珍稀野生动物在这里嬉戏、繁衍。国家一、二级保护植物珙桐、桫椤树、银杉、水杉、红豆杉、金钱松、银杏、董棕、云南金花茶等。

图 5-19

登上位于景区最高峰的“八合塔”，可“一览众山小”，长株潭三市尽收眼底。这里遗留着许多清朝乾隆下江南的踪迹。这里是绿色世界，是名贵珍稀植物的宝库，是天然氧吧，是野生动物的乐园，是人间的仙境（图5-19）。

三、体验攻略

①从长潭西收费站出发，经九华大道南段过莲城大桥，进入长潭路后直行进入G107，右转后行驶20米即达到盘龙大观园；

②从马家河收费站出发，经迅达大道进入长潭路后直行进入G107，右转后行驶20米即达到盘龙大观园；

③市内可乘坐3路、5路、7路、8路、24路、102路、115路、105路、201路。湘潭盘龙大观园公交站，途经盘龙大观园公交站的有102路、115路、31路等3条公交线路。

第四节 茅浒水乡

一、概 况

茅浒水乡景区位于湖南省湘乡市东郊乡东山岛——著名的湘军源地——长株潭卫星城湘乡市郊，占地2200亩，于2013年10月正式荣升国家AAAA景区，全国农业旅游示范点、湖南省十佳休闲农业企业、湖南省农业旅游示范点、五星级休闲农庄、五星级乡村旅游示范点、长株潭唯一生态休闲旅游示范基地、湖南省十佳休闲农庄、湘潭市三大最佳景区，是湖南省20个省级重点旅游项目工程之一，“毛泽东成长之路”的重要节点，也是全国唯一一家集湘军文化体验、红色旅游、休闲度假、餐饮住宿、商务会议、户外拓展、水上游乐、都市农业等为一体的综合性旅游胜地，犹如镶嵌在湘中大地的一颗明珠。

二、主要森林体验和养生资源

茅浒水乡拥有独具特色的生态环境、古朴浓郁的乡村风光、个性鲜明的文化特色，立志于打造中国最魅力的水乡、中国休闲农业与乡村旅游的一面旗帜、全国首家湘军文化景观园。

“一折青山一扇屏，一湾碧水一张琴”赞的就是茅浒水乡的美景，而水乡内空气中高达2000以上的负氧离子指数更让人惊叹，被誉为“天然氧吧”(图5-20)。

图 5-20

茅浒水乡达国家二级水质的天然湖泊1500亩，是一家集传统文化与民族文化相交融的红色旅游、休闲度假、餐饮住宿、商务会议、户外拓展、水上游乐、都市农业等为一体的湖南省五星级休闲农庄，犹如镶嵌在湘中大地的一颗璀璨明珠。包括五大块：东山岛度假村（湘军水寨、水果和蔬菜采摘基地、横洲淀休闲区、桃花峡农家区。

沿着桥面可以进入小岛。桥两旁的湖水中停着大大小小的船舶，有线条优美的现代游艇，也有充满中国古典气息的游船，茅浒水乡呈现现代与古典气息自然结合的特点。

小岛与桥连接处是毛泽东诗词长廊，走廊全部是木质结构，屋顶盖着厚实的茅草，长廊上的桌椅也是原汁原味的木质家具。这里有毛泽东从青年到晚年的67首不同时期的诗词。由湖南省知名书法家书写而成，这些书法家书法风格迥异，别具韵味。迎湖面捧着一杯茶坐在此处细细品茗，阵阵微风拂面，望着眼前荡漾的水面，心也会自然而然地舒爽起来吧。

整个小岛的左侧是餐饮以及商务休闲区。一座座房屋掩藏在茂盛的树木之中，在栽满绿树的林荫小道间，一辆辆线条优美的汽车时隐时现。现代气息藏于自然之间，二者的结合完美而不突兀。以湘菜和湘军庆功宴菜系为底谱的佳肴更是此地餐饮一绝，尤其是其中的“湘军十大碗”，融湘菜大全，誉九州驰名，影响极至。

小岛右侧则是住宿以及风景娱乐区。全木制的儿童乐园时时回荡着孩子们欢快的笑声，在不起眼的一个角落。再往深处走，便到了小岛最右侧，穿过木质回廊，一栋栋隐藏在繁茂枝叶间的水上别墅露了出来，阳光透过树叶间的缝隙星星点点的散在整栋房子上，整幅画面仿若斑驳的美丽油画。冬天，来自各行各业的业余爱好排球的球友在茅浒水乡绿茵地上展开友谊的角逐，一场场精彩沟通既可以从中健身、娱乐，又可以提高球技，可以说是一举多得。

茅浒水乡所在地茅浒洲是当年湘军出师和凯旋的必经之地，一座乳白色的湘军桥连接着这座小岛和对岸的湘军岛。湘军岛上是正在建设中即将完工的湘军广场和白玉塔以及湘军人物塑像群。

站在这座小岛的最右侧向远处眺望，隐约能看见两道长长的影子，那是仿当年湘军水师训练营地而建造的湘军水寨。金色的余晖洒满水寨寨口，一只小小的船在寨口附近飘荡着，这一切都那么悠然，眼前的景色美好得仿佛不真实存在一般。“威靖号”战船、湘军学堂、水上游乐场以及湘中民俗展示和户外拓展训练等都包括在湘军水寨之中。虽是仿造，却仍旧再现了当年湘军水寨盛况及威武之师的风采。气势恢弘，古风古意，使人如临其境，着实是体验湘军训练生活及休闲娱乐、户外健身、旅游观光的不二选择。

水为照，山为靠，岛为托，充满柔情和灵动，饱含着湘军的不屈精神，这美丽的茅浒水乡如今能成为"中国最具魅力的水乡"，如成为"中国令人神往的旅游胜地"也就不令人感到惊奇了。

三、体验攻略

可参考游览路线：

①自驾车。从长沙出发：长潭西线高速→潭邵高速→湘乡出口；

从株洲出发：京珠高速→潭邵高速→湘乡出口；

从娄底出发：沪昆高速→湘乡出口；

从韶山出发：潭韶高速→潭韶高速→湘乡出口；到达湘乡后，至湘乡汽车站，沿320国道往湘潭方向走6千米，按茅浒水乡路牌指示即可到达。

②长途汽车。从长沙出发：汽车南站乘坐长沙→湘乡的长途汽车到湘乡汽车站；乘坐5路车至东山电站下，按茅浒水乡度假村指示牌即可到达。

第五节　昭山风景名胜区

一、概　况

昭山位于湘潭市东北20千米的湘江东岸。为长沙、湘潭、株洲三市交界处。相传早在西周时期，周昭王南巡荆楚，曾在昭山盘桓多日，并殁于此处，故名昭山。清乾隆《长沙府志》载："秀起湘岸，挺然耸翠，怪石异水，微露岩萼，而势飞动，舟过其下，往往见岩牖石窗，窥攀莫及。"明末王夫之《昭山东省孤翠词》也有"日落天低湘岸杳，迎目茏葱，独立苍峰小，道是昭王南狩道，空潭流怨波光袅"之句。昭山其实并不高，海拔185米，却是旧时"潇湘八景"中的"山市晴岚"，自古以来米芾、王船山等，名人题咏很多。1991年，韶山、昭山、德夯、浯溪碑林、东江、石门夹山、凤凰古城为湖南省第二批省级风景名胜区，2014年成为国家AAAA级旅游景区。

昭山位于长衡丘陵盆地中部，属湘中丘陵至湘南山地的过渡地带，岩层属第三纪衡阳红系砂岩、页岩、砾岩。区域内地层多为风化岩残积层土壤，100米以下为石灰岩层，地下水在地表10米以下；周围无高山，地表平缓开阔。

二、主要森林体验和养生资源

昭山自然人文景观74处，森林覆盖率达92%，是长沙、湘潭、株洲等地人们喜爱的一个游览胜地。每逢晴朗的日子，三五成群的游人便结伴登昭山，满山翠绿映着游人身影，一派生机，站在山巅四望，湘江滚滚从山脚流过，碧波荡漾，白帆点点。兴马洲白沙泛银，像一条巨舰破浪而来。景色十分壮丽。

昭山空气清新，负氧离子含量在长株潭地区最高，水质一类，森林覆盖率远远高于全省平均水平，成为长株潭地区的绿肺。昭山负氧离子浓度：山顶为4331，林阴道为5064，后山为3729，即便是在山脚，也达到了2232。将成为一个集生态、文化、旅游、宗教、休闲、商务、居住为一体的国家级生态旅游度假区。

（一）古蹬道

属省级文物保护单位，道始建于盛世乾隆四十二年(1777年)。古道全长1314.2米，共1947级，耗用花岗岩5000多块，贯穿昭山前山与后山。在昭山的古蹬道中有两段“长竹竿”式的麻石路。昭山前山山腰处，有一条长30多米笔直的石路叫云梯路，又名七贤缘，建于乾隆四十六年；后山山腰处，也有一条长40多米笔直的石路，因为石路的两边是松林，其夜间的景色很特别，所以叫月夜松涛，建于乾隆五十九年。两段石路都是在林中穿过，犹如天际间一道通天达地的绿色长廊，气势雄伟，风景秀丽，多姿多彩，春光灿烂，云雾缭绕；夏荫如盖，清凉雅静；秋枫娇艳，似火尤凉；冬雪雾凇，奇景饱览，让人赞叹不已(图5-21)。

图5-21

（二）昭山禅寺

禅寺始建于唐代，宋时称昭阳殿，清乾隆二十三年(1758年)重修。寺内辟有玄宫、玉皇阁、观音堂，关圣殿等。每逢庙会，四方香客云集，山寺轻烟缭绕，钟磬之声不绝，好似瑶宫。相传树上曾经有一口从印度“飞”来的金钟，不击自鸣，后来因昭山斜对面是有“江天暮雪”之称的白石港。港湾遍布晶莹的白石，暮色苍苍的时候，乍看就如铺上了一层雪花。日落之际，从昭山远眺泊港的帆船，但见血红的夕阳映在洁白的风帆之上，旷达苍凉，遂成一景。日落之际，从昭山远眺泊港的帆船，但见血红的夕阳映在洁白的风帆之上，旷达苍凉，遂成一景。古往今来，昭山寺不知留下了多少名人的足迹。明末清初著名的思想家王夫之作过一首《昭山孤翠词》，他以另一种情趣描写了昭山黄昏的景色："日落天低湘岸杳，迎目笼葱，独立苍峰小，道是昭王南狩道，空潭流怨波光袅。"1917年9月16日，在湖南第一师范就读的毛泽东偕表民学会会员张昆弟、彭则厚进行社会调查，他从长沙步行到昭山访问，并在山前湘江中游泳，夜晚借宿昭山禅寺。山寺左右后侧有棵千年银杏，树高30多米，枝叶繁茂，浓荫蔽日。古寺、古碑、古景及古树相互辉映，令游人争相欣赏，凭栏远眺，遥对滔滔湘江水，洗尽人间烦恼，增添无限风光，使昭山成为长株潭三市一处主要的游览胜地(图5-22)。

图 5-22

(三)伟人亭

这有座北方式的建筑，就是伟人亭，这里记载着一个真实的故事。1917年9月16日，在湖南师范就读的张昆第与毛泽东、彭则厚从长沙步行至昭山作社会调查，在昭山畅谈理想、游泳、夜宿昭山寺，为纪念毛泽东等在昭山畅谈理想，在他们曾经休息处，建亭以作纪念(图5-23)。

图 5-23

(四)山市晴岚

"山市晴岚"在潇湘八景之中是唯一被定为省级风景名胜区的。昭山的前山，就是当年北宋著名书画家米芾绘《山市晴岚》图的主体部分。每逢雨后新晴，或是旭日破晓，万丈霞光撒在山间，雨气氤氲，色彩缤纷，美而壮观。相传米芾来到昭山后，看到昭山奇妙的景色，禁不住赞叹："旭日破晓、霞光万丈、烟雨碧波、色彩缤纷、名山大江、美而壮观。"趁兴作了一副昭山朝晖图，命名为"山市晴岚"，并题诗一首，赞誉"山市晴岚"的美妙，诗是这样的：乱峰空翠晴还湿，山市岚昏近觉遥。正值微寒堪索醉，酒旗从此不须招。山自此声名大震。明代周九烟曾以《山市晴岚》为题，赋诗一首："蜃楼曾诧海门东，此处奇峰便不同。天宇乍收朝霞后，人家都在旭光中。金银气眩千岩丽，龙虎云凝七国雄。谁信湖南培 地，举头缈缈似瑶宫。"（图 5-24）

图 5-24

三、体验攻略

交通十分发达，除贯通南北、东西两大公路交通大动脉外，长沙黄花国际机场距这里仅有 20 分钟车程；水运有湘江穿境而过，设有千吨级码头；京广、湘黔铁路从这里穿过，并设有车站。水陆空交通十分便利，为国内少有的交通枢纽。

①从湘潭市内出发，可以乘坐 115 路公交车到昭山风景区站下；

②如果从株洲、长沙出发，只需坐城际公交 101 转 102 到昭山站就可以了。

可参考旅游路线：山市晴岚→刘锜故居遗址→前山古道→伟人亭→昭阳寺→古碑刻→古树→后山古道→奎星楼。主要是看昭山历史文化的精华即遗址、古道、古寺、古碑刻、古树。

第六节　水府庙旅游区

一、概　况

地处湘中，以湖南水府庙水库为主体，位于湘江支流涟水的中游，规划面积177.2平方千米，水陆交通十分便利，具有极好的交通优势和区位优势，景区内有多处国家级、省级文物古迹，大小岛屿星罗棋布，旅游区内生态环境良好，常年生长着近千种珍贵物种和多类国家二级保护动物。景区的历史遗存也给水府旅游区带来了深厚的文化积淀，区内有多处国家级、省级文物古迹，造就了曾国藩、陈庚、萧三、黄公略、宋希濂、罗钠重、杨昌浚等历史名人，省级文物保护单位宋窑遗址的挖掘，填补了南方无宋窑的历史空白。区内有一级景点5个，二级景点9个，三级景点5个。大小岛屿星罗棋布，“水府石林”、千年古藤，万年古石，水清、山静、石奇、洞幽、岛秀、库叉幽曲，构成一幅美妙绝伦的生态乐园图。

二、主要森林体验和养生资源

（一）水府庙水库

水府庙水库控制集雨面积3160平方千米，占涟水流域面积的44%。流域多年平均雨量1367.6毫米，一般集中在4~6月，占全年雨量的44.3%。坝址多年平均流量68.5立方米/秒，多年平均径流量21.6亿立方米。水库以灌溉为主，兼顾发电、防洪、航运、养殖等综合利用效益。电站科技旅游资源丰富，是长知识的好去处。作为韶山、湘潭饮用水和灌溉水源头，水质特好。水库附近有雷打石山，天门大山，九九十八弯，涟水河等等。饮食当地水产(紫苏鱼)、野菜，味美纯正。水库有100多千米长的库岸线，拥有100多个库湾34个岛屿，最大的3平方千米。库中水质优良，碧波荡漾，水鸟嬉戏。库面冬春多雾，夏秋多云，朝晖夕阳，气象万千。沿岸半岛鳌突，港湾纵横，岸柳成行，花木繁茂，稻谷飘香，茶园泛绿，橘柚流芳，充满着田园诗情。竹海松涛，风景韵味十足，水清、山静、石奇、洞险，人称“湘中的千岛湖”，被誉为“天下水府，人间瑶池”。还有历史悠久、在国内外颇有影响的陶龛学校和古刹吉祥寺。是旅游、度假和水上体育训练的理想场地(图5-25)。

图5-25

（三）水府庙国家湿地公园

图 5-26

湖南水府庙国家湿地公园现拥有对外开放的人文景点七个，其景点已形成风格炯异、具有多种民族文化特色的人文景观，斗牛场为贵州苗族风情特色，蛇岛形成了傣族与苗族合一的西南风情，锁岛成为具有阿拉伯，欧美风情的温馨乐园，而鳄鱼岛、凤凰岛成为了一道观赏惊险刺激的鳄技表演和开心有趣的鸟技表演的亮丽景观。这里，有神秘宋窑的灵光在闪烁，有湘军水师的呐喊在回荡，有文人骚客的诗词在吟诵，有抗日将士的故事在传颂，有高僧诵经的声音在缭绕，更有诸如神农盗种、天鹅孵蛋、桃花仙子等种种神话传说。

春季，踏春，爬山，看野花、竹笋，满山的杜鹃花和新出土的竹笋。夏季，睹满目青山如黛，白鹭、苍鹭漫天飞翔时，可以在碧水蓝天间大玩水花样：游泳、跳水、水面滑翔、下游漂流等等。如果赶上大坝开闸泄洪的时间，那你可大饱眼福耳福。旷世奇观，此地仅有。几十米高的瀑布从坝顶一泄而下，巨大彩虹横贯两山之间（泄洪必见），瀑布声音二十里以外都听得到。秋季，吃野味、看落日晚霞。最好找个渔家住下，早起晚出感受好山好水之意境。冬季，枯水期，更多小岛浮出水面，从山顶在看水库全景，一览众山小的意境就有了。山风习习，甚是凉爽，倒回头看涟水下游，那是三峡夔门之景，竹排点点，水波连连（图 5-26）。

（四）韶湖假日小镇

韶湖假日小镇位于湖南水府旅游区东部休闲度假区内，由（按五星标准规划）度假酒店、亲水别墅、小镇商业街、汽车房车营地、撒野湾、鹭巢生态园、浪漫水街及相关休闲度假项目组成，集休闲度假、观光旅游、运动休闲、生态旅游、商务会议、文化体验、美食购物等综合功能于一体，是湖南省首家亲山临水功能齐全的假日小镇。

汇景韶湖度假酒店是一家按五星级标准建设，集会议、餐饮、客房、娱乐休闲、为一体的多功能度假酒店。它依湖而建，占地面积22亩，营业面积24000平方米。酒店拥有高级豪华客房、宴会厅、会议室等服务项目及配套设施；拥有快艇、水上乐园等娱乐休闲项目。来到这里，您既可以享受到高质量的酒店服务，又可以在美丽的湖光山色中放松心情。

图 5-27

韶湖汽车度假营地是湖南省首家专门为房车和自驾车游客打造的综合休闲、配套服务齐全的宿营社区。营地依托湖南省水府庙水库，视野广阔，山水环绕，是湖南省典型的湖畔型自驾车露营地。营地配有生活区、娱乐区、商务区、运动休闲区等功能区域，由韶湖假日小镇、撒野湾、白鹭岛生态园、水上乐园、度假酒店、亲水别墅、小镇商业街、浪漫水街、亲子活动、烧烤、垂钓、踏青等休闲配套项目组成。

韶湖拓展乐园集拓展、旅游集散、休闲、娱乐功能于一体，由撒野湾、白鹭岛生态园、水上乐园等组成。韶湖励志拓展园位于湖南水府旅游区（韶湖假日小镇）核心位置，占地面积500亩，由新湘军拓展培训学院培训基地和韶湖拓展乐园项目两部分组成。新湘军拓展培训学院培训基地包括会议中心、高空拓展培训场、场地拓展培训场、水上拓展培训场、野外培训及野战基地。培训项目包括高级管理培训、团队培训、青少年素质培训及欢乐拓展培训。在拓展培训课程中融合湖湘文化，使学员领悟到优秀的湘军文化，并能学以致用，成为新的行业的领军人物（图5-27）。

三、体验攻略

可参考行驶路线：

①双峰车站出发，坐到电厂中巴车；

②从娄底坐经棋梓桥到杏子铺的车；

③从株洲方向或娄底方向出发，坐火车在棋梓桥站下，坐船到电厂，也

可坐快艇；

④上海至昆明高速横穿水库，从水府庙水库收费站(湘乡水泥厂)下高速去电站10分钟左右；

⑤如果走上海到昆明的国道，则在双峰测水的香坡坳拐电厂方向，15千米；

⑥湘乡市汽车站坐湘乡至棋梓桥的中巴车即可。

可参考游览路线：乘豪华游船观看水府人文景点：蛇岛、鳄鱼岛、锁岛观鱼。然后游览观看自然景点：桃花岛、水府大桥、乐耕岛；人文景点：凤凰岛、恐怖城、斗牛场。然后游览观看自然景点：水府大坝、一撮毛。

导读：衡阳市位于湖南省中南部，五岳独秀的衡山之南，母亲河湘江纵贯全境，得天独厚的自然条件成就了南岳生态福地集山水洲城于一体的风景明珠，大雁回留的湖湘名城，气候宜人，宜游宜居的生态之城。登回雁峰，可南望东洲桃浪，东瞰湘江如带，“平沙落雁”似歌，“雁峰烟雨”如诗；江口鸟洲四季如春，鸟飞遮云日，栖息沿河草；岣嵝峰雄峙三楚，遥接朱炎，坐收洞庭，俯瞰湘江；南岳衡山天下独秀，四时风光皆胜景，外秀于莽莽绿林，内秀于涛涛文史。

第六章　衡阳市森林体验与森林养生资源概览

衡阳，为湖南省辖地级市，是湖南省域副中心城市、辖5区5县、2县级市，位于湖南省中南部，地处南岳衡山之南，因山南水北为“阳”，故得此名；又因“北雁南飞，至此歇翅停回”栖息于市区回雁峰而雅称“雁城”。其历史悠久、山水优美，以石鼓书院为代表的人文景观与以南岳衡山为代表的自然景观遍布，是中国优秀旅游城市。衡阳市现有林地面积达813万亩，森林蓄积量1354万立方米，森林覆盖率44.67%。

1. 地理位置

衡阳位于湖南省中南部，湘江中游，衡山之南。地处东经110°32′16″～113°16′32″，北纬26°07′05″～27°28′24″。东邻株洲市攸县，南接郴州市安仁县、永兴县、桂阳县，西毗永州市冷水滩区、祁阳县以及邵阳市邵东县，北靠娄底市双峰县和湘潭市湘潭县。南北长150千米、东西宽173千米。衡阳市总面积15310平方千米。

2. 地形地貌

衡阳处于中南地区凹形面轴带部分，周围环绕着古老宕层形成的断续环带的岭脊山地，内镶大面积白垩系和下第三系红层的红色丘陵台地，构成典型的盆地形势，地理学将此处称之为“衡阳盆地”。衡阳盆地四周山丘围绕，中部平岗丘交错。东部为罗霄山余脉天光山、四方山、园明坳；南部为南岭余脉塔山、大义山、天门仙、景峰坳；西部为越城岭的延伸熊罴岭、四明山、腾云岭；西北部、北部为大云山、九峰山和衡山。市境最高点为衡山祝融峰，海拔 1300.2 米；最低点为衡东的彭陂港，海拔仅 39.2 米。

衡阳总体地貌是山地占总面积的 21%，丘陵占 27%，岗地占 27%，平原占 21%，水面占 4%。中部大面积分布白垩系和第三系红层，面积 3550 平方千米，构成衡阳盆地的主体。

3. 气候概况

衡阳属亚热带季风气候，四季分明，降水充足。春秋季较为凉爽舒适，春季更加湿润。冬季冷凉微潮，偶有低温雨雪天气。夏季极为炎热，较为潮湿。年平均气温 18℃左右，年均降水量约 1352 毫米。

4. 交通条件

①公路：衡阳是全国 45 个公路交通主枢纽城市之一，衡阳市境内有 G4 京港澳高速、G72 泉南高速、衡邵高速公路、京港澳复线、南岳高速、衡炎高速公路；国道有 107 国道、322 国道。娄衡高速正在建设、茶(陵)祁(阳)高速进入规划。市区内在建城市干道有二环路、船山东路、雁城大道、衡西快速干道等这些城市主干道将和已建成的衡云干道、衡州大道、解放大道、蒸阳路、一环西路等形成城市骨架主干道，将大大改善城市交通环境。

②铁路：衡阳境内有京广铁路、京广高速铁路、湘桂铁路、湘桂高铁、衡茶吉铁路。规划有安张衡铁路，在建有怀邵衡铁路。

③水运：衡阳境内有湘江、耒水、蒸水、洣水等河流。湘江四季通航，衡阳港常年可通两千吨级轮船通湘江、经长江、通上海并达世界各地。衡阳港为湖南省八大港之一。衡阳港丁家桥千吨级码头地处白沙洲工业园，位于湘江南路，正对东洲岛；衡阳千吨级松木港、金堂河港均位于衡阳松木工业园区。

④航空：衡阳南岳机场位于衡阳市衡南县云集镇，于 2014 年 12 月 23 日正式通航，共开通 4 条航线：衡阳→北京(每天一班)；上海→衡阳→昆明(每天一班)；衡阳→张家界(每天一班)；西安→衡阳→三亚(每周一、三、五、七执飞)。

第一节 南岳衡山

一、概 况

南岳衡山为我国五岳名山之一，主峰祝融峰在湖南省衡阳市南岳区境内，七十二峰，群峰逶迤，其势如飞。素以“五岳独秀”“祭祀灵山”“宗教圣地”“中华寿岳”“文明奥区”著称于世。现为首批国家重点风景名胜区、首批国家AAAAA级旅游景区、国家级自然保护区、全国文明风景旅游区和世界文化与自然双重遗产提名地。景区人文景观和自然风光丰富多彩，名胜古迹遍布，文化底蕴深厚，春观花、夏看云、秋望日、冬赏雪，四时佳景美不胜收。祝融峰之高，藏经殿之秀，方广寺之深，水帘洞之奇，自古赞誉为南岳“四绝”。

《辞源》释“寿岳”即南岳衡山，南岳衡山因而称誉“中华寿岳”。南岳衡山不仅是风景名山，也是宗教圣山。这里道佛并存，互彰互显，同尊共荣。既有佛道儒共存共荣的南岳大庙、佛教禅宗尊为“六朝古刹、七祖道场”的福严寺，视为“天下法源”“曹洞祖庭”的南台寺，又有道家立为《黄庭经》发源地的黄庭观等。道教“三十六洞天、七十二福地”中，南岳独占四处(图6-1至图6-4)。

图6-1 春观花

图6-2 夏看云

图6-3 秋望日

图6-4 冬赏雪

二、主要森林体验和养生资源

南岳之秀，在于无山不绿，无山不树。那连绵飘逸的山势和满山茂密的森林，四季长青，就像一个天然的庞大公园。南岳衡山无山不树、无处不绿，核心景区森林覆盖率高达 91.58%。境内有树木 600 多科 1700 多种，其中有国家级保护植物 90 多种，如号称活化石的千年银杏、水杉；濒临绝种、世界罕见、衡山特有的绒毛皂荚；以及摇钱树、同根生、连理枝等等。负氧离子浓度平均值高达 26000 个/立方厘米，是难得的“天然氧吧”。与之相伴的有珍稀野生动物黄腹角雉、锦鸡、大头平胸龟、穿山甲等，可以称得上是一座天然的生物宝库！

南岳衡山自然保护区属亚热带季风湿润气候区，具有冬无严寒、夏无酷暑、雨量充沛的气候特点。年均气温：山下为 17.5℃，山顶为 11.29℃。绝对最高气温：山下为 40.8℃，山上为 32.4℃；绝对最低气温：山下为 -8.9℃，山上为 -16.8℃；年均降水量：山下为 1440 毫米，山上为 2045.48 毫米。南岳衡山自然保护区山体大多为燕山期花岗岩体，属酸性岩基侵入体中粗粒结构，含黑云母较多，裂隙发育不丰富，岩石透水性弱，含水性较差，且表层覆盖土较薄，一般认为地下水比较贫乏，大气凝结水对地下的含量起着极其重要作用。水质分析和评价表明：南岳衡山自然保护区总体水质较好，水体总硬度属极软水，含盐量小，pH 值适中，各种有害毒物含量甚微。

南岳衡山国家级自然保护区以保护珍稀濒危野生动物及其栖息地和珍稀濒危植物及其群落，以及我国亚热带少数地区保存较为完整的森林植被和森林生态系统为主要保护对象，属森林生态类型自然保护区。

(一)南岳大庙

南岳大庙(图 6-5)是我国南方及五岳之中规模最大的庙宇，是一座集国家祭祀、民间朝圣、道教宫观、佛教寺院有机统一的宫殿式古建筑群，现为国家级重点文物保护单位、南岳衡山旅游景区的重要景点。南岳大庙位于南岳古镇北端，赤帝峰下。它有九进四重院落，占地面积 12 万平方米，布局严谨，气势恢宏。

图 6-5

南岳大庙建筑文化博大精深，大庙中轴线上的建筑为皇家的建筑风格，是历朝帝王祭祀南岳衡山与民间朝圣(南岳圣帝)的重要场所。

主体建筑依次由棂星门、奎星阁、正南门、御碑亭、嘉应门、御书楼、正殿(圣帝殿)、寝宫和北后门九进四重院落组成。东面有八个道宫，西面有八个佛寺，这正好印证了道教崇尚“紫气东来”，佛教推崇“西方极乐”的宗教规制，充分体现了南岳道、佛共存一山，共融一庙，共尊一神的独特宗教文化特色，为中国乃至世界名山所罕见。

(二)忠烈祠

图 6-6

忠烈祠(图 6-6)被称为“大陆抗日第一祠”，是我国在大陆唯一的纪念抗日阵亡将士陵园。坐落在风景秀丽的香炉峰下，是 1938 年 11 月蒋介石在南岳召开第一次军事会议时决定在南岳衡山选址修建的。1939 年由湖南省主席兼第九战区司令长官薛岳主持筹建，1940 年破土动工，1943 年 6 月落成，共占地 230 亩，耗资 180 多万元，是我国建筑最早、规模最大的抗日战争纪念地之一，也是抗日战争和世界反法西斯战争的重要纪念地之一。忠烈祠有祠宇和墓葬两大部分组成，祠依墓建，墓依祠立。祠宇共五进，依次为牌坊、七七纪念碑、纪念堂、纪念亭和享堂，均坐落在同一中轴线上，由花岗岩大道和台阶连成一体，全长 320 米，宽 70 米，规模宏大，结构严谨，依山而建，前低后高，石墙碧瓦，苍松翠柏，显得格外庄严肃穆。在祠宇周围的青山绿岭中，长眠着国民政府的抗日阵亡将士。在忠烈祠的祠宇塔上，共镌刻着国民政府军政要员蒋介石、林森、孙科、何应钦、白崇禧、孔祥熙等人的题词、挽诗、挽联百余处。其中，享堂正门上方悬挂的横匾上“忠烈祠”三字为蒋介石亲笔题词。忠烈祠 1996 年被国务院列为全国重点文物保护单位，2009 年被中宣部公布为全国爱国主义教育示范基地，2011 年被列入全国重点红色经典旅游景区名录，并作为全国免费开放的纪念场所。

(三)梵音谷

梵音谷是纯生态自然型景观。它南起康家垅门票处，北抵上桎木潭，全长 4.2 千米。由于此处风景秀丽，美不胜收。梵音谷两岸群峰耸立，流泉飞瀑梵音；断崖奇石如塑，清溪跌岩如歌；人在溪边走，好似画中游。

溯溪而上，有瑶池献寿（梵音湖）、松门听泉（梵音亭）、络丝泉涌（络丝潭）、华严奇观（日月观景台）、镜湖云游（华严湖）、花开富贵（桃花谷）、金斗飞泉（三湾瀑）、金龙喷珠（下桎木潭）、五龙会圣（中桎木潭）、福寿石流、银河飞流（上桎木潭）、金钱柜等12处美景。此处植物种类繁多，林木遮天蔽日，奇花异卉，举目可见。春季山青林翠，杜鹃满山，如血似火。盛夏，谷中凉爽清新，观飞瀑抒怀，听山溪欢歌，若龙之潜渊，若鱼之得水。金秋时节，红叶流丹，五彩缤纷，野果山珍挂满枝头。隆冬，道道飞瀑，形成冰帘玉桂，壁潭成冰，雾凇雪淞，玲珑剔透，山情野趣，原始自然。此处每立方厘米空气中负氧离子含量高达108600个，有“天然氧吧”之称。为了充分体验、享受“氧浴”，享受自然健康旅游，陶醉青山绿水，亲近寿岳衡山，许多游客都弃车徒步游览此人间仙境（图6-7）。

图 6-7

（四）半山亭古松

从南岳庙后门沿登山公路穿过忠烈祠，便是半山亭，由于它位于南岳区和祝融峰的中间，上下各为十里，故名。半山亭始建于齐梁年间（480～557年），清代改亭为观，取名玄都观。观内有宋徽宗赵佶题的“天下名山”匾额。立在半山亭门庭眺望，号称“南天一柱”的天柱峰直插九霄；向南俯望，便见湘江逶迤，波光如练；向上仰视，隐约可见白云深处的南天门。半山亭周围的参天古松最具风情，由于长年被北风吹刮，枝干一概朝南，似乎在向游人频频招手，引人入胜（图6-8）。

图 6-8

（五）麻姑仙境

图 6-9

位于天柱峰下，麻姑是传说中的女仙，为在农历三月初三给西王母祝寿，她每年在衡山采灵芝酿酒，然后飞天去给王母祝寿。麻姑仙境相传为麻姑元君为南岳魏夫人飞天祝寿的地方，南岳最佳的避暑消夏之所，有南岳风光新四绝之“麻姑仙境之幽”的雅称，位于天柱峰东的一条峡谷里，地处半山腰，海拔600米，此地可用“小桥、流水、人家”来概括。这里群山环抱，茂林修竹，四时繁荫，流泉飞瀑，怪石峥嵘，有如人间仙境。此处负氧离子含量的平均值高达每立方厘米74390个，进入此地，就自然感到一种清新、舒爽渗透到全身，让人陶醉，让人飘飘欲仙。入口处刻着“麻姑仙境”四个大字。南岳衡山自古有寿岳、寿山之称，衡山作为寿山，人们喝的就是寿涧溪里的长寿之水，此水又叫南岳圣水，无污染，富含丰富的矿物质，喝了能沁人心脾，倍感清爽，延年益寿。相传麻姑住在绛珠河畔，故此寿涧溪改名为绛珠溪。绛珠是珍珠甘露的意思，意为只有仙人到过的地方，才有珍珠甘露(图6-9)。

（六）灵芝泉

图 6-10

与麻姑仙境紧紧相依，由灵芝涌泉和游泳池组成。从麻姑仙境出来后，沿着林荫大道往前步行100余米便是灵芝泉。灵芝泉又称“美龄泉”，宋美龄在南岳陪同蒋介石召集抗战军事会议期间，经常来此休闲漫步，流连忘返。它是南岳享受高山森林浴、日光浴的最佳之地。人工造景灵芝喷泉将山上的泉水汇集后，利用高度差的反冲压力喷涌而出，十分壮观。游泳池是民国时期湖南省政府主席何键为其女儿何玫所建。栩栩如生的人工造景灵芝将山上的泉水汇集后喷涌而出，十分壮观，是日光浴、森林浴的绝好去处(图 6-10)。

(七)磨镜台

磨镜台来源于佛教禅宗的一个经典故事：它是唐代高僧禅宗七祖怀让禅师与马祖道一传法故事。唐先天二年，禅宗七祖怀让大师在离这不远的般若寺(现福严寺)聚徒说法，大力宣扬南宗“顿悟”法门的教义。唐开元年间，有一位来自四川的道一和尚在传法院处修习北宗的“渐悟”法门。怀让决计引其皈依门下，以嗣南禅法脉。怀让采用的是启发教育方法。他拿了块青砖，在道一打坐附近的石头上磨来磨去，怀让感到十分好奇，便问“大师，你磨砖做什么?”怀让回答说：“磨砖作镜。”道一不解地问：“磨砖岂能成镜?”怀让反问道：“磨砖不能成镜，坐禅又岂能成佛?”道一听后，略有所悟。于是就此拜怀让为师，修习南宗禅义。磨镜台因此而名传史册。

图 6-11

磨镜台位于南岳中心景区，海拔为 700 米左右。磨镜台既是中国佛教史上一块圣地，也是南中国的抗战圣地。其位于掷钵峰下，与半山亭遥遥相对，是一个集宗教文化、人文历史和自然风光于一体的景点，是中国简史、中国佛教史上著名的佛教遗址，是人们追溯抗战历史、拜谒南禅“祖源”的地方。早在 20 世纪 30 年代，国民政府的一些党政要员，达官显贵在此兴建了 13 栋别墅。解放后，部分别墅改成了宾馆，成为湖南省重要的对外接待场所。磨镜台三字为赵朴初先生所题。这里森林茂密，风景秀丽，古木参天，年最高气温在 25℃左右，负离子含量丰富，是天然氧吧，避暑胜地(图 6-11)。

(八)福严银杏

福严寺是六朝陈光大元年(567 年)由高僧慧思和尚创建。宋朝时，改名为福严寺，一直沿用至今。当时，寺中有位名叫福严的僧人增修寺院，并栽柏树 10 株，福严寺因此得名。福严银杏位于福严寺大门左侧，相传受戒于六朝时的慧思禅师，树龄至少也有1400多年，树身三个大人合抱亦不能围拢。茂林修竹和古藤老树，与肃穆端庄的寺宇相映成趣，使福严寺显得分外古雅(图6-12)。

图6-12

(九)藏经殿景区

位于海拔1145米的祥光峰下，始建于南朝陈光大二年(公元568年)，是南岳佛教开山祖师慧思和尚所建，原名叫小般若禅林。后因明太祖朱元璋颁赐《大藏经》一部于该寺，故改名为藏经殿。藏经殿以秀丽著称，这里环境幽静，气候宜人。夏天平均气温为17.8℃，中午只有22.5℃，是避暑消夏的最佳去处(图6-13)。

在藏经殿这一平方千米的范围内，生长着500多种植物，有五层以上的植被，有不少数百年的古树。在藏经殿周边，是一片原始次生林，因明代无碍和尚在此林中得豆儿佛衣钵并在此修成正果而取名为“无碍林”，周围土厚水深，温度不太低，植物容易生长，有湘椴、杜英、猴喜欢、甜槠、香榧等珍贵树木，比较完整地保存着亚热带山地常绿阔叶混交的原始植被。在树木中，最使游人感兴趣的就是殿前坡地溪流旁边的摇钱树、同根生、连理枝三棵奇树。数百年古树无数，枝干屈曲，颜色苍老，视若无皮。在这百馀亩的古树林中，生长著五、六十种常绿乔木。有的树干蟋曲，有的枝叶覆盖，有的树缠古藤，有的千身光滑。这里青枝垂影，遮天蔽日；花卉从生，不可名状。这里的白玉兰，亦有四五百年的历史，至今仍然逢春开花，香飘满山。

图6-13

连理枝学名叫短柄青橱树，高10余米，它是在树的主干上长出一树杈，从主干分出弯曲成环后又与母体相连，因而叫连理枝。在连理枝下方20米远的地方，有株奇树叫同根生，它是由同一树根生长着两种不同科属的古树，靠南面的一株是粉背青棡，属常绿乔木，靠北面的一株是稠李，属落叶乔木。由于根同树不同，所以称此树为“同根生”。距“同根生”10 米左右的地方，便是有名的“摇钱树”，“摇钱树”的学名叫青钱柳，属胡桃科。它高十余米，枝叶像柳树叶，秋天树上结满一串串深黄的果实，好似一串串铜钱挂在树梢，随风摇动，发出清脆的“叮当、叮当”的响声，仿佛互相撞击的一串串铜钱，因而称“摇钱树”。

（十）上封寺

上封位于南岳第一高峰祝融峰额下，是现今全国汉族佛教重点寺院之一。自隋大业年间（605—618 年）建寺起，距今已有 1300 多年历史。上封寺在东汉时期系道教宫观，称“光天道观”，隋初为道教第二十二福地。大业年间，隋炀帝南巡至此，下旨改观为寺，赐名“上封寺”。位于上封寺后的原始森林，占地近 3000 平方米，由于地势高，风大地冻，树木大都卷曲臃肿，盘根错节，树干上苔痕青澄，树冠蓊郁，幽趣殊异（图 6-14）。

图 6-14

（十一）祝融峰

祝融峰主峰（图 6-15）海拔 1300. 2 米，是南岳衡山 72 峰的最高峰，也是一座以纪念火神祝融而命名的山峰，“祝融峰之高”历代就被誉于南岳风光四绝之首。在古语中“祝”是持久永远之意，“融”是光明之意，“祝融”是永远光明。此处为揽群峰，看日出，观云海，赏雪景的最佳去处。祝融峰是 2000 年 10 月“高空王子”阿迪力高空走钢丝世界挑战赛的终点。钢丝横跨祝融峰和芙蓉峰之间，总长 1399. 6 米，钢丝直径 37 毫米，重 8. 86 吨，距离地

图 6-15

面最高436米。“高空王子”阿迪力·吾守尔于2000年10月6日在恶劣的气候条件下，凭借高超技艺和胆识，用时52分17秒走完全程，创造了世界最长高空走钢丝和高空无保险走钢丝两项吉尼斯世界纪录。

祝融殿是为纪念祝融火神的功德而建。至清乾隆年间才改名为祝融殿。整个殿宇分为两进，全部是用花岗岩石建成，殿顶上盖着70厘米长，30厘米宽，重15千克的加锡铁瓦，在这些铁瓦中，还保存有数十块宋朝铸造历经千年光洁而不锈的铁瓦。这体现了建筑师的匠心独具，因为祝融殿建在祝融峰顶，由于这里经常有七八级甚至更大的山风，要保持殿顶不被飓风掀起，非铁瓦不足以牢固。

祝融峰峰顶花岗岩裸露地表，黑石嶙峋，峰背巨崖，壁立千仞；望月台侧，奇石堆叠，耸出十余丈，成为峰顶最高点。峰腰到峰麓，松杉环绕，郁郁葱葱，深绿无际。在峰麓通往喜阳峰的路侧，还有一片常绿阔叶林，学名“多脉青冈林”，绿叶成阴，碧涛满耳，经风扑衣，让人心头兴起“五岳独秀”的一种感觉。

（十二）水帘洞

水帘洞景区（图6-16）位于南岳衡山72峰之一的紫盖峰下，离南岳镇4千米。景区以自然风光为依托，以道教文化为特色，是南岳的道教文化中心和旅游休闲胜地。“天下第一泉”的水帘洞是道家第三洞天之称的“朱陵洞天”，曾被称为“南界仙都”，景区内，流泉飞瀑，直挂云端，其声、光、影三绝水景，构成了“水帘洞之奇”的绝世景观，被誉为南岳风光四绝之一。水帘洞不是自然山洞，而是道家的洞天福地，是通达诸天的“仙洞”。水帘洞景区包括朱陵宫、龙口湖、金牛潭、醉眠湖、绝壁奇观、瀑布石刻、天下第一泉、福寿湖及投龙潭、九仙观、寿宁观、上清宫、洞灵源福地、弥陀寺等遗址。水帘洞不仅风光秀丽，是道教洞天福地，而且是个书法艺术宝库。唐宋以来，历代名人题刻多达130余处，现还完整保存着“镇岳飞天法轮”“朱陵太虚洞天”“不舍昼夜”“高山流水”“夏雪晴雷”等风格各异的

图6-16

摩崖石刻42处，堪称“南岳天然碑林”。是全国重点文物保护单位。

三、体验攻略

从长沙出发，主要有3种方式可到达景区：①乘火车或高铁在衡山站下车，然后转乘汽车到达南岳衡山；②乘湘高速从长沙抵达衡阳中心汽车站，再转去南岳大巴；③自驾车通过京港澳高速公路、岳临高速公路转衡岳高速抵达南岳。抵达南岳后，在南岳区内有免费公交到达中心景区门票处。

到南岳衡山旅游，徒步上下山是体会南岳美丽自然景观的最好办法，但为了方便游客，在景区内有环保车行驶在山脚到南天门之间，在半山亭到南天门也有索道可以乘坐。

第二节　岣嵝峰

一、概　况

岣嵝峰，位于衡阳市区北面，毗邻衡阳市石鼓区，为衡阳市及周边县域城区的绿肺、国家AAA级旅游景区、国家森林公园。景区内有丰富的森林资源，物种丰富，是休闲避暑胜地。岣嵝峰国家森林公园是1995年在国营岣嵝峰林场的基础上兴建。主峰岣嵝峰为南岳72峰之一（含南岳72峰之岣嵝、嫘祖等5峰），海拔1131米。总面积31000亩，现有森林面积2067公顷，森林覆盖率95%，树种资源丰富，有各种植物1000多种，几乎囊括了整个湘南地区所有的树种，有“湘南基因库”之美誉。

岣嵝峰国家森林公园地处衡岳走廊的最佳地段，东临湘江，南接雁城，由南岳七十二峰之岣嵝、嫘祖、白石等五峰组成，地处湘中孤山地貌，耸立与丘岗之中，犹如一张巨大的围椅高置云天。公园相对海拔差达1071米，山地森林气候特征十分显著，岣嵝峰群山环抱，林海茫茫，古木参天，常年云雾缭绕，气候宜人，且历史悠久，古迹遍布，人文景观和自然景观交相辉映，堪称“旅游胜地，避暑仙境”。

二、主要森林体验和养生资源

（一）禹王殿景区

禹王殿景区500余亩原始次生林莽莽苍苍，林中古木参天，修竹幽深，

图 6-17

形成独特的森林景观。这里拥有 20 多种珍稀树种。有活化石之称的水杉树、娑罗树，还有黑楠、银杏、青铜栎、白辛、三尖杉等。立于禹王殿旁，有一株年代久远的摇钱树，相传为大禹所植，胸径 120 多厘米，树高 40 余米，树龄 300 多年，需 5 人才能合抱，这是衡阳乃至湖南省最大的一棵摇钱树。

在嫘祖殿，嫘祖是中国历史上一位伟大的女性，是中华民族之母。她发明了植桑养蚕、缫丝制衣，同黄帝一道开创了中华民族男耕女织的农耕文明。嫘祖殿右下方，有一株古锥栗树，它有 600 年以上历史，树心已全空，中空有五根翠竹生长其中，如老娘抱子，正应了“胸有成竹”之成语，成了罕见的林海奇观(图 6-17)。

(二)白石峰景区

白石峰，海拔 1000 多米，是南岳七十二峰之一，以独特的地质景观和森林风光取胜，山势险峻，奇洞异石遍布，山溪飞瀑众多，其自然景观堪称奇、险、幽。所谓“奇”，白石峰上有大自然鬼斧神工之作，如形似酒槽的酒泉、壮若灵芝的灵芝崖等，惟妙惟肖，令人叹为观止。所谓“险”，白石峰的南面，怪石嶙峋，簇拥着一块似磨过的百余米长的花岗岩石从山腰挂下，好似一面巨石镜，阳光映射下，发出皑皑白光，大概这就是白石峰的由来。所谓“幽”，白石峰的西侧山麓有碧波荡漾、融湖光山色于一体的山峙门水库，白石峰美丽的身影倒映在水里，格外的山清水秀。主要景点有：白石峰、妙溪飞瀑、高山杜鹃、

图 6-18

老岩奇洞、老鹰岩、雨师崖、灵芝崖、群龙聚会等(图 6-18)。

(三)禹王碑

禹王碑，又称岣嵝碑，与黄帝陵、炎帝陵被文物保护界誉为中华民族的三大瑰宝。2011 年省人民政府列入省级文物保护单位。大禹作为华夏族原始时代部落最后一位首领，曾用疏导法治水，划定九州，南征三苗，其足迹曾深入洞庭湖和苍梧之野，远及衡湘，并留下了禹碑。关于该碑的文字记载，最早有晋罗含《湘中记》。1212 年，何贤良访得禹碑，用纸拓摹，摹刻于长沙岳麓山巨石之上。可算得上是湖南最早的文献。碑矗在一方天然的岩石上，岩石生成两级，碑树在第一级。第二级的平面比第一级宽，约有 18 平方尺，上有象棋盘一个，俗称仙人棋，棋盘线路明显。棋盘两侧，各有一脚印，清晰可辨，人称仙人脚。相传大禹治水遇挫，在岣嵝峰得金简玉牒之书，治水成功立下 77 字金文碑刻，此碑高 7 尺，宽 5 尺，厚 1 尺，碑文 77 字，形似蝌蚪，又似鸟篆，乃石刻之最古，至今无人能辨(图 6-19)。

图 6-19

(四)西极景区

贯穿森林公园南北，地势北高南低，海拔落差近 800 米，景内峰峦叠翠，山水相映，鸟语花香，幽雅清静，气候宜人。景区以南林寺千亩竹林为核心，有岣嵝峰“四十八座茅庵”之一的南林寺、南林竹海、香冲水库、理纱河、歌功坦等人文自然古迹。已开发森林旅游、野营拓展、水上游乐等休闲项目。景区内建有国际滑雪场以及高山温泉，是衡阳岣嵝峰度假休闲中心(图 6-20)。

图 6-20

（五）禹泉

“高山有好水”，在岣嵝峰宾馆右侧有个古色古香的小亭子，距今已有数千年历史。这就是有名的禹泉，禹泉又名龙谭井。这是一口深不可测的古井，井水清悠悠的，井口旁有一白龙，仿佛盘踞在井里，而泉水就从龙嘴慢慢流下，禹泉的泉水也是常年不歇，冬暖夏凉，此泉水富含锌、钙、钠、镁、钾、碘、游离二氧化碳等有益成分（图 6-21）。

图 6-21

（六）岣嵝日出

“望日亭上观日出，登临绝顶出尘缘”。黎明时分，登上岣嵝峰顶望日亭，远眺东方，一轮红日从云山雾海中喷薄而出。大雁南飞季节，日出时常有数只大雁迎日而飞，时而形成行，时而列陈，能持续 3 ~5 分钟，可谓世之奇观（图 6-22）。

三、体验攻略

从长沙出发，主要有 3 种方式可到达景区：①乘火车或高铁在衡阳站下车，然后转乘公共汽车 118 路、137 路到达晶珠广场，坐衡阳市到集兵镇的直达中巴车，抵达集兵镇后，租微型车去岣嵝峰；或者坐衡阳至衡阳县界牌的中巴车，到达岣嵝峰进山入口（铁厂）。②乘湘高速从长沙抵达衡阳中心汽车站，转乘衡阳市到集兵镇的直达中巴车，抵达集兵镇后，租微型车去岣嵝峰；或者坐衡阳至衡阳县界牌的中巴车，到达岣嵝峰进山入口（铁厂）。③自驾车通过京港澳高速公路、岳临高速公路，到达衡阳市后，转 107 国道经李坳至集兵，往衡阳县界

图 6-22

牌方向约 6 千米(岣嵝峰进山入口)。

第三节 天堂山——西江

一、概　况

天堂山风景名胜区为国家级风景名胜区、国家森林公园、国家 AAAA 级旅游风景区、国家湿地公园，位于衡阳市常宁市南部，地理位置为东经 112°07′~112°41′、北纬 26°07′~26°35′，北距衡阳市区 65 千米，频临衡桂高速公路、衡昆高速公路，总面积 220 平方千米。景区属亚热带季风湿润气候，四季分明，夏无酷暑，寒冷期短，四月至十一月宜于旅游。整个风景区由天堂山自然风景区、天湖国家湿地公园、西江漂流、塔山西江瑶族风情区、庙前溶洞及中国印山等景区组成，有景点 100 多个，集雄、奇、险、秀、趣于一体，形成“天堂山之高、天堂湖之秀、财神洞之奇、古民居之幽、西江漂之趣、中国印山之绝”的旅游特色，塑造了“山水天堂、印章王国、魅力瑶寨”的旅游形象。

二、主要森林体验和养生资源

天堂山(图 6-23)又名塔山，位于衡阳市常宁市洋泉镇，天堂山为国家森林公园、国家 AAAA 级旅游风景区、国家湿地公园，位于衡阳市常宁市南部，距衡阳市区 65 千米，频临衡桂高速公路、衡昆高速公路，总面积 220 平方千米。整个风景区由天堂山风景名胜区、天堂山森林公园、天湖国家湿地公园、、西江漂流、塔山西江瑶族风情区、庙前溶洞及石刻景观区、中国印山(庙前地质公园)、石马景区、庙前中田古民居、培元塔、财神洞等景区组成。公园内植被丰富，森林植物景观美不胜收，主要植物景观有：杉海寻幽、竹海叠翠、同心竹、瑶山茶苑、野生猕猴桃等，这些植物除树形、叶色、花形、果色、果形等单体观赏性以外，还充分体现了群体景观，如山顶矮林、灌丛、高山草甸等，更进一

图 6-23

步丰富了天堂山森林植物景观的季相多变性，表现出春华秋实的森林植被景观特色。公园内古树名木资源是其他森林公园少有，有13种34株古树名木，隶属于12科13属，狮园的南方红豆杉和银杏，树龄800年，南江园的花榈木，价值2000万。南江园景区有成片的古树名木，树种有银杏、铁冬青、椤木石楠、楮树、尖叶四照花、樟树、枫香、苍叶红豆共8种23株。

(一)洋泉水库——天湖国家湿地公园

洋泉水库(图6-24)位于湖南省常宁市西南，天堂山下，又名天堂湖，距常宁市约20千米，距县城27千米。与祁阳、桂阳两县相毗邻，交通便利，通讯方便，是衡阳市最大的水库，总面积约15000平方米，是一处以灌溉、防洪、供水为主，结合发电、旅游等综合利用的重点水利工程，水库风景优美，三面环山，水域辽阔，岛屿成群，湖光山色，相映成辉，蒲竹的瑶乡更是古朴民俗风情的展现。洋泉水库群山环抱，水域辽阔，水清可鉴，水库内岛屿成群，水库群山环抱，水域辽阔，水清可鉴，水库内岛屿成群，有孤岛8座，半岛37处，湖光山色，相映成趣，高低远近，相拥而居。蓝天白云，碧水青山，船在水面行，犹在画中游。

图6-24

天湖国家湿地公园(图6-25)为湖南省面积最大、衡阳市第3个国家级湿地公园。天湖国家湿地公园总面积891.7公顷，有湖泊湿地、永久性河流湿地、洪泛平原湿地、草本沼泽湿地、库塘湿地和运河/输水河湿地4类6型湿地，水资源十分丰富，水质极优，生物多样性显著，在我国南岭多民族区域具有典型性与代表性。有维管束植物148科483属797种、野生脊椎动物5纲23目61科148种，其中鱼纲37种、两栖纲10种、爬行纲15种、鸟纲175种、哺乳纲11种。公园内树木葱郁，水

图6-25

鸟飞翔，风景秀美，以天然的水库、河流和河滩湿地为主，有岛屿 11 个、半岛 37 个，坐落有致，山水相映，素有“小千岛湖”之称。公园以“洁净的水”“茂密的林”“秀美的岛”“丰富的鸟”而闻名省内外，水蓝、境幽、秀丽的天湖自然风光以及独特的湘南民俗风情相融交汇，让人流连忘返。

（二）西江漂流

西江漂流位于衡阳市常宁市，有“中华瑶乡第一漂”、“湖南第一漂”之誉。北距湖南省衡阳市区 86 千米，东临衡桂高速公路。西江河发源于境内海拔 1265 米的天堂山。西江漂流起于西江村万木园，止于蒲竹村蒲竹园，经拦财坡、西江口、蛇形湾、捡宝山等景点，全程 10 千米，历时两个多小时，滩险湾急，落差高达 150 米。西江河是天堂山景区重要景点之一，其漂流别具特色沿途风光配上转动的筒车、古老的瑶寨、动听的瑶歌、美妙的传说，与两岸古朴善良、勤劳耕作的瑶寨居民组成一幅美妙的瑶乡风情漂流画卷(图 6-26)。

图 6-26

（三）中国印山(庙前地质公园)

中国印山(图 6-27)(庙前地质公园)属省级地质公园景区，距衡阳市区 39 千米，为国家 AAA 级旅游区。整个景区为“一山三城”，即名人名章城、书法精品城、纪念印章城，以摩岩的形式，把我国数千年的名人名章、书法精品篆刻于一山，共计印章 4300 枚，书法石刻作品 700 余件，规模达 1000 亩，堪称“中华一绝”。走进中国印山，见一株株古老苍劲的绿树，一根根粗大盘缠的野藤，掩映着一块块奇形怪状的青石。青石

图 6-27

之上，一枚枚错落有致的朱红印章，引着人们沿着中国篆刻史的长河，从春秋战国到宋元明清，一路走来。

境内珍稀植物众多，大理石群峰“石态万千”，自然景观有麒麟望月、众仙聚宝、孔雀迎宾、剑劈犀牛、马牛相及，还有情人谷、印象石、印山龙、人面石，也有登仙岩、补天石、神龟三代等优美的传说。艺术的享受、人文的教化、性情的陶冶，这里是中国篆刻艺术的殿堂。

三、体验攻略

从长沙出发，主要有3种方式可到达景区：①乘火车或高铁在衡阳站下车，然后转乘公共汽车118路、137路到达中心汽车站，乘坐到常宁的快巴，通过高速大概1小时到常宁莲花(湘运)汽车站(慢车大概2.5小时到常宁)；到常宁后坐免费公交三路车到泉峰车站；从常宁的泉峰车站有两班车直到塔山蒲竹乡的车，上午班9：00左右，下午班4：30左右到风车口下车；然后步行或路遇便车搭上去，大概6千米到山脚下，上山则完全需要步行。②乘湘高速从长沙抵达衡阳中心汽车站，乘坐到常宁的快巴，通过高速大概1小时到常宁莲花(湘运)汽车站(慢车大概2.5小时到常宁)；到常宁后坐免费公交三路车到泉峰车站；从常宁的泉峰车站有两班车直到塔山蒲竹乡的车，上午班9：00左右，下午班4：30左右到风车口下车；然后步行或路遇便车搭上去，大概6千米到山脚下，上山则完全需要步行。③自驾车通过京港澳高速公路或岳临高速公路，到达衡阳市后，转泉塘高速到达常宁市。到达常宁后，基本线路是：常宁→天堂湖(25千米)、天堂湖→天堂山(11千米)、天堂山→中国印山(26千米)、中国印山→财神洞(0.1千米)、财神洞→常宁(25千米)。

第四节 蔡伦竹海

一、概 况

蔡伦竹海位于中南重镇、历史文化名城——耒阳市黄市镇和大义乡境内，面积100平方千米，中心景区达66平方千米，是集观光、休闲、探险、寻宝于一体的复合型旅游风景区，现为国家AAAA级旅游景区、中国最具魅力生态旅游景点景区、国家级水利风景区、省级风景名胜区、省级森林公园和省级山地车训练基地。蔡伦竹海，与别处竹海不同，其林中有溪、有石、有古迹、有人家、有高峡平湖、有水上乐园嘉年华，曲曲弯弯，高高低低。且面积广阔达16万亩，水成玉带，林成大海，层峦叠翠，蔚为壮观，有着“亚洲大竹海”“天然大氧吧”的美誉。

二、主要森林体验和养生资源

（一）观景楼

观景楼位于竹海最高峰鼎峰坳，海拔541米，占地面积700平方米，为五层高古典式塔楼，楼高36米，主要供游客登高览竹，设有游步道、凉亭和观景台。站在观景楼上，顿时心旷神怡，向南观竹，渺渺茫茫，一泻千里；向北观竹，耒水像一条白练在风波浪尖间飞舞。天空抹了几朵淡淡白云，层峦叠嶂之上披了一层薄雾，在大气磅礴之中频添了几分秀色和神秘（图6-28）。

图 6-28

（二）竹海三绝

蔡伦竹海拥有“三绝”：一是高达28米的大河滩天然喷泉，打破吉尼斯世界记录；二是拥有出产矿物标本全球闻名的上堡晶矿，国家矿物博物馆收入其20多件矿物标本，景区拟在原址兴建国家矿山公园；三是景区内有距今约2.5亿年以上、我国继浙江长兴后发现的最完整的扁体鱼化石，属湖南省首次发现，极具科考价值，景区拟在原址建馆保护（图6-29）。

图 6-29

(三)水上嘉年华

水上嘉年华、水上栈道位于耒水游客中心段，已建成有水上码头，配有快艇、游轮、脚踏船、竹筏船及水上游泳池。为游客提供安全、舒适的水上健身场所，是游客体验水上乐园、亲近大自然最佳的互动娱乐项目。游客可通过自驾脚踏船、乘游艇等方式观看到耒水沿岸青竹翠影，苍山绿水(图 6-30)。

图 6-30

(四)竹海石林

竹海石林位于蔡伦竹海核心景区野牛塘，为全国唯一汉白玉石林，占地面积为 0.6 平方千米，其间怪石嶙峋，别有风味。竹、石、洞、泉相映成趣，尤其是穿越自然的石林隧道，别有一番情趣(图 6-31)。

图 6-31

(五)螺丝洞

螺丝洞(图 6-32)又名猴王游洞，全长约 2.3 千米，东距观景楼 1 千米，西距泉水湾休闲农庄 3 千米。洞内有阴河，全长约 1.6 千米、宽 0.5 ~2 米，有 1 亿年以上的钟乳石，形态各异、各具千秋。尤其是流水自岩石中自然而下形成的小瀑布，非常独特。猴王、一线天、风

图 6-32

凰、神龟等自然石景形态逼真，栩栩如生。

三、体验攻略

从长沙出发，主要有 3 种方式可抵达衡阳：①乘火车或高铁在衡阳站下车；②乘湘高速从长沙抵达衡阳中心汽车站。③自驾车通过京港澳高速公路或岳临高速公路，到达衡阳市。

从衡阳市区有 6 种方式可以抵达蔡伦竹海景区，分别是：①衡阳中心汽车站直达蔡伦竹海风景区(每周六发班)；②衡阳市区→京珠高速→公平镇→黄市镇→蔡伦竹海风景区；③衡阳市区→107 国道→耒阳→灶市→泗门洲镇→黄市镇→蔡伦竹海风景区；④衡阳市区→107 国道→耒阳→公平镇→黄市镇→蔡伦竹海风景区；⑤衡阳市区→武广高铁→耒阳→灶市茅家坪火车站→新生火车站；⑥衡阳市区→京广铁路→耒阳→灶市茅家坪火车站→新生火车站。

从耒阳城区到蔡伦竹海有 3 条线路可以到达：①从耒阳灶市汽车站乘旅游快巴去黄市株山竹海正门约 1 个多小时即到；②从耒阳城区灶市茅家坪火车站坐耒永铁路火车专线约 38 分钟到新生车站下车、再转巴士或快艇溯耒水而上约 15 分钟即到；③从耒阳城区耒中水电站坐快艇溯耒水而上约 1 个小时即到株山水电站蔡伦竹海正门。

第五节　石鼓书院

一、概　况

石鼓书院位于衡阳市石鼓区石鼓山，海拔 69 米，地处衡阳市湘江、蒸水、耒水交汇处，海拔 69 米，为中国四大书院之一，“湖湘文化”的重要发源地，国家级 AAA 人文旅游景区，始建于唐元和五年(810 年)，迄今已有 1200 余年历史。公元 810 年，自幼饱读诗书，满腹经纶，却无意仕途的李宽，为了躲避朝廷的延揽，决意远走他乡，奔南岳而来。此时，正值韩愈在石鼓山吟下千古绝唱《题合江亭寄刺史邹君》不久，受韩诗感染与吸引，李宽到石鼓山赏游。江山旖旎，林木葱郁，湘江、蒸水、耒水三江环绕，千里烟波尽收眼底，既“情景交融”，又“无市井之喧”，完全符合书院选址要求。李宽再也不忍离去，遂结庐读书、授学其上，创建了中国古代最早的书院——石鼓书院。石鼓书香飘逸、绵延，166 年后，岳麓书院在长沙岳麓山建立。李宽虽然成为了唐宋朝代更替的旁观者，但他却为湖湘文化开创了一个时代，为千年之后的湖湘的崛起奠定了基础，更为湖湘人民开启一个民族的时代奠定了基础。历史兴衰更迭，书院几经兴废。1944 年衡阳保卫战，书院遭到日军轰炸，惨遭毁坏。新中国成立之后，衡阳市人民政府两次修复重建石鼓书院，重建合江亭、绿净阁，恢复了禹王碑、武侯祠、李侯祠、望江楼、合江亭、藏书阁、书舍等古代建筑，一座双曲拱桥将石鼓书院与大厦环簇的石鼓广场连为一体，在传统的文化底蕴之上融入现代元素。

二、主要森林体验和养生资源

石鼓书院“地理位置独特，远山而不僻，近市而不嚣，面积4000 平方米，三面环水、四面凭虚、地理位置独特，风光秀丽绝美，绿树成荫，亭台楼阁，飞檐翘角，江面帆影涟涟，渔歌唱晚，自古有“石鼓江山锦绣华”之美誉。北魏郦道元《水经注》所载：“山势青圆，正类其鼓，山体纯石无土，故以状得名。”另一说，是因它三面环水，水浪花击石，其声如鼓。石鼓书院毗邻衡阳古石桥——青草桥。衡阳八景中的“朱陵洞内诗千首”“青草桥头酒百家”也在此地。石鼓书院还是湖湘文化发源地和湖南第一胜地，是集讲学问道、觅石探幽、游览休闲于一体的旅游胜地。

图 6-33

书院主要建筑有武候祠、李忠节公祠、大观楼、七贤祠、合江亭、禹碑亭、敬业堂、棂星门、朱陵洞等(图 6-33)。

三、体验攻略

从长沙出发，主要有 3 种方式可抵达衡阳：①乘火车或高铁在衡阳站下车；②乘湘高速从长沙抵达衡阳中心汽车站；③自驾车通过京港澳高速公路或岳临高速公路，到达衡阳市。到达衡阳市区后，可以选择 100 路、106 路、116 路、127 路、162 路、305 路、313 路、5 路、仁友 5 路、旅 1 路、游 1 路等11条公交线路，到达石鼓书院景区。

第六节　江口鸟洲

一、概　况

江口鸟洲位于衡阳市衡南县东南部，地处耒河中间，四面环水，1984年被列为全国重点和湖南省唯一以保护鸟类为主的自然保护区。核心区域面积35公顷，总面积70平方千米，由陈家洲、张家洲、龙家洲三个岛组成，形成了良好的生态环境。洲上古树修竹成荫，气候温暖凉爽，附近水库、池塘星罗棋布，稻田、森林延绵成片，鸟类食物丰富，是鸟类活动的理想王国。洲上生长有木本植物29科51种，其中以河柳、垂柳、旱柳、意大利杨、枫杨、朴树、榔榆、构树、桑树、樟树、乌桕、毛竹、绿竹为最多，草本植物有48科124种，主要有节节草、鱼腥草、野麻、芭茅等；洲上分布着鸟类14目33科4亚科114种，其中属中日候鸟保护协定保护的鸟类有42种，属国家规定保护的有2种，属一类保护的有白鹤，属二类保护的有鸳鸯，另外经济价值较高的鸟类还有鹌鹑、环颈雉、绿头鸭、花脸鸭、亦麻鸭、竹鸡、董鸡，食虫益鸟有大山雀、虎皮燕雀、黄腹山雀、灰椋鸟、金腰燕、回声杜鹃等。

二、主要森林体验和养生资源

江口鸟洲（图6-34）拥有三个世界之最，保护区面积最小、鸟类最多、密度最大，资源特色十分突出。目前鸟洲开发的旅游项目主要集中在鸟洲观鸟。观鸟的最佳时刻是在每天清晨和黄昏，因为除繁殖外，在鸟洲树林中生活的集群鸟类，都早出晚归。清晨，鸟类在树林中鸣叫不息，一会儿，万千上万只鸟飞出树林，在鸟洲上空盘旋，然后向四周飞去，其景蔚为壮观。鸟类返回的次序也相当有规律，首先是燕雀、八哥从四面八方及附近的生活区域返回。燕雀群归时，遮天蔽日，常持续半个小时之

图6-34

久，情景实为罕见，令观光者流连忘返。而灰椋鸟由各自的生活区域返回时，首先栖息在龙家洲几棵高大的落叶上，再到沙滩及浅水中喝水、洗澡嬉戏、整理羽毛，然后成群起飞在上空分散，此种壮观场面常达20分钟之久，方才纷纷落入自己的栖息区域中。除非人为干扰，一般不再骚动，但仍群鸣不息，鸣声之大，使相距1米的两个人听不清对方的大声喧嚷。

三、体验攻略

从长沙出发，主要有3种方式可抵达衡阳：①乘火车或高铁在衡阳站下车；②乘湘高速从长沙抵达衡阳中心汽车站；③自驾车通过京港澳高速公路或岳临高速公路，到达衡阳市。

从衡阳市抵达江口鸟洲主要有3种方式：①从衡阳市酃湖汽车站乘坐直接到达江口的汽车；②从衡阳市酃湖汽车站乘车到衡阳市耒阳永济镇的耒水河边再乘船到达江口镇；③从衡阳市耒阳城区的耒水河边乘船抵达江口镇。

第七节　紫金山森林公园

一、概　况

紫金山森林公园位于衡山县城的西郊，1992年被定为省级森林公园，南岳衡山七十二峰中有紫盖峰、勾头峰、吐雾峰、巾紫峰等四峰在其中，总面积2611公顷，林覆盖率达87%，是湘中森林旅游线的交接点。公园资源丰富，植被茂密，动植物种类繁多。据调查，有高等植物143种，珍稀动物10余种，从而形成了山有形、林有律、水有音，林因光而幽，山随云而动，林海松涛、溪流飞瀑、瀑谷幽洞的森林景观。1992年被定为省级森林公园。山中树木葱茏、四季长青，风景秀丽迷人。山有形、林有律、水有音；林因光而幽，山随云而动。自然景观、人文景点有45个，因公园距中国AAAAA级风景名胜区、国家自然保护区、以寿岳著称的南岳衡山仅10千米，故有“登南岳求仙，来紫金休闲”一说，又有“到南岳大庙拜菩萨，上紫金山里做神仙”之云，是人们理想的游览、休憩、避暑之胜地。

二、主要森林体验和养生资源

（一）金紫松涛

金紫松涛位于金紫峰上，傍于县城边缘，突出群山，海拔200米以上，分布着30公顷的天然马尾松林，苍劲挺拔，立于山坡之地，有几分英雄气概。随风向变化，松涛起伏不断(图6-35)。

图 6-35

（二）柳衫长廊

柳衫长廊位于猴子埋爷上有一片面积约4公顷的柳杉人工纯林，植于60年代初，干形通直挺拔，枝叶苍翠欲滴。漫步枝叶满地的林间，踏着厚厚的柳叶，宛如在一条长长的走廊里畅游，尤其是柳林散发出的芳香，更是沁人心脾(图6-36)。

图 6-36

（三）溪流迭瀑

紫金山水资源较为丰富。这里有一条小溪，源自岳山而来，流经师古桥，到吐雾峰后即为西溪。溪流从山谷迭出，犹如一股飞流落于九天之下，蔚为壮观(图6-37)。

图 6-37

(四)白龙泉

在金紫峰东山腰，诗碑廊侧，一泓泉水自岩内流出，不满不溢。每逢大雨时，泉水上下翻腾，疑为白龙摆动所至，故名。此处可以游船垂钓(图6-38)。

图6-38

(五)金紫峰

金紫峰，原名紫巾峰，于县城西南，南岳衡山七十二峰之一，素有“帆随湘转，望衡九面”之称，山上遍生杜鹃，每到春日，竞相齐放，尤以紫花杜鹃为最，花红刺眼，状如紫巾，故名。海拔269.5米，为县城四周的制高点。登其峰顶，极目西眺，南岳诸峰耸立云端；回首东望，蜿蜒湘江，白练生辉；脚下古老而富有浓厚都市风采的衡山县城，一片繁荣。晨观日出，红霞万缕,晚看日落,夕阳无限好,夜观月华,树景婆娑(图6-39)。

图6-39

三、体验攻略

景区最佳旅游季节在3~5月。

从长沙出发，主要有3种方式可到达景区：①乘火车或高铁在衡山站下车，然后转乘汽车到达衡山县城，进入牌坊后，沿着水泥盘山公路可达公园景区；②乘湘高速从长沙抵达衡阳中心汽车站，再转大巴到衡山县城，进入牌坊后，沿着水泥盘山公路可达公园景区；③自驾车通过京港澳高速公路、岳临高速公路已通车的京珠高速公路新塘出入口，距县城中心不足3千米，再转107国道或省道314线到达景区。

第八节　岐山森林公园

一、概　况

岐山距衡阳市39千米，为南岳衡山72峰之一，像一支振翅欲飞的凤凰逶迤数十里，古木参天，林茂竹翠，冬暖夏凉，风光绮丽，景色秀美。总面积1826公顷，海拔800米，由凤凰山、火焰山、雷祖峰、仙鹅岭等28个景点组成。有植物400余种，是我国珍贵植物基因库和标本园，中外专家认定是我国南方唯一保护完好的原始次森林和珍贵树木。现为国家AAAA级旅游景区、国家森林公园、省级自然保护区，为南中国著名避暑、休闲胜地。

二、主要森林体验和养生资源

岐山属南岭山系，大云山脉的余脉。此地山峦叠嶂，林茂源清，位于衡南、衡阳、祁东三县交界处最高峰——火石峰(又名火焰山)海拔为741.3米，境内海拔735米，最低处的双板桥水库尾部海拔140米，相对高度近600米，北部与衡阳县交界处的山脉高度均在500米以上，形成北部屏障，这也是岐山严冬温暖的主要原因之一。整个地势，西北高，东南低。溪流河港均向东南泻入双板桥水库。岐山存有全省海拔最低、保存完好的原始次生林，境内古树名木多达32属87科392种，被中外植物学专家誉为“天然的植物基因库”，是一处理想的天然氧吧和避暑圣地。

(一)凤凰谷

凤凰谷(图6-40)，位于岐山森林公园的核心区域，是一个占地约300亩的深谷，在谷中，一条蜿蜒登山游步道穿行于这片江南唯一保存完好的原始次生阔叶林。沿着古老的青石板台阶拾级而上，路边溪水潺潺、两旁古树参天、四周虫鸣鸟叫，一派原始森林的风景。负氧离子含量极高，穿行谷中即是享受天然的“森林氧吧”。

图6-40

（二）仙鹅岭

仙鹅岭位于仁瑞寺的后山，山顶上有一块狮子身仙鹅头的岩石，是大自然巧夺天工的杰作，也是岐山八大景点之一。至今，还流传着“仙鹅岭下狮子身”的动人故事。登上仙鹅岭，饱览岐山全景又是另番风光（图 6-41）。

图 6-41

（三）白竹山

在岐山背面后山沟有个白竹山小村寨，四季鸟语花香，流水潺潺。住在这里的人们世代安居乐业，男耕女织、鸡犬相闻、丰衣足食，俨然一个世外桃源。这里水果丰富，是开展农家乐的好去处(图 6-42)。

图 6-42

（四）凤凰湖

凤凰湖正常蓄水容量达 1880 多万立方米，辖区内山青山水秀、空气清新，是岐山景区内一处集休闲娱乐、观光游览于一体的综合性景点，在凤凰湖内，可开展泛舟、垂钓、游泳等水上项目（图 6-43）。

图 6-43

三、体验攻略

从长沙出发，主要有 3 种方式可到达景区：①乘火车或高铁在衡阳站下车，然后到衡阳华新汽车站乘坐“衡阳 – 岐山”旅游专线至景区；②乘湘高速从长沙抵达衡阳中心汽车站，乘坐县际班车至衡南县鸡笼镇，再在鸡笼镇换乘“鸡笼—岐山”专线中巴车至景区；③自驾车通过京港澳高速公路、岳临高速公路衡阳蒸湘收费站出口，沿 322 国道往祁东方向，至衡南县鸡笼镇，见到国道右边有一大型景区户外广告宣传牌，右转进入景区连接公路，按景区交通指示牌行进约 15 千米，到达岐山景区服务中心。从祁东县城出发，沿 322 国道行 19 千米，至鸡笼加油站处，然后往左，行 15 千米，至岐山。

导读：郴州市位于湖南省东南部，古有“林邑”之称，即“林中之城”的意思。全市森林覆盖率达70%，蓝天、碧水、森林、石峰、洞穴、云海、飞瀑、交相辉映，“春赏杜鹃，夏消暑，秋观红叶，冬踏雪”勾勒了四季游览全景图。这里“一山”——莽山——荟萃南北植物，为“天然动植物博物馆”和“生物基因库”，“一湖”——东江湖——青山环绕，水质清冽，纵舟漂流，层林尽过，为“中国生态第一漂”，“一泉”——福泉——雾气氤氲，水滑洗凝脂，细浪流踪峥，构成了郴州山水风光的精髓。此外，飞天山丹峰林立，山异水美，仰天湖高山镶碧泊，万华岩洞幽飞帘，石峥岩奇，都令人陶醉其间，流连忘返。

第七章　郴州市森林体验与森林养生资源概览

郴州市位于湖南省东南部，“郴”字最早见于秦朝，古作“林邑”，意为“林中之邑也”。自秦以来，郴州即为历代县、郡、州、府的政治经济文化中心，距今已有2000多年历史，是湖南省省级历史文化名城。1959年11月，析郴县之郴州镇为地辖郴州市。1963年改为郴州镇。1977年恢复县级市。1995年设立地级市。郴州东西宽202千米，现辖1市2区8县，总面积1.94万平方千米，总人口约506万人。森林面积为106.5万公顷，占全市总面积的62.3%。

1. 地理位置

郴州市位于湖南省东南部，北纬25°46′，东经113°2′，被誉为“林中之城，创享之都”，山脉与罗霄山脉交错、长江水系与珠江水系分流的地带。“北瞻衡岳之秀，南峙五岭之冲”，自古以来为中原通往华南沿海的“咽喉”。东界江西赣州，南邻广东韶关，西接湖南永州，北连湖南衡阳、株洲。市区距省会长沙350千米，距衡阳市150千米，距永州市260千米，距株洲市289千米，距广东省广州市393千米，距江西省赣州市364千米。郴州市以其独特的地理位置成为湖南的“南大门”，粤港澳的后花园。

2. 地形地貌

郴州市地貌复杂多样，东南面山系重叠，群山环抱；西部山势低矮，向北开口，中部为丘、平、岗交错。地势自东南向西北倾斜，东部是南北延伸的罗霄山脉，最高峰海拔 2061.3 米；南部是东西走向的南岭山脉，最高峰海拔 1913.8 米；西部是郴道盆地横跨，北部有醴攸盆地和茶永盆地深入，形成低平的地势，一般海拔 200～400 米，最低处海拔 70 米。

3. 气候概况

郴州市属中亚热带季风性湿润气候区。具有四季分明、春早多变、夏热期长，秋晴多旱、冬寒期短的特点。多年平均气温 17.4℃，平均降水量 1452.1 毫米。郴州市属于大陆性气候特点，一年中，最冷的月份是 1 月，平均气温为 6.5℃，最热的月份是 7 月，平均气温为 27.8℃。随着春季来到，气温在 3、4 月迅速升高。盛夏之后，气温随之下降，9～12 月，每月降低 5℃之多进入冬季。由于气候温暖湿润，郴州山清水秀，风光旖旎，被誉为“四面青山列翠屏，山川之秀甲湖南”。

4. 交通条件

郴州市南北交通便利。由省道 1806 线、1803 线和郴资桂、桂嘉高等级公路贯通东西，东连江西、西接广西，从而构成了“三纵三横”的立体交通网络。由公路 107 国道、106 国道纵穿郴州南北，南下广州、深圳、珠海，北上长沙、武汉，形成了四通八达的运输网络。郴州境内有京广线和武广客运专线，现有在建郴州北湖机场，拟开通郴州至北京、上海、成都、深圳、张家界、昆明、西安、南宁、福州等地的航线。

第一节　东江湖风景区

一、概　况

东江风景区位于郴州资兴市境内，是国家 AAAAA 级风景名胜区、国家湿地公园。距市中心 38 千米，距京广铁路 18 千米，距京珠高速公路 16 千米，省道 1813 线贯通全境，交通极为便利。风景区以山水交融的东江湖为主体，以东江急流险滩、兜率岛神境、龙景峡谷奇景、岛屿群落景观为特色，供旅游观光、休闲度假、康体疗养的湖岛型旅游区，总面积 200 平方千米，融山的隽秀、水的神韵于一体，挟南国秀色、禀历史文明于一身，被誉为“人间天上一湖水，万千景象在其中”。资兴市属亚热带湿润性季风气候，温度适宜，雨量充沛，日照充足，四季分明，尤其是东江湖建成蓄水以后，周围乡镇受湖泊小气候的影响，夏季较凉爽，适于建设避暑胜地。

二、主要森林体验和养生资源

东江湖风景区树木林立，全景区的自然植被被规划为一级保护区。是一处融山、水、湖、坝、岛、庙、洞、庄、漂、瀑、雾、林、园、石、温泉、水上娱乐等于一体的旅游度假区。景区内有东江湖、兜率灵岩、龙景游乐园、雾漫小东江、猴古山瀑布、东江大坝等景点，“中国生态旅游第一漂”东江漂流、水上跳伞、水上飞机、水上飞艇、水上滑道、温泉沐浴等项目融参与性和观赏性为一体。是湘、粤、赣旅游黄金线上的一颗璀璨明珠。

（一）雾漫小东江

由上游的东江水电站和下游的东江水电站而成，为长约 10 千米的一条狭长平湖。这里长年两岸峰峦叠翠，湖面水汽蒸腾，云雾缭绕，神秘绮丽，其雾时移时凝，宛如一条被仙女挥舞着的“白练”，美丽之极，堪称中华一绝，被誉为“中华奇景、宇宙奇观”。东江水雾的形成是由“温差效应”造成的，由于小东江的水是东江电站发电时从 150 多米深的大坝底部流出来，水温常年保持在 8～10℃左右，早晨上热下冷，晚上上冷下热，于是温差形成水雾，就有了这如梦如幻的雾漫小东江。雾漫小东江名扬中外，无数国内外摄影爱好者慕名而来(图 7-1)。

图 7-1

（二）猴古山瀑布

猴古山瀑布(图 7-2)高 39 米，终年不停。夏秋季节水流湍急，瀑布砸在山岩上，化作万千玉珠跌落湖中，再加上旁边矿山壁上挂满瀑帘，有如银丝翻滚，令人赏心悦目；冬春季节水流减小，瀑布便分成几缕从山顶缓缓飘

图 7-2

落，分外妖娆。难怪有人赋诗赞叹道："猴古山崖景清幽，碧水悬岸万古留。疑似龙池喷瑞雪，如同天际挂飞流。"

（三）东江大坝

国家"七五"计划重点工程东江水电站的坝体。大坝底宽35米，顶宽7米，坝高157米，坝顶中心弧长438米。大坝结构新颖、造型美观、气势雄伟，是我国自行设计建造的第一座双曲薄壳拱坝，在国际同类型坝中排名第二，在亚洲高居榜首。东江电站有4台发电机组，

图7-3

总装机容量50万千瓦，年发电量13.2亿千瓦时。每当泻洪时，湖水从溢洪口飞泻而出，再腾空跃起，顷刻间化成雨雾，弥漫整个峡谷，其势如万马奔腾，气势磅礴，其声似万钧雷霆，身处其境，如梦如幻，仿佛在飘渺之中，羽化飞升，有"盘空舞雪飞泉落，扑面银花细雨来"的意境（图7-3）。

（四）东江湖

东江湖（图7-4）具有发电、防洪、航运、供水、养殖、旅游等多种功能。总面积160平方千米，平均水深51米，最深处达157米，蓄水量达81.2亿立方米，相当于半个洞庭湖，因此被誉为"湘南洞庭"，是湖南省最大的人工湖泊。这里的风景可以概括为"雄、奇秀、幽、

图7-4

旷"五个字。湖虽人造，景则天成。碧波清粼的湖面星罗棋布地镶嵌着数十个岛屿，湖光山色展现出一派旖旎无比的山水风光。沿湖四周，山、林、坝、瀑、岛、庙、洞、石等比比皆是，形成了山水交错、异彩纷呈的旖旎景象。

周围植被繁茂，一片青山绿水，是保健疗养、修身养性的好去处。

（五）龙景峡谷

图 7-5

龙景峡谷长达 2.5 千米，由 18 个瀑布和 26 个水潭组成，景致非常绝妙。看山景，山势陡峭，青山滴翠，古木参天，原始次森林密布。观水景，一条清澈的溪流在峡谷中穿行，瀑布成群。此中的 18 处瀑布、26 处深潭，或掩藏在原始次生林中，或潜伏于嶙峋怪石间。著名的水口垄瀑布高近 100 米，宽 20 多米，瀑帘垂直而下，声震空谷，置身其间观瀑听瀑赏流泉，另人心旷神怡，这里还是全国罕见的高负离子区，有“天然氧吧”之称，空气负离子含量为 93600 个/立方厘米，有益于身心健康(图 7-5)。

（六）兜率岛

图 7-6

兜率岛(图 7-6)蹲踞于湖中心，面积为 5.7 平方千米，是湖南第一大岛，也是江南地区最大的内陆岛。“兜率”是道家用语，意思是“知足、妙足”。这里有东、南、西三面湖水汇聚，成为东江湖上最宽的一段湖面，正应了古话所说的“三江归一”。岛上有一个大洞，这是由于流水长期侵蚀石灰岩而形成的，是一座喀嘶特地貌的石灰岩溶洞，被誉为“大自然的迷宫”，距今已有 270 万年以上。全长 12 千米，面积达 65000 平方米，共有 18 个洞，洞洞相连，可用高、大、深、广、雄、奇、怪 7 个字来形容。洞内深约 5000 米，最宽处约 70 米，高 40 米，洞幽深邃密，迂回曲折，冬暖夏凉。

洞口的这个大厅高约35米，能同时容纳数百人聚会。在这里有一个非常醒目的地方，就是石笋。洞内最大的一个大厅高40多米，宽70米，在全世界都非常罕见。

（七）东江漂流

被誉为“中国生态第一漂”，位于东江湖最南端的黄草镇境内，全程26千米。从龙王庙起漂点到燕子排终漂点整个落差75米，急滩108个。东江漂流过程中有一条世界独一无二的人工漂流滑槽，长度达到336米，平均坡度达5°。两岸青山叠翠，原始次森林相拥对峙，怪石林立、水质清澈，鱼翔浅底，整个漂流给人以历险、探幽、猎奇、拾趣之乐，因此被旅游界和新闻界一致誉为“亚太第一漂”。东江漂流季节长，一般每年从四月底开始，到10月初结束，长达半年之久。这是因为浙水河上开发了两座电站，对漂流具有调节水量的作用。春夏涨水时电站就拦闸蓄水，秋天缺水时，电站就开闸放水。因此，通过电站的调节，漂流时间就延长了(图7-7)。

图7-7

三、体验攻略

从长沙出发：上长浏高速，三岔路靠最右侧行驶进入京港澳高速公路行驶273千米到仙林大道进入工业大道行驶1.6千米，进入资五公路，然后进入杉杉大道，行驶到东江西路进入鲤鱼江路，行驶到迎宾路进入S129到达东江湖风景区。

第二节　苏仙岭风景区

一、概　况

苏仙岭风景区为国家AAAA旅游区，位于郴州市苏仙区城区，西汉文帝时，郴人苏耽在此修道成仙，故改名苏仙岭。主峰海拔526米，自古享有"天下第十八福地""湘南胜地"的美称。是湖南省首批省级风景名胜区。属中亚热带季风湿润气候区，平均气温17.8℃。苏仙岭满山古松笼翠，云雾缭绕，构成"苏仙云松"的奇观，史称郴阳八景之首。

二、主要森林体验和养生资源

（一）郴州旅舍

郴州旅舍本是古代一座平淡无奇的客栈，因苏东坡的弟子、"苏门四学士"之一的秦观曾经在此居住，并以此为题作词一首而声名鹊起。北宋绍圣三年(1096年)，秦观被贬官流放，途中披宿这座客栈。在春寒料峭的日子里，秦观看着窗外暮色朦胧，冷月铺霜，身在陋舍，心忧天下，惆怅万千地写下了《踏莎行·郴州旅舍》这一千古名篇。原来的郴州旅舍早已毁弃，现在的建筑是在1989年按宋代营造法式和湘南民居风格重建的，内设三墙门楼，总面积达100多平方米。门楼正匾上的"郴州旅舍"四个大字由原湖南省政协主席刘正手书，展览室的门额"淮海遗芳"由秦观第33代子孙、秦学会副会长、扬州大学教授秦子卿撰写(图7-8)。

图 7-8

（二）桃花居

桃花居的来历与明代大旅行家徐霞客有关。徐霞客是江苏江阴人，生于1586年，卒于1641年。徐霞客是中国历史上最伟大的旅行家，也是中國古代科学考察旅行的代表人物。1636年起，徐霞客离开家乡进行了一次长达四年之久的远游，次年经江西进入湖南郴州，在郴州旅行期间，有一天他在路上遇雨，正好见到附近有一座道观，便进去避雨。这座道观就是苏仙岭上的乳仙宫，也就是现在的桃花居。而这一段经历在《徐霞客游记》中都有记载(图7-9)。

（三）白鹿洞

白鹿洞为石灰岩溶洞，洞内宽敞，洞顶怪石狰狞，洞外藤葛披拂，丛林繁茂，洞厅轩敞，石笋、石柱和石钟乳千奇百怪，比比皆是，且有清泉长流，映带左右，真如童话世界一般。传说白鹿、白鹤在此为苏耽哺乳、御寒。现洞口塑有大小二只白鹿，母子碎步相吻，形象逼真。洞前桃花流水，溪上有人工雕塑的三只白鹤，姿态各异，趣味天成(图 7-10)。

图 7-9

图 7-10

(四)三绝碑

秦观去世后，苏轼十分悲痛，将《踏莎行·郴州旅舍》的最后两句“郴江幸自绕郴山，为谁流下潇湘去”写在自己的扇子上，并且附了“少游已矣，虽万人何赎?”的跋语。后来，著名书法家米芾把秦观的词和苏轼的跋书写下来，流传于世。南宋年间，郴州知军邹恭命人将秦词、苏跋和米书一并摹刻在白鹿洞附近的岩壁上，形成502厘米高、46厘米宽的摩崖石碑，世称“三绝碑”。从1956年起，郴州三绝碑先后4次被公布为省级重点文物保护单位(图 7-11)。

图 7-11

(五)景星观

景星观位于苏仙岭半山腰，又名云中观，始建于唐，是唐代著名道士廖正法修炼的地方。景星观为砖木结构，硬山顶，民居式结构，分为上下两厅、四间子屋、两间厢房。唐朝大文学家韩愈在郴州时曾经登山拜访廖道士，并为他写下了书序。在中厅看到这块汉白玉碑刻，就是《唐韩愈送廖道士序》(图 7-12)。

图 7-12

(六)屈将室

位于苏仙岭绝顶苏仙观东北角两小间房，门前有楹联一副：“请战有功当年临潼已兵谏，爱国无罪此日南冠作楚囚”。横联：屈将室。楹联墨底绿字。抗日战争时期著名爱国将领张学良曾被幽禁在这里。现把囚禁张学良将军的厢房开辟为爱国主义教育基地，陈列了大量历史文献资料。展室内容分张学良将军青少年时期、西安事变、幽禁岁月三部分，总计 166 件文字图片资料(图 7-13)。

图 7-13

(七)苏岭云松

在云蒸雾绕的峰顶，有一片傍岩依石的古松，挺拔奇秀，枝柯一致向西南方向展开，宛若一群苍劲虬龙在擎云腾雾般的山峰中直泻而下，蔚为壮观，故称“苏岭云松”。相传苏母住在苏仙

图 7-14

岭之西南时，令其子苏耽日夜思今，此情此景感动了苏岭云松，便将枝叶一齐指向西南，以昭示世人勿忘母恩(图 7-14)。

三、体验攻略

从长沙出发上长浏高速，三岔路靠最右侧行驶进入京港澳高速公路行驶 295 千米到郴州大道，进入郴江路行驶到苏仙南路然后进入苏仙北路到达苏仙岭。

第三节　莽山国家森林公园

一、概　况

莽山国家森林公园位于湖南郴州宜章县的最南端，地处湘粤交界的南岭山脉中段，以蟒蛇出没，林海莽莽而得名。总面积 2 万公顷，是湖南省最大的国家森林公园，素有“第二西双版纳”和“南国天然树木园”之称。莽山接近北回归线，是中国有冬季的最南端地区之一，南岭群山地形受南方热带暖气和北方冷空气的影响，其气候与林区有着明显的区别。莽山年平均气温 17. 2℃，尤其在海拔 900 米以上的地带，冬无严寒、夏无酷暑。园内空气清新，每立方厘米负离子含量高达 106900 个，是最好的天然氧吧。加上大自然的鬼斧神工，造就了这里山奇、水秀、林幽、石怪、气爽的自然环境。2007 年经国家旅游局评定为国家 AAAA 级旅游景区，2009 年被评为全国青少年科技教育基地。

二、主要森林体验和养生资源

莽山境内景色秀丽、奇峰叠翠、溪河纵横、山深林密，她有华山之险峻、泰山之雄伟、西双版纳之神奇、张家界之俊俏，世人有“莽山壮美惊天下，中国生态第一山”之叹。又因有一片世界湿润亚热带面积最大、保护最完好的原生型常绿阔叶林和丰富的动植物资源，享有“地球同纬度带上的绿色明珠”和“湖南动植物基因库”之美称。这里是南北植物的汇集地，亚热带和少数热带、寒带的森林植物在这里杂居共荣。据调查统计，公园有维管束植物 219 科 929 属 2659 种，占湖南科数的 88. 3% 属数的 74. 1% ，森林公园拥有国家重点野生植物 21 种，其中一级有南方红豆杉等四种，二级有香果树、华南五针松等 17

种。良好的生态环境为野生动物提供了理想的栖息场所，目前已发现野生脊椎动物300余种，包括有兽类68种，鸟类200余种，两栖爬行类100余种，其中受国家一级保护的动物有：金钱豹、云豹、黄腹角雉、梅花鹿、蟒蛇。另外还有莽山特有物种：莽山烙铁头蛇。

（一）莽山自然博物馆

位于猴王寨景区的生态广场的中心，主体部分分为两层建筑，白墙蓝顶，内设四大展馆，对外开放的是蛇馆和动物标本馆。蛇馆里的莽山烙铁头蛇，是1989年莽山惊世的发现，1990的《四川动物》第一期上赵尔宓教授和陈远辉联合署名，向全世界宣布在中国莽山发现了一个新蛇种，它的体型可以和蟒蛇媲美，同时又有着和眼镜蛇一样的毒性，命名为莽山烙铁头，从此世界已知的蛇类家族成员上升为50种。烙铁头蛇，是被誉为“蛇类王国大熊猫”的国宝级动物。1996年烙铁头蛇被国际保护组织列入IUCN（世界自然保护联盟）红色名录，属于国家特级保护动物。烙铁头蛇头部呈三角形，形如一块烙铁，尾部呈白色，因此又被称为莽山白尾蛇。动物标本馆以生活在莽山境内的动物标本为主，各种栩栩如生的飞禽猛兽标本300多种，如黑熊、金钱豹、箭猪、黄腹角雉、白鹇、短尾猴、白鹇、水鹿等莽山动物，在这里可以领略到莽山的奇珍异宝（图7-15）。

图7-15

（二）猴王寨景区

猴王寨景区是一条长约3000米的大峡谷，是莽山近年发现的新景区。源头的青龙溪从鬼子寨泻下，穿越原始森林的千涧万壑，最后在奉天坪群山大峡谷间似一条怒吼的青龙跃下，如腾龙舞到了最后最壮丽的高潮。这里背靠原始林莽，危崖峭壁，古木蔽天，瀑群壮观，猴群嘻闹。传说美猴王孙悟空成佛后，曾到此地结交族类，传得绝技，因而称为猴王寨。这片寨谷虽邻莽山职工生活区，游人举头即见，却是可望不可及，自古人迹罕至，是片神秘世界。龙头瀑绝崖两面，均是令人望而生畏的百丈峭壁，真是“连峰去天不盈尺，枯松倒挂倚绝壁”，崖顶山峰坡缓，古木茂密。许多树头都裸露出一块块板状根系，甚是奇妙，此也正是原始古林一大特色（图 7-16）。

图 7-16

（三）天台山景区

又叫崖子石、岩子石，被称作“中南第一险”。有道是“不上天台山，不识莽山貌”。天台山由三座海拔1700 米以上的高峰组成，这里山势雄伟、气势磅礴、山中有谷、谷中有峰、奇峰林立，是雄伟奇险景观的荟萃之处和精华所在。崖子石主峰 1757 米，在第二、三高峰间，双峰相对直插云天，浑然而成雄伟天门，号称“东天门”。游人远远仰望，只见双峰突兀挺立，矫矫不群，显得超逸挺拔。攀至门下，抬头仰视，更是惊心动魄。只见两面都是茫茫绝壁，高达 300 多米，活似两道巨大天门自霄汉垂下，二门相距 30 余米，窄处仅 10 米，两面绝崖上，峭石崭立，如獠牙，如剑戟。苍劲的悬松倒挂，似猛虎跃下，似盘蛇欲腾。小天台是看日出、观云海的最佳点，也是欣赏高山杜鹃的最佳地。经调查，莽山有 43 种杜鹃花，其中湖南杜鹃、涧上杜鹃、湖广杜鹃为莽山特有杜鹃花物种，是华南地区杜鹃花最为集中、种群状态最为原始、原生杜鹃林最多的区域。每年四月至五月绵延十余里的杜鹃花海成为华南地区的一大奇观。矗立于峡谷中的金鞭神柱，高有 110 米，直径近 10 米，就像一根石鞭扬起，又似一道擎天柱子，它以其刚劲激昂之气势独领风骚，成为莽山奇石中的代表被选为全国第一次发行的地方风光 6 幅信封邮资图案之一（图 7-17）。

图 7-17

(四)将军寨景区

图 7-18

将军寨景区也叫鬼子寨景区，早在1957年就以其独特的自然风光和众多的珍稀动植物而成为全国14个自然景观区之一。相传当年清军寻溪而上清剿李自成余部，起义军在此堵住瀑布源头，疲乏的清兵至寨谷爬不上山，瘫倒峡谷底里歇息，起义军突放瀑布，又扮鬼神在峭壁缝隙仰头怪叫，惊恐万状的清军，大部被狂流卷走，侥幸生还者，均大惊失色传说有“鬼”弄水，“鬼子寨”就这样叫下来了。这里的千尺飞瀑、飞流直下；这里的绝壁古松、千姿百态、郁郁葱葱；这里的幽林怪石形象生动，神韵独特。将军寨还是古老珍稀植物的“避难所”，成群地分布着伯乐树、白豆杉、穗花杉、长苞铁杉、华南铁杉、南方红豆杉、百日青等珍稀植物(图7-18)。

将军寨瀑布：原叫“鬼子寨瀑布”，瀑布高达108米，从半空成倒三角形狂泻而下，一到雨季，瀑布十分壮观。这里空气清洁、湿润，氧气充裕，是进行森林浴的好去处，而一天中，上午阳光充沛，森林含氧量高，尘埃少，是进行森林浴的最好时机。

镇山神针：是一组系列风景，周围峡谷都布满了奇石奇峰奇树，峰石峭壁均似刀劈斧削，又如精雕细塑，件件都是玲拢可爱的上乘工艺品。真是景中有景，奇中有怪。河谷中永远是幽秘的清凉世界，阳光只有到中午偶尔才能照射一刻。神奇的云雾滋润一切，奇松苍劲挺立，倚在石上的各种岩生植物摇曳多姿；姹紫嫣红的河谷杜鹃昂然怒放；一群群快乐的蜻蜓、豆娘，硕大而美丽的五彩蝴蝶，各种蜜蜂、山鸟，都在草木花卉和碧潭水珠中盘来盘去，尽情享受这毫无干扰的大自然对它们的厚爱。

天幕山：鬼子寨峡谷的对面，一道巨大的绝险石屏横空而立，崖顶云雾缭绕，望去犹如一道从天上垂下的巨幕，故称。石壁“天幕”高200余米，宽约400米。令人叫绝的是，这么巨大的绝崖石峰，像人工凿成的石板，从山顶垂直到山脚，有的地方上部略倾出，更显气势雄伟的森严，给人一种神圣不可冲犯的无威之感。最撼人心魄的是绝壁岩缝中，一棵棵千年古松咬住岩石长得特别苍劲挺拔，大有欲与天幕山试比雄奇之气势，至于凌空斜伸，倒挂等各种造型的岩松，更是风采迷人，犹如一曲曲生命之歌的音符，远远望去，似云似雾，美若霓裳。

(五)湘粤峰景区

湘粤峰主峰海拔 1902 米，雄踞湘粤二省三市县交界处，号称“天南第一峰”。猛坑石主峰最高点，是在原始林之上，突起一座峻峭高耸、形状如龟的石峰，因而别称“金龟”。形态逼真的金龟，头、颈在峰下几十米，峰顶处是龟背，长约 80 米，宽 30 米，石壁高约百米，像只负重的金龟在缓行。金龟探头仰望云霄，传说是在期盼天帝收其上天。崖壁上，依稀可见千年矮树咬住石丛遒劲苍翠，如浑然天成的盆景雕塑。最让人赏心说目的是那成片的高山杜鹃，不畏天高风急，一任茂密旺盛，春夏白满山头，秋冬红烛高举，枝枝叶叶，如钢杈铁片(图 7-19)。

图 7-19

(六)林泽湖景区

林泽湖景区(图 7-20)是中南地区海拔最高的中型水库。它是林场建设者在八十年代末为蓄水发电进行再创业围成的人工湖。在林泽湖上游半岛上，四面环水，只有一线小径连着林山。与其毗邻有座湖心岛，岛上几棵参天大树聚合，活像一只生动的大孔雀，所以又叫孔雀

图 7-20

岛。从大坝望去，孔雀岛如一片绿帆，飘浮在碧波之上。水中山，山中水，山水相映，水木相衬，着实令人叫绝。走近云水山庄，绿树掩映着一群别致的竹木楼房，从门窗扶栏到天花地板，以至飞檐翘角屋瓦等，都用当地的竹木和仿树皮精制而成，具有浓郁的深山瑶家特色。这里既有普通客房，又有临湖而建的蜜月楼，还新建了垂钓场、天然游泳池等水上乐园设施，供游客娱乐休闲。

三、体验攻略

由长沙出发：进入长张高速公路然后进入岳临高速公路行驶 382 千米进入宜凤高速公路行驶至 X067 进入黄莽公路到 X169 到达莽山国家森林公园。

第四节　万华岩旅游区

一、概　况

万华岩旅游区位于郴州市西南方 12 千米，国家 AAAA 级旅游景区、国家地质公园，是规模宏大正在发育的地下河溶洞、南方典型的喀期特岩溶地貌。流域面积为 28.5 平方千米，已开发的游览段长 2245 米。为洞穴系统主洞，有北、中、南三个洞口，北洞口(地下河出口)为游览入口，中洞口为黑岩天坑，为游览段出口。游览洞穴通道以峡谷式和厅堂式洞道为主，结构相对简单，宽 5 ~ 70 米，高 10 ~ 30 米以上。洞外有泉、洞内有天、洞中有洞、洞下有河，洞里的石蟒、石狮、石廉、石田等三十多种天然的溶岩精品千姿百态，具有古、七、绝、幽等特点。

二、主要森林体验和养生资源

万华岩旅游区属南南岭亚热带季风气侯区，温湿多雨，溶洞景观岩石，造型奇绝，特色鲜明，洞中有洞，处处晶莹剔透，可谓是奇景芬芳，别具一格。主要景点有 25 处，其中塔松傲雪、湘南风貌、石蛋生笋、艺术宝殿、水下晶锥堪称万华岩的五绝。洞内景观精彩纷呈，洞外环境优美宜人，空气清新，堪称“山青、水秀、洞幽、气爽”，是湘南旅游一颗璀灿的明珠、五岭的奇芭、地下的春天。洞内气温 17.9 ~ 18.7℃，相对湿度 90% ~ 99.8%，负离子浓度 2840 ~ 12420 个/立方厘米，空气清新、洁净，依据洞内恒温、高湿度、高负离子浓度的环境背景，在洞内开辟了主要针对呼吸系统疾病患者进行疗养的洞穴疗养所。

（一）万花迎宾

这里就像一个美丽的空中大花园，展示了各种鲜花争奇斗妍的场面，这是娇艳欲滴的玫瑰，这是出淤泥而不染的荷花，这是“四君子”之一的菊花，这边还有春天的信使——大片大片的迎春花，它们竞相开放，热烈欢迎大家的到来，因而取名“万花迎宾”。据专家考证，南宋淳熙年间(1184 年)河南颍川的乐内居士慕名来万华岩游览，走到这里，看见前方石花盛开，爱其胜，手题“万华岩”三字。在古文中“华”与“花”相通，所以，“万华岩”这个名字是“万花盛开”的意思或“繁花似锦”的意思(图 7-21)。

图 7-21

（二）天开一线

这里是万华岩主洞最高的地方，与河床的相对高度有 29. 5 米高。从这条长长狭缝中往外看，就像浩渺的天空撕开的一条线缝(图 7-22)。

图 7-22

（三）龙虾思迁

岩石上方有许多由下向

图 7-23

上生长的石笋，这些一根根细细的、像吸管一样的叫“鹅管”，它中间是空心的，这个石笋的模样像古代的一位樵夫(图 7-23)。

(四)海底世界

展现了一个美丽而幽深的海底世界，有成群的红珊瑚、绿油油的水草、五彩斑斓的海石花、突兀的海底暗礁。一段蓝色的空间就像一条通往海底更深处的一条隧道。这水似乎深不可测，犹如万丈深渊(图 7-24)。

图 7-24

(五)延安风光

这里是一幅历史的画卷——延安风光，巍峨的宝塔山、滔滔的延河水、整齐的窑洞都清晰可辩。延河水的颜色根据季节的变化而变化，春夏白色，秋冬黑色(图 7-25)。

图 7-25

(六)神仙舞台

这里是一组像形景观，可以辨识到这里恰似一座神仙聚会的大舞台，有雍容华贵的王母娘娘、手托净瓶的观音菩萨、还有正在打猴拳美猴王孙悟空和他那个好吃懒做的猪八戒、位于舞台后方的是倒骑毛驴和悠然自得的张果老(图 7-26)。

图 7-26

(七)湘南风貌

图 7-27

天然形成的层层梯田，阡陌交错，湘南风光尽收眼底。这在岩溶洞穴学中，它的学名叫做“流石坝”。主洞一共有 8 处，总面积约 3000 平方米。最长的一个有 20 余米长，最深的达到 1.6 米深。万华岩的流石坝群无论是总体规模还是单体的规模，在国内国外的溶洞中是很少见的(图 7-27)。

(八)热带森林

图 7-28

这里有大片大片的芭蕉叶，有一棵修长的椰子树，树叶似乎在风中轻轻地摇晃，还有茂密的灌木丛、一棵粗壮的棕榈树。透过茂密的枝叶，远处还可以看见蔚蓝色的天空，下面是小河潺潺流过，似乎还有鸟儿在穿梭。在热带森林中有一座香火旺盛的寺庙，这里有站着手捧袈裟的和尚，和盘坐着颂经的胖和尚，他的后面隐隐约约可以见三尊佛像。钟声响起，这条山路上是陆陆续续来敬香的香客。这里有山，下面有水，活脱脱就是一幅“只见和尚不见庙”的写意山水画(图 7-28)。

(九)五彩缤纷

景观似一朵美丽的莲花；前方是一朵巨大的、冰清玉洁的玉兰花；这边是一座白雪皑皑的冰山。在这里还可以看到星星点点的钟乳石。钟乳石的主要成分是碳酸钙，组成矿物主要是具有相同化学成分而晶体结构不同的方解石、文石等，晶体是有棱面的，且非常光亮，镜子似的，灯光照上去就会反光，感觉就象是钟乳石发出的光一样(图 7-29)。

(十)塔松傲雪

这棵石柱高达10米，胸径达14米，要8到10个成年人才能合抱，是万华岩最大的一根石柱。就像一棵傲然屹立的巨型塔松(图7-30)。

图7-29

(十一)水下晶锥

全名水下钙膜晶锥，在流石坝池中的水面上形成了一层钙膜，当洞顶的水滴落下来时会把这里的钙膜打碎而下沉，接着在水下继续沉积并结晶，长年累月渐渐形成这水中无尖顶的锥状体，岩溶洞穴学中称为“水下晶锥”。这些“晶锥”最大的高度约40厘米，最小的高度也有10厘米。这种形成方式属于协同沉积，因为它形成方式非常独特，对形成环境的要求极其苛刻，对钟乳石个例的形成原因有着很高的科研价值，因而被许多科研工作者称为“国宝”(图7-31)。

图7-30

(十二)石蛋生笋

这是一种神秘的岩溶奇观，具有非凡的科研价值，其形成原因是因为位于地球表面的花岗岩砾石，在经过大自然3.6万年的强劲地下河水流冲刷长途迁徙到地下溶洞中，机缘巧合的是洞顶有水滴落在它上面，成功地与洞中的钟乳

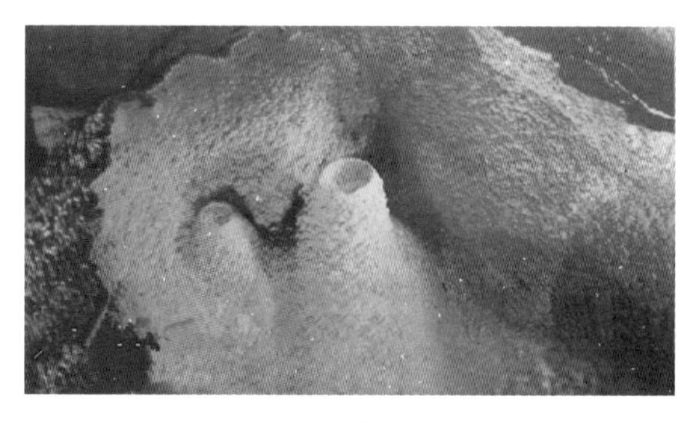

图7-31

石完美邂逅，形成为极为罕见的“石蛋生笋”景观(图 7-32)。

图 7-32

(十三)玉宇琼楼

这些雨蓬状的钟乳石，岩溶洞穴学里称为“流石天蓬”。远远看去犹如空中楼阁，就像嫦娥居住的广寒宫(图 7-33)。

图 7-33

(十四)艺术宝殿

这是万华岩最大的一个厅，长度有 200 多米，最宽处 70 余米，面积约 3000 平方米。这里成堆的花岗岩砾石圆圆的就像散落的颗颗大玛瑙；那边廊柱相连、雕梁画栋，犹如西方传说中的神殿；再看这边岩壁，就像一幅精雕细刻的印象派浮雕；下方规模宏大的流石坝群就像紧密相连的稻田，似乎预示着五谷丰登、好运连连；奔腾不息的地下河水奏响着和谐舒缓的乐章(图 7-34)。

图 7-34

三、体验攻略

从长沙出发：上长浏高速，三岔路靠最右侧行驶进入京港澳高速公路行驶 295 千米到郴州大道，左转进入 X049 行驶到达万华岩风景名胜区。

第五节　汝城福泉山庄

一、概　况

汝城温泉古称“灵泉”，又名“热水温泉”，位于湘、粤、赣三省交界处的湖南省汝城县热水镇境内，处在郴州、韶关、赣州的中心位置，西距汝城县城46千米，到东江湖漂流85千米，到郴州市198千米；南距丹霞山68千米，到广东韶关市122千米；东距江西赣州市180千米；北距井冈山180千米，到炎帝陵156千米。是湖南省最大的天然热泉。气候特点为四季分明，春早多变，夏热期长，秋晴多旱，冬寒期短。多年平均气温17.4℃，多年平均降水量1452.1毫米。汝城温泉是我国南方水温最高、流量最大、热田面积最宽的天然温泉，具有“水温高、流量大、水质好、分布广”四大特点，为国家AAAA旅游景区。

二、主要森林体验和养生资源

汝城温泉热泉水无色透明，稍有硫化氢气味，为低矿化、低硬度、高温弱碱性重碳酸、硫酸—钠型氟及硅质矿泉水，含硅、钠、钾、钙、锶、硼、氟、氡等三十多种对人体有益的元素。其温泉具有调节内分泌，促进新陈代谢和生殖腺的功能，对治疗各种风湿病、皮肤病和妇科病等有显著疗效，是疗养保健的理想去处。也是我国华南地区四大热田之一。

(一)汤河温泉

热水镇因山而青秀，因水而灵动。横贯景区的热水河起源于五岭山脉，自东向西经热水镇腹部穿流而过。热水河滩与河两岸有许多热气蒸腾的泉眼，泉水晶莹剔透，象开锅的热水，汩汩翻腾，泉眼上空雾气蒸腾，云遮雾障，仙气缥渺，这就是闻名遐迩的热水温泉，当地

图7-35

老百姓把这段河叫汤河。当地群众得河水之便，温泉之灵，尽情享受大自然的恩赐。妇女们在温泉边洗衣裳，边将洗过的衣服摊在沙滩上，第二件刚洗好，第一件已烘干，汤河温泉成了我国最大的“天然烘干机”。这里民风纯朴，人性自然，无论春夏秋冬，一到傍晚，男女老少都成群结队到汤河洗澡戏水，男在上游，女在下游，全身裸露，自由自在，约定成俗。这就是热水人由来以久的天体浴(图 7-35)。

(二)福泉山庄

图 7-36

于 2003 年投资兴建的集旅游、疗养、洗浴、休闲、娱乐为一体的度假山庄，总占地面积 130 亩，以湘南民居建筑群为主流风格的大型热泉天体疗养度假福地。酒店拥有 SPA 房 12 间，1 个 800 多平方米大型室内温泉池，拥有滋肾池、养颜池、水力按摩池、牛奶浴、啤酒浴、米酒浴、中药浴、花瓣浴等各式疗养泡池 33 个，动力泡池 8 个。还有光波浴、盐浴、石板浴、桑拿浴、太空舱、亲亲鱼疗等特色疗养项目，每天同时可容纳 3000 人，拥有标准间、豪华客房 180 余间，别墅 10 栋，共 380 个床位，是身心疗养、休闲度假的绝佳胜地(图 7-36)。

(三)汝城温泉文化园

图 7-37

汝城温泉文化园占地 26 亩，总投资 500 万元。是 2005 年“9. 18”中国郴州生态温泉旅游节闭幕式的主会场。它集中体现了养生文化、疗养文化和健康文化。温泉文化园以热水汤河温泉、涌泉、封泉遗址、红军池等自然景观为依托，以汝城温泉洗浴文化为底蕴，以湘南水乡园林为风格，用仿古长廊或天然植物与周边居民区相隔断，形成一个风韵独特的温泉园林景观。园内的温泉眼是汝城温泉方圆 3 平方千米内流量最大，水温最高的天然泉眼，温泉如一条热龙在河边翻腾，热浪滚滚，一般 91.5℃，最高 98℃，温泉水中含 30 多种对人体有益的微量元素，特别是氡的含量达 142 埃曼，是举世罕见的“氡泉”，具有调节内分泌，促进生殖腺新陈代谢的功能。

温泉煮蛋是汝城温泉的特产，每年农历“三月三”，汝城当地素有荠菜煮蛋、抖糍粑等习俗。特别是居住在热水镇温泉两岸的畲族群众更是会以温泉煮蛋、舞香火龙、对山歌等形式欢庆这一盛大民俗节日，用温泉水煮出来的蛋，吸泉水之精华，不但营养丰富，口味极佳，而且滋补作用明显，鸭蛋滋阴、鸡蛋壮阳，是滋补食品之上品（图 7-37）。

（四）红军池

与温泉文化园隔江相望处，有一片红色记忆。1927—1934 年，毛泽东、朱德率井冈山革命根据地的红军到汝城开展革命斗争，建立了红色政权。在汝城温泉（热水镇）一带，红军为群众挑水、劈柴、搞生产，群众给红军腾房子、送粮食，用温泉为红军洗浴、疗伤。在群众的大力支援下，红军打破了敌人一次次围剿，取得一次次胜利。为纪念军民鱼水深情，当地群众把红军洗浴、疗伤的池子称为“红军池”（图 7-38）。

图 7-38

（五）仙人桥

仙人桥（图 7-39）是一座青石结构的石拱桥，位于热水镇北面 1000 米处，有近 500 年历史。该桥拱高 18

图 7-39

米，跨度25米，是目前湖南现存最高、单孔跨度最大的古老石拱桥。

(六)蜗牛塔

蜗牛塔又叫热水塔，相传始建于元朝初年，现存塔体建于清代，为六面、七级楼阁式砖塔。古塔第一、三、四、五层门楣分别嵌有“天开文运”“文昌阁”“奎映灵泉”“文光射斗”等匾额。蜗牛塔塔基用青石条砌成，门上雕有精美的纹饰。由于人迹罕至，塔周围杂草众生，古意浓浓。古塔内部仅留下支撑各层楼面的木梁，其他尽毁，但看起来仍非常坚固(图7-40)。

图7-40

(七)热水漂流

热水河漂流位于热水高滩村至长塘村官溪地段，是目前国内唯一的集生态漂流与温泉泡浴于一体的娱乐项目。沿着旅游公路——三热公路蜿蜒而下，全长4.39千米，全程需要2小时，共有急滩16处。目前，热水河漂流有探险漂流、休闲漂、激情漂三种漂流模式，适合儿童、老年人等各个年龄段的人游玩。两岸青山依依，竹海呢喃，欣赏原始青石河、小桥、古树、田野。可选择驾驶双人座特制橡皮艇，穿峡谷、越险滩，时儿急流激荡，时儿缓流轻越，带来其乐无穷的惊、险、奇的刺激(图7-41)。

图7-41

三、体验攻略

从长沙出发：进入长浏高速公路到平汝高速，行驶 158 千米至泉南高速，然后再次进入平汝高速行驶 147 千米进入夏蓉高速公路，进入文英互通，进入 S353 行驶至汝城温泉。

第六节　九龙江国家森林公园

一、概　况

九龙江国家森林公园是国家 AAAA 旅游景区，位于湖南省汝城县东南部，地处郴州、韶关、赣州三角地带，是湖南省通粤达海的“南大门”和粤港澳的“后花园”。总面积 8436.3 公顷。属于中亚热带向南亚热带过渡的季风温润气候区，气候温和，四季分明，温暖湿润，热量丰富，雨量充沛，光照充足，春暖多变，因受季风环流及地形地势影响，具有夏无酷热，冬少严寒，光照不均，垂直变化明显，无霜期长等特点。境内年平均气温为 16.4℃，比相邻地区低 3 ~5℃，月平均最低气温出现在 1 月份，为 6.2℃，月平均最高气温出现在七月中旬，为 25.6℃，年平均降水量为 1584 毫米，年平均降水日数为 183 天，雨季多集中在 4 ~6 月和 8 ~9 月。

二、主要森林体验和养生资源

九龙江国家森林公园森林覆盖率达 97.4%，保存有完整的原始次生林群落及南岭山脉低海拔沟谷阔叶林，有木本植物 80 科 456 种，草本药用植物 256 种，有古树名木 5 万株以上，有陆脊椎野生动物 256 种以上，是我国华南地区物种资源和遗传基因的典型天然林区之一。

公园山重水复，碧水藻回；林海苍莽，青山叠翠；生态环境优美，自然本底保存完好，负氧离子含量高，空气清新，是一个天然氧吧；四时山花烂漫，常年气候宜人，素有湘南“小昆明”之称。森林公园境内有被誉为“华南第一温泉”的热水温泉景区，为华南地区水温最高、流量最大、水质最好的天然温泉。境内还有湖广古驿道、古炮楼、古驿站、古凉亭、太平天国兵马演练场、晒袍岭、寺庙遗址和红军长征留下的足迹。自古就有“千里烟雨”“四面青山列翠屏，草木花香处处春”的美誉。

(一)九龙广场

图 7-42

九龙广场面积约为50000平方米，总投资2400万元，广场紧邻公园南大门，通粤达海，区位优势明显，交通便捷，是整个公园的主要出入口广场，也是公园车流、人流的主要集散地。作为森林公园的名片，是整个景区风貌与文化内涵集中体现的场所。景观设计中把山林、湖水、池岸、木亭、石涧、假山瀑布、花坛花径等自然界景物融入到广场景观中，如诗如画。让人领略到夕阳下金光耀眼的碧流浅池，鲜花温步的小径，随风摇曳的垂柳，静谧优美的桃花源境等美景，给人无穷的遐思(图7-42)。

(二)游客服务中心

图 7-43

南大门游客服务中心位于湖南九龙江国家森林公园九龙广场爱莲池旁，规划用地330平方米，建筑面积500平方米，总投资约400万元，以灰瓦、白墙为设计风格，以曲廊、高塔和瓦房为构成要素，在功能布局上满足接待、售票、咨询、商务、购物等多种需要。整个建筑古典、高雅，而又富人性化的考虑。这是公园以星级来规划设计的，秉承以“保护优先，高起点规划，精品设计”理念方针。生态厕所位于九龙广场境内，建筑面积105平方米，按照四星级的标准设计，在游客服务中心旁边。四星级生态旅游厕所建筑面积约135平方米，与游客服务中心融为一体，以曲廊连接入口，整个建筑古典、高雅，而又富人性化的考虑(图7-43)。

（三）直河景观带

图 7-44

直河水面雾霭飘逸、宁静而又富有诗意。每当初夏或者雨后，宽广的水面上泛起薄薄的白雾，雾气时而慢慢升腾，时而随意飘荡，静静的在空中表达着她的自由和洒脱。与周围青翠的山林一起，构成一幅幅恬静的水墨山水画，让人不知不觉陶醉在这个雾霭氤氲的氛围中。在此垂钓、品茗、观平湖、赏碧野，远离城市喧嚣，陶醉在湖光山色之间，思绪得以沉淀，心灵得到升华(图 7-44)。

（四）飞龙瀑布

图 7-45

飞龙瀑布的落差高达106 米，气势非常壮观。站在瀑布前，飞泻下来的水珠打在脸上，特别的凉爽，尤其是在炎热的夏天，暑气逼人，这个时候，到大自然来避暑休养，既拓宽你的视野，又缓解了工作和生活带来的压力，更有益于身心健康。所以，越来越热的天气也让越来越多居住在城市里的人向往大自然里这种独特的小气候(图 7-45)。

（五）神龟啸天

位于岭子头自然村的后山上面，有一块长约 10 米，高 6 米的巨石，远看它非常像一神龟啸天只仙龟仰天长啸，它静静地俯卧在山坡上，像是期盼着五湖四海的游客远道而来。当地村民称它为原生态苗寨的守护神，日日夜夜夜守护着村民们的水田和村舍，以保佑风调雨顺，丰收大吉，所以历来都把视它为吉祥之物，健康长寿的象征，时常会有人来这里顶礼膜拜，定期祭祀(图 7-46)。

(六)天然石臼群

图 7-46

天然石臼群位于九龙江三九公路下的江中，距八丘田电站 1.5 千米左右，由于它的形状非常像中国古代用于舂米而得名。石臼群是由第四世纪冰川压融水携带着石块快速流动、旋转，不断冲击岩石形成的。公园内这个地方的河道底全为砾石岩层，天然石臼直径最大的可达2 米，深到可以蹲一个人下去，最小也有 0.2 米(图7-47)。

图 7-47

(七)回龙瀑

回龙瀑就像一条玉龙从高达 20 多米高的山谷中窜出，撞击着山谷下的石壁，发出巨大的响声。经过长年累月回龙瀑的冲涮，石壁上便形成了一条弯曲的石道，由于水的冲击力比较大，使得石道上又形成了一个石潭。跌落在石潭中的玉龙继而跃出水面，一头扎进青溪，形成了一个面积约 30 平方米的水潭(图 7-48)。

图 7-48

(八)啸龙瀑

啸龙瀑高达 50 米左右，水流在石壁上经过三次转折、四次跌落，最后才窜进溪中的水潭，发出阵阵轰鸣，溅起漫天水花。由于落差高，啸龙瀑的气势比回龙瀑的也壮观得多

(图7-49)。

图7-49

(九)森林文化广场

文化广场位于公园的中心位置，其占地5294平方米，包含中心景观、文化展示、水体景森林文化广场观、水上表演、生态停车五大功能区。在广场的半月溪上建有一个水上表演舞台——森林之音舞台，右手边的有一个篝火广场，上面有六根文化柱，上面记载了瑶族同胞们的民俗风情。这也是每年举行各类民俗表演及开展森林文化保护节的场地。广场上建有2座木质观景桥，桥下有溪流、四周有树木(图7-50)。

图7-50

(十)岭子头原生态瑶寨

图7-51

九龙江公园内东北部的深山老林中，聚居了数百年来九龙瑶族同胞，350多名瑶民分11个自然村散居在崇山峻岭之中，世代以耕作为主，民风古朴，习俗独特，从房舍到服饰起居、节日、歌舞、婚嫁、信仰等，独具地方特色，为旅游景区增添了一道亮丽的景观。岭子头原生态瑶寨交通方便、原居民相对集中，全部民舍保持瑶寨建筑特色，凸显瑶族山寨民族风情和住宅文化风貌，突出汝城瑶族宅第历史传承特色。根据当地的民风民俗习惯，布置寨门以及各种生产生活用具，形成原汁原味的瑶族风情和田园景观。瑶寨前的空地进行篝火晚会等文艺演出，欣赏瑶族舞蹈、瑶族山歌、吹木叶、舞火龙(图 7-51)。

三、体验攻略

从长沙出发：进入长浏高速公路，到平汝高速行驶 158 千米至泉南高速，然后再次进入平汝高速行驶 162 千米，行驶到 G106 进入三江大道，行驶至九龙大道到达九龙江国家森林公园。

导读：永州市位于湘南之地，因潇水、湘江在城区汇合，自古雅称“潇湘”。这里物华天宝，人杰地灵，胜迹密布，素以“锦绣潇湘”而闻名，其山水融“奇、绝、险、秀”为一体，舜皇山层峦叠翠，峰险谷幽，溪涧纵横，瀑布成群，溶岩壮丽，山、水、石、林巧合成景，岩、泉、树、藤自然成趣；阳明山为灵山福地，自然景观秀美，被评为“绿色中国环境文化示范基地”；朝阳岩兼俱“高岩、绝崖、深涧、寒泉”四胜，为永州“八景”之一。

第八章　永州市森林体验与森林养生资源概览

永州(原湖南省零陵地区)位于湖南省南部，潇、湘二水汇合处，雅称“潇湘”。永州原为零陵地区，1995 年经国务院批准撤区建市。永州下辖零陵区、冷水滩区及双牌县、祁阳县、东安县、道县、宁远县、新田县、蓝山县、江永县、江华瑶族自治县九县，另设有回龙圩、金洞管理区。全市面积 2. 24 万平方千米，人口 583 万，民族 35 个。

1. 地理位置

永州东连郴州，南界广东省清远市、广西壮族自治区贺州市，西接广西壮族自治区桂林市，北邻衡阳、邵阳两市。湘江经西向东穿越零祁盆地，潇水自南至北纵贯全境。位于北纬 24°39′～26°51′，东经 111°06′～112°21′之间，南北相距最长 245 千米，东西相间最宽 144 千米，土地总面积 2. 24 万平方千米。

2. 地形地貌

永州市位于湖南省南部三面环山、向东北开口的马蹄形盆地的南缘。境内地貌复杂多样，河川溪涧纵横交错，山岗盆地相间分布，以丘岗山地为主。永州山地面积大，主要山脉有越城岭—四明山系、都庞岭—阳明山系和萌渚岭—九嶷山系。上述三个山系将永州分隔成南北两大相对独立的部分。在三大山系及其支脉的围夹下，构成零祁盆地、道江盆地两个半封闭型的山间盆地。

3. 气候概况

永州市属中亚热带大陆性季风湿润气候区，一年四季比较分明。年均气温为17.6~18.6℃，无霜期286~311天，日最低气温0℃以下的天数只有8~15天。多年平均降雪日数为3~7天，极端最低气温在-4.9~-8.4℃之间。日平均气温≥0℃的积温达6450~6800℃，≥10℃的积温为5530~5860℃。多年平均日照时数为1300~1740小时，太阳总辐射量达101.5~113千卡/平方厘米。多年平均降水量1200~1900毫米，一般是山区多于平岗区，南部多于北部。

4. 交通条件

永州境内有民用永州零陵机场，位于永州市岚角山镇，机场距零陵城区最北端、冷水滩城区最南端均为7千米。现已开通至长沙、广州、深圳、昆明、北京、西安、成都、海口、三亚等20个城市的航班。但大多数航班需要在长沙转机。永州地区境内共有两条铁路：洛湛铁路、湘桂铁路，分别连接永州南北和东西的交通，并在永州市区交汇。在市区设有永州站、零陵站、永州东站。永州市境内有207国道、322国道、G55二广高速公路、G72泉南高速公路、永连公路都贯穿全境及九条省道在境内纵横交错。永州市区主要有四个客运汽车站，即：永州汽车北站(永州冷水滩汽车站)、永州汽车南站(永州零陵汽车站)、永州汽车西站(永州凤凰园汽车站)、永州长途汽车客运总站(永州怀素汽车站)。

第一节 九嶷山舜帝陵景区

一、概 况

九嶷山舜帝陵景区为九国家AAAA旅游景区，嶷山，又名苍梧山，位于永州市宁远县境内，宁远县城南30千米，属南岭山脉之萌渚岭，纵横约1000千米。早在战国以前就是天下名山，1984年被批准为自然保护区，1987年成为湖南省政府最早颁布的6大风景名胜区之一，1992年被批准为国家级森林公园，国家AAAA级旅游景区，湖南省新“潇湘八景”之一，省级重点风景名胜区、国家级森林公园、国家文物保护单位、湖南省爱国主义教育基地。辖区内已开发的景点主要有舜帝陵、紫霞岩、舜源峰、玉琯岩、古舜庙遗址、文庙、凤凰岩、桃花岩、永福寺等数十个。

二、主要森林体验和养生资源

九嶷山风景区位于湖南省宁远县城南30千米处。地理位置为东经

111°56′00″~112°04′56″，北纬25°18′03″~25°32′32″。气候温和，冬暖夏凉，雨量充沛，属中亚热带季风湿润性气候，年均温较平原偏低1~5℃，垂直气候明显，是较好的游览避暑胜地。1956年舜帝陵庙被列为湖南省第一批重点文物保护单位，1987年九嶷山被列为省级风景名胜区。我国历史上。司马迁综览典籍和经实地调查采访，记下了帝舜"践帝位39年，南巡狩，崩于苍梧之野，葬于江南九嶷，是为零陵"(《五帝本纪》)。千百年来，它不仅以优美的自然风光、独特奇异的溶岩景观著称于世，而且由于中华民族的始祖之—舜帝南巡驾崩于此而葬于此，一代又一代的舜陵公祭与名人朝拜使得其文化底蕴异常深厚。

九嶷山旅游资源丰富，以文物古迹、自然风光、溶洞和民俗风情著称于世，驰名中外。园内有林地面积7075公顷，森林覆盖率86%。在5680公顷原始次生林中，树种达87科596种。属国家保护的一级树种有水杉、摇钱树两钟；二级保护树种有银杏、福建柏、钟萼木等八种；三级保护树种有红豆杉、领春木、红椿等10余种。省级保护树种14种。九嶷斑竹更是世上罕见，有"中国一绝"之美誉。野生动物有104种，其中受国家重点保护的金钱豹、猕猴、娃娃鱼、鹰嘴龟等。九嶷山自然风光如诗如画，奇岩怪洞甚多，主要有紫霞岩、玉琯岩等。九嶷山是湘江发源地之一，有大面积的原始次生林，水流清澈、瀑布众多、山光水色、树木葱茏、林海莽莽、繁花似锦、争奇斗艳，特别是石枞、香杉、斑竹被誉为"九疑三宝"。

九嶷斑竹又名湘妃竹、泪竹，是我国一种稀有珍贵的竹子。斑竹的外皮，有逼真的泪痕和指痕，呈棕黑色或紫晕色。"斑竹一枝千滴泪"，传为舜帝南巡，死于苍梧，娥皇、女英二妃寻觅未着，泪洒竹上，即成斑竹。斑竹具有极高的观赏价值，用斑竹制成的手杖、毛笔，深得人们喜爱。

九嶷香峰茶又名疑茶，产于宁远县九嶷山区，选用海拔800米以上的顶芽叶精制而成。湖广通志载：宁远出疑茶，以出自九嶷山故名。九嶷香峰茶具有条索匀直、浓香持久、滋味醇爽、清凉舒适之特点，减肥抗癌之功效，先后四次被评为湖南省名茶。

(一)舜帝陵

舜帝陵位于永州市宁远县九嶷山舜陵景区，是我国最古老的陵墓。舜帝陵系中华民族尊祖祭舜之圣地，夏代始于九嶷置陵建庙，秦汉迁于玉琯岩前，明初移至舜源峰下。20世纪90年代，永州市、宁远县斥巨资进行修复，恢复明清时期风貌。舜帝陵陵区由陵山(舜源峰)、舜陵庙、神道及陵园组成，占地 600 余亩。2010 年 5 月祭舜活动被列入国家非物质文化遗产。舜帝陵分公园和陵园两大部分。在公园大门前耸立着九根龙凤石柱。这九根龙凤石柱三层含义：一是九根龙凤石柱高 9.5 米，寓意九五之尊；二是九根龙凤柱是图腾柱；三是九根龙凤石柱是由古时用来听取民众意见的“谤木”演变成的华表柱。陵园沿着中轴线由外至内依次为：祭祀大殿、午门、拜殿、正殿、寝殿。前面就是祭祀大殿。祭祀大殿上“舜帝陵”三字是从 2000 多年前的汉代墓碑上拓印的(图 8-1)。

图 8-1

(二)紫霞岩

紫霞岩位于疑山舜陵景区的舜帝陵南 1 千米山腰，系咯斯特地貌地下溶洞。紫霞岩又名重华岩、斜岩、岩口轩昂，气势恢宏。岩内有可感、可视、可听的风洞、雨洞、雷洞、八音堂，雄壮的瀑布流水声，而且石乳以巨大、精美著称。紫霞岩分外岩和内岩。外岩甚为宽敞明亮，下有石田，级级相承，水从石顶洗涮而下，流入石田之中。内岩从外岩右侧一洞口进入，岩内曲折黑暗，钟乳或垂或立，千姿百态，令人目不暇接。内有一溪九曲流经全洞，宛如九曲黄河地下流。再入内，依次还有“猴子把洞”“无为洞”“读书堂”“仙人田”“八音石”“九曲黄河”等景观。紫霞岩是我国溶洞游览史中开发很早的地下溶洞，洞内石壁留有唐宋以来的题刻、题墨。堪称一奇。游道全长 1550 米，洞内空间十分宠大，可同时容纳数千人，地势平坦，气温适宜，给人舒适感。紫霞岩被明朝地理学家徐霞客列为“楚南十二名洞”之首(图 8-2)。

图 8-2

(三)玉琯岩

图 8-3

玉琯岩位于舜源峰南 2 千米九嶷山古舜帝陵东南百米之内，为一石山溶洞，山体小巧玲珑，独立田桐之中，山上奇石怪树遍布，素有“天下第一盆景”之美誉。洞外潇水支流有如一条玉带，绕山而过。洞宽约 7 米，高 3～4 米，溶洞不深，豁达明亮。洞口壁额有宋人李挺祖书“玉琯岩”。右壁刻有宋道州刺史方信孺所书“九嶷山”三个大字，字高 1.8 米，宽 1.9 米，笔力苍劲遒拔。旁刻有汉蔡邕的《九嶷山铭》，洞壁还有历代名人的题字和诗文。与紫霞岩联成一气，自成一体，为省级重点文物保护单位(图 8-3)。

(四)舜源峰

图 8-4

舜源峰是九嶷山主峰，海拔 610 米，古木参天，怪石嶙峋，林木覆盖率 98.5%，空气中负氧离子含量高达每立方厘米 4.8 万个，是纯天然的氧吧。其峰南北走向，三峰并立，山势雄奇，北边为悬崖绝壁，上有千年石枫一株，干大数围。石枫也为九嶷三宝之一，与一般枫树相似，只因其多长在峰巅石崖之上，故名石枫。其性耐寒耐旱，主干笔直，皮色深红，木质坚硬，了又有五叶、七叶、九叶之分(图 8-4)。

(五)三分石

又名三峰石，离舜庙约 25 千米，它是九疑山的最高峰，海拔 1822 米。三分石，形状奇特，三巨石并峙，鼎立山巅，直冲霄汉。每到秋高气爽，万里晴空时，在百里外的县城，眺望三分石，它那高耸蓝天的雄姿，清晰如洗，犹在眼前。三峰石上，清泉喷涌，垂崖倾注如白练悬空，若烟若雾，水流激石，惊浪雷奔。当中一脉，为潇水之源泉，俗称“父江”，西流至九疑山下。

图 8-5

三分石如三支玉笋，鼎足而立。峰间相距各 2.5 千米。峰势险绝，直插云霄。三分石南面万山中，有荆竹丛生，竹尾下垂着地，如碧线带，随风飘拂沙沙作响，后人称之为斑竹扫墓。三分石下面，有斑竹遍布。斑竹因有泪痕似的斑点而得名(图 8-5)。

(六)斑竹林

九嶷斑竹又名湘妃竹、泪竹，是我国一种稀有珍贵的竹子。以斑竹丛林为代表，600 多公顷竹海，汇集了 20 多个竹类品种，有大如碗口的楠竹，小似竹筷的垂巴竹，可作盆景的观音竹，还有罗汉竹、紫竹、方竹。尤以泪竹(斑竹)著称于世，斑竹的外皮，有逼真的泪痕和指痕，呈棕黑色或紫晕色。斑竹具有极高的观赏价值，用斑竹制成的手杖、毛笔，深得人们喜爱。据生物学家考察，九嶷山区原有一个斑竹林带，分布于宁远、蓝山、江华、道县等四县的毗邻山区，现只剩 460 多亩。1981 年，这一带已建立斑竹自然保护区(图 8-6)。

图 8-6

(七)小东江水库

有“湘南洞庭”之称的东江湖集山的灵秀、水的神韵于一体，特别七、八、九三个月因为气温昼夜变化所致的晨雾，如仙如幻，是一个最好的出游看点。这里已经定名为“雾漫小东江”，除了雾，还有许多值得一玩、一试的东西。东江水库大坝高157米，装机容量50万千瓦。春夏时节若降雨过多，则会湖水暴涨，坝闸开启泻洪之时，形成一股巨大的雾气扑向山谷，蔚为壮观，堪称亚洲第一。现在也有漂流、快艇等各式娱乐，恣意山水，清凉消夏，也是游人的一大乐事。

图 8-7

小东江的水是从东江大坝底部一百米深处流出来的，水温常年保持在8～10℃之间，而湖面的水温却达到了20℃左右，由于温差的效应再加上两岸植被茂盛，于是，小东江水面上便常年云雾弥漫了。最佳观雾时间为每年的4～11月，每逢太阳升空前和太阳落山后从东江湖风景区门楼至东江大坝12千米的小东江狭长平湖上，云蒸霞蔚，宛若一条玉带在峡谷中飘拂，荡舟其间，似驾祥云，遨游仙境，堪称中华奇景，宇宙奇观(图8-7)。

三、体验攻略

宁远县城北距湘桂铁路干线永州站90千米，长沙420千米，西距桂林200千米，南距广州市400千米，京广铁路线郴州站98千米，交通方便。从永州市出发可以直接驱车行经永连公路到宁远县，也可以从广州市乘坐火车至郴州市后，再换乘到宁远县的中巴。宁远县城的水市停车场有面包车或中巴直达九嶷山景区，路程约30千米。中巴终点站为舜陵。宁远县城有班车到九嶷山(每10分钟一班)，出租的士30分钟可达九嶷山景区。衡昆高速公路、永(州)连(州)公路、永州机场构筑九嶷山交通三大体系，驾车从桂林、长沙、广州至九嶷山分别只有3、4、5小时。

可参考游览线路为：①一日游：舜帝陵景区(舜帝陵、舜源峰、紫霞岩等)；②二日游：舜帝陵景区(舜帝陵、舜源峰、紫霞岩等)；玉琯岩景区(玉琯岩、桃花岩等)；③三日游：舜帝陵景区(舜帝陵、舜源峰、紫霞岩等)；玉琯岩景区(玉琯岩、桃花岩等)；三分石原始次森林景区(三分石、原始次森林、斑竹林等)。

第二节　舜皇山国家森林公园

一、概　况

舜皇山森林公园为国家 AAA 旅游景区，位于湖南省东安县境内，地理位置为县城西南 29 千米的大庙口境内，南与广西全州县交界，西、北与新宁县接壤，园区南北长 42.5 千米，东西宽 17.5 千米，总面积为 14548.6 公顷，地外中亚热带季风湿润气候区，四季分明。

舜皇山层峦叠翠、谷幽峰险，瀑布纵横，溶岩壮丽，山、水、石、林巧合成景，岩、泉、树、藤自然成趣，实为天作之胜，令游人叹为观止，被誉为“天然佳境”“人间仙境”。

是全国众多名山大川中唯一一座以帝王名号命名的千古名山，其主峰海拔为 1882.4 米，比五岳之首的泰山还要高出 300 多米。被誉为“天设湖南第一峰”。群山绵延，层峦叠嶂，巍峨峻秀，原始自然的山水风光，独具一格。春观万顷花海，夏乘绿浪阴凉，秋眺金果红叶，冬赏玉琢冰雕，四时皆为生态旅游胜地。舜皇山国家森林公园以舜文化为底蕴，多姿旖旎的自然风光与多样无比的动植物资源交相辉映的如诗如画的旅游佳境，其特点可以概括为雄、奇、幽。整个公园旅游面积近 3 万亩，划为杨江源、马头山、御陛源三个景区，荣誉岭狩猎区和城墙石、舜皇岩等景点游览区。舜皇山 1982 年舜皇山被列为湖南省级自然保护区，1992 年被批准建立国家森林公园。素有“绿色明珠”“生态王国”“蝴蝶王国”之美称。

二、主要森林体验和养生资源

舜皇山国家森林公园旅游资源极其丰富，山高林密，沟壑纵横，瀑布众多，景区内分布着 22 处气势恢宏的瀑布，古木参天、野趣横生、繁花似锦，被誉为“绿色明珠”。园内有可开发的溶洞 13 个，多姿多彩，争奇半妍，已开发的舜皇岩，可谓“宫宫有景宫宫秀，洞洞含情洞洞香”；有湖南第一高峰“舜峰绝顶”；有亚洲最长最高的“城墙石”如巨龙腾春，气势磅礴。有原始次森林 5300 多公顷，林海壮观、竹海迷人、花海绚丽。分布着大片南亚热带原生常绿阔叶林，这里有华南虎、云豹、苏门羚、麝和银杉、资源冷杉、五针松、木兰、珙桐等珍贵动植物资源。素有“动植物基因库”的美称。舜皇山娥皇溪内生活着300多种蝴蝶，占全国的27%，其中湘南荫眼蝶、舜皇环侠蝶、娥皇翠蛱蝶、东安燕灰蝶、周氏何华蝶等五个品种，在世界上尚属首次发现，被称为“蝴蝶王国”。本地常年平均气温只有17.3℃，山林里夏天的平均气温只有24℃，夏天夜晚只有20℃左右，堪称避暑胜地。公园环境优美，资源丰富，是集旅游观光、科考探险、避暑休闲的极好去处。舜皇山得天独厚的资源优势，精心成功打造舜皇山阳江漂流、老山界瀑布攀岩、丛林野战、生态观光、岩洞揭密为一体的旅游风景区。

（一）舜皇岩

图 8-8

舜皇岩位于东安县舜皇山东麓，大庙口八旗田洞中的一座独立的大石山内。舜皇岩是一个雄绮瑰丽的岩溶洞，岩洞蜿蜒曲折，历史悠久。1984年2月7日被人们发现，据考古学者认定，已有1亿多年之久。洞中有五宫（即前宫、中宫、后宫、侧宫、西宫）十八殿（即迎宾殿、水帘洞、山殿、龙虎堂、用膳厅、舜池洞、千佛殿、舜乐厅、御花园、珍珠库、舜殿、天宁寺、仙人桥、石林洞、玉石峰、点将台、送客厅）宫宫有景，殿殿有情，情景相映，栩栩如生。宫殿内大量的石笋、石幔、石花、石谷比比皆是；乳石、乳柱、乳钟、乳鼓千姿百态，琳琅满目。洞底的石笋、石柱如同金竹玉树，婷婷琳琳。洞顶的石钟乳悬挂，好似繁星缀天，耀眼夺目，洞壁石幔、石花形似幅幅画卷，妙趣横溢。洞顶上形成的各种石乳晶莹剔透，五彩缤纷，如云似霞。前宫有瑞狮朝阳、古柏迎宾、双龙戏珠、定海神针；中宫有擎天玉柱、金果银花、猛虎下山、金狮戏龟、帝子湘妃、花好月圆；后宫有玉石走廊、玉烛长明、冰泉豆浆、舜池凌空；侧宫有玉纱琼阁、斑竹林立、圆帐高挂、熊猫送客；西宫有御床、仙人桥等。洞内四季如春，夏无溽暑之苦，冬无寒冷之虞，是“脉边地府三冬暖，巧引天光六月寒”的洞天世界，被誉为“舜皇别宫”。岩洞内的景点几乎包揽了《洞穴学》的全部内容，成为全国石灰岩洞的一朵奇葩（图8-8）。

(二)杨江源景区

图 8-9

杨江源(图 8-9)是一条两山夹一沟的河谷，满山遍野覆盖着竹子和阔叶生林，称得上是竹子的海洋，舜皇山区的 31 种竹子在这里有 28 种。杨江源景区仅是河谷中的两条小溪，面积 212.2 公顷。景区内水秀瀑靓，洞奇石美，谷幽峰险，品高氧足，被誉为“人间仙境”“生态王国”“天然氧吧”。

(1)悬崖古木。距大庙口镇约 13 千米处的杨江公路西面，有一条 300 多米，高 150 米左右的花岗岩绝壁，悬崖上部巨石横空，仿佛云南石林石峰上那些摇摇欲坠的巨石一样，叫人望而生畏。与石林石峰不同的是，悬岩乱石间生长着不少的古木杂树，千枝绿叶，有的还开着鲜艳的花朵，与张家界某些奇峰上的植物相似。游人无不为天下之绝技和古木的顽强生命力赞叹。

(2)娥皇溪瀑布群。娥皇溪原名大坳冲，是一条密林幽深的狭窄山谷，从溪口进去不到 500 米的距离内，接连分布着四处瀑布，有的从几十丈高的悬崖上直泻而下，有的顺槽飞驰，还有的形成深潭。到了雨季，瀑布群的游泳场汇合在一起，如雷贯耳，人们仿佛走进了一座大型音乐宫殿，正在演奏雄壮的交响乐曲。由于幽欲有茂密的森林涵养水源，旱季溪水也常流不断，一年四季森林都与瀑布为伴。

(3)飞来石。在杨江公路上的小坳村边，有一块长、宽约 2 米，高 1.5 米的花岗岩大卵石，稳稳地停放在比它体积更大的一块斜面花岗岩的顶端；这两块巨大的岩石不知从何而来，故只得取名为“飞来石”。

(4)女英溪。原名大冲，这是一条神奇莫测的小山溪。全溪内茂林修竹，从外貌上看，她与附近的其他山溪没有多大的差别。但当你走进溪内，就像走进了一座迷宫，真是一步多景，景景生情，耐人寻味。

(5)涌泉。走出女英溪沿竹林幽迳向马纪坳方向前进 1.5 千米，有一股泉水从田坎下面冒出来，当地住户用竹筒插入涌水处，泉水则上升到四、五十厘米高成了自来水。经水质分析属优质矿泉水。水表面可托起硬币，很有观赏价值。

(6)马纪坳观景亭。这是观看杨江源河谷全景的最佳位置，几万亩茂林修竹尽收眼底。往北眺望可见乌龟岭上金龟朝舜的巨石；望南远眺，则可见称砣岭上的称砣石。

(7)龟背石。从马纪坳下山不远处的毛竹林中有一孤零零的龟背石。金龟为了给舜帝修宫殿作贡献，吃力地背起比它重几倍的一块大石头慢慢爬行。旁边一棵树上有一个树瘤，很像孙悟空的头，一根树枝很像它的一只脚。它爬在树上使劲地喊金龟加油，十分有趣。

(8)花海。杨江河谷是花的世界，花的海洋，一年四季鲜花盛开。早春万木尚未复苏，那散生在竹林、次生阔叶林中的樱桃树先花后叶，构成一幅万绿丛中点点红的景观。山茶花、锦丹花和十余种杜鹃花一齐开放，绘就一幅漫山红遍的图案。金秋之时，山菊花、一枝黄花、遍布林边、地边、沟边草丛之中，呈现遍地嵌金景象。寒冬腊月，万物休眠，唯有林中的云山白兰和雪花皮花斗雪开放，显示着森林的活力。

(三)女英织锦瀑布

是舜皇山中最高最大最为壮观的瀑布！女英溪集瀑美、林茂、景奇于一身。沿途分布的主要景点有：瑶台山庄、女英浴池、美容泉、女英观瀑亭、古林世界、宫娥瀑布、织锦瀑布、双龙潭等，全程 4.5 千米，游览需 2 小时。该线路有贴身攀爬绝壁的路段，可体验徒步穿越的刺激和惊险。这里的“女英美容泉”，它经国家地矿部化验合格的优质矿泉水，是地上水浸到地下 2 千米以下深层，然后经过几十年时间的渗透，再从花岗岩石缝中冒出来的。它可是具有医疗作用的高级矿泉水呢，长期饮用，可治胃病，有益消化，美容健身(图 8-10)。

图 8-10

(四)马头山景区

马头山景区(图 8-11)与杨江源景区，仅以称砣岭相隔。该区密布阔叶次生林，山体形状奇特。野生动物很多，常见的有猕猴、黑熊、白鹇、金鸡等。区内有几处幽谷深堑，是探险者的最好去处。

(1)马头山。独立于景区之内，长约1550米，东西走向。东段为臀，山脊平宽；中段为鞍，脊平坡峻；西段为头，刀背山脊，顶端竖起两坐35米高、65米基座的山峰，很像两只马耳。

图8-11

(2)平涧幽谷。是马头山与马栏山之间的一条两千米多长的幽谷。谷底平窄，巨型卵石密布，清澈溪水迂回于卵石间；水声如乐，十分动听。两岸峭壁悬崖，林密根裸，十分幽静。

(3)百丈险堑。位于平涧幽谷的顶部两条溪的汇合处，长200余米，宽15~30米，三面都是100~200米高的悬崖，故名百丈堑。堑之西南角有三级瀑布，高100多米，巨流直冲堑底，翻起大大小小的卵石，气势雄伟，十分壮观。

(4)称砣石。在马头山北面海拔1166.5米的称砣岭上，有一高约5米、直径4.5米的花岗岩巨型卵石，形似称砣故名称砣石，山脊也取名称砣岭。旁边还有一高1.5~3米，宽约2米的花岗岩块石，可从此石爬上称砣石顶，居高临下，纵观马头山和杨江源全景。

(5)瀑布。在马头山北侧的溪流间，有再兴岩、酒盅堑、蔸把堑、龙堑等瀑布，高度在30~60米之间，常年水流不断。

(五)御陛源景区

以森林景观为主。这里生长着大面积的原始次生林，树种随海拔高度而异。舜皇山因森林覆盖率高，每立方米空气中负离子含量达98000个，比张家界还要高出20000多个。

(1)森林景观(图8-12)。这里生长着大面积的原始次生林，树种随海拔高度而异。海拔500米以下，主要为冬青、甜槠、木荷、华南厚皮香，枫香。海拔500~800米地段，主要为杜英、钩栗、细叶青冈和多种楠木。海拔800~1400米地带，主要为甜槠、水青冈、四照花、华南五针松。海拔1400米以下，主要为亮叶水青冈、甜槠、缺萼枫香、桧木等。已查明的珍稀树种有钟萼木、篦子三尖杉、水青树、香果树、沉水樟、红花木莲、闽楠、华南五针松、南方铁杉、长苞铁杉、南方红豆杉、黄心夜合、湖南石楮、少叶黄杞等。常见的珍稀动物有黑熊、猕猴、金鸡、白鹇等。

图 8-12

(2)蛇形歧。是一条东西走向的小山歧，山脊线长1950米。歧首海拔1350米，高峻突起，顶平如蛇首，向东扭曲状骤降，歧梢海拔550米，狭窄细长如蛇尾，形似长蛇，故名蛇形歧。整个山体密被原如次生林。歧首顶平，两侧坡陡，傲生挺拔的华南五针松，置身于此，如入仙境。

(3)平行脑。位于蛇形歧与平行脑歧汇合部，是由七个海拔高相近的山包串连组成的一段山脊，长约960米。山脊狭窄如刀背，一起一伏，悬崖怪石甚多。山脊上密生华南五针松，层枝招展，松涛万顷。

(4)险石岩。位于本景区与舜峰景区交接山歧东段，羊古脑山包南向近山顶处。是一吊钟式悬岩，海拔1450米，上下山坡壁陡，可望而不可及，故名险石岩，岩石上方的羊古脑山包上有20余平方米的平台，可观本景区及马头山、舜峰景区概貌。

(5)蛇口。位于平行脑与主山歧交汇处，海拔1440米，是一下宽15米，上宽20～30米，高20～25米的狭窄丫口，远观如蛇张口，故名蛇口。两侧怪石鳞立，稀生华南五针松。

(6)老虎凼。位于险石岩以西1000米处，距蛇口较近，海拔1560米，是一山脊平坦地段，面积约2公顷。这里古木参天，环境阴森，山风如虎啸，故名老虎凼。

图 8-13

(六)城墙石

城墙石(图8-13)，它是一条平均高达50多米，宽30多米，长约2千米的岩壁，中断有一缺口，酷似城门，缺口两边立着几尊石柱，形如“卫士”把守城关，岩壁上面还有几处轮廓分明的“峰火台”，整座岩壁像一道巍峨起伏的城墙，故名“城墙石”。远远望去，又像一条欲飞的巨龙，高昂在海拔约1600米的顶峰，十分壮观，堪称地貌风景之奇观。

（七）舜皇山阳江漂流

舜皇山阳江漂流是利用舜皇山天然河谷开辟的一项游客参与体验型旅游项目，漂流全程11千米，落差175米，有人工隧道380米、钢结构滑道150米，惊险刺激，又安全无虞（图8-14）。

图 8-14

（八）娥皇溪蝴蝶谷

沿途分布的主要景点有：舜皇壁挂、舜妃遗珠、鼻神守木、四龙献宝、二妃晾锦、娥皇舞袖、浣纱瀑布、陆公亭（中国工农红军长征路线图）、藏宝岐、竹海等，全程6千米，游览需时约2小时（图8-15）。

图 8-15

舜皇山娥皇溪景区有蝶类11科155属355种，占全国蝶类的27%，被称为“蝴蝶王国”，其中湘南荫眼蝶、舜皇环伙蝶、娥皇翠蛱蝶、东安燕灰蝶、周氏何华蝶等五个品种，在世界上尚属首次发现。

（九）竹林花海

舜皇山竹林面积40000余亩，计31个品种，舜皇山已查明的竹类有31种之多，其中珍贵的竹种有金玉竹、螺纹竹、斑竹、紫竹、黑竹、方竹、实心竹、佛肚竹、龟甲竹等等。特别是金玉竹，可是舜皇山的特有之物。最多为楠竹，也就是毛竹(1998年楠竹丰产结构试验被国家科委评为科研二等奖)，珍稀竹种也多，其中金玉竹(又称“黄金嵌碧玉”)第竹节间表面都有排列整齐的黄与绿两种颜色，故名。该竹一排排一片片生长，不与其他竹类为伍，如若易地栽植，则与楠竹无异。有一种紫竹(又称油竹、乌竹)，竹杆乌黑发亮，是制作筐、笛、烟管、手杖、伞柄及其他工艺品的上好材料。有一种方竹，外方内圆，坚韧结实，每年十月出笋。龟甲竹形状奇特，从竹蔸到竹尾，一个节一个节成不规则连接，构成龟甲壳般的花纹，故名。此外，还有斑竹、罗汉竹、实心竹、伞竹等，风姿绰约，异彩呈现，可资观赏(图8-16)。

图 8-16

三、体验攻略

东安舜皇山国家森林公园位于湖南省西南部东安县境内，距县城29千米，道路畅通，路面硬化，为三级直达旅游专线，从城内汽车站有旅游观光巴士到达景区，每15分钟一趟，进出十分方便。

舜皇山处于湘桂旅游圈(桂林—南岳—崀山)的中段，距桂林178千米，南岳226千米，崀山51千米。从桂林、南岳方向来舜皇山分别只须2小时和2.5小时。

舜皇山外部交通十分发达，湘桂铁路、洛湛铁路、207国道、衡昆高速公路依园而过，距永州零陵机场79千米，现已开通长沙、海口、广州、深圳等地的航班，距衡昆高速公路黄田埔入口处60千米。城内有湘桂铁路客运火车站，铁路运输十分方便，各班次列车通往全国各地，还有两个长途汽车站，有通往长沙、衡阳、新宁、邵阳、广州、东莞、深圳、桂林、兴安、海口、三亚等地长途汽车。另外，依靠潇湘水运可直达洞庭入长江、通上海。景区已形成海、陆、空发达的立体交通网络。①长沙(株洲、湘潭)→(京珠高速)→衡阳→(衡昆高速)→黄田铺出口(东安出口)→东安→舜皇山，长沙→东安

→舜皇；②桂林→(衡昆高速)→黄田铺出口(东安出口)→东安→舜皇山，桂林→(322 国道)→全州黄沙河→东安紫溪市镇→舜皇山；③广州→连州→(永连公路)→永州→东安→舜皇山。

可参考游览线路为：阳江漂流精品旅游；舜皇岩精品旅游线路；女英溪精品线路；娥皇溪精品路线。

第三节 阳明山景区

一、概 况

阳明山坐落在潇水之东、零陵古城郊外、双牌县的东北隅，南近桂林、北望衡山，属南岭支脉，总面积 114.2 平方千米。境内群峰起伏，主峰望佛台海拔 1624.6 米。阳明山不仅具有一枝独秀的奇特景观、连接两岸的独特优势、三山五岳的开发价值、四海升平的气度格局，还拥有“天下第一杜鹃红、亚太第一天然氧”的特色名片，有“古、奇、灵、秀”四大特色，被誉为“灵山福地”。境内拥有原始次生林、杜鹃花海、流泉飞瀑、奇峰怪石、云山雾海五大奇观，尤其是十万亩杜鹃花海，是世界上最大的野生杜鹃花基地。阳明山的石、竹、海、泉、瀑、溪，无一不奇，无一不秀。阳明山现已形成万寿寺景区、小黄江源景区、歇马庵景区、北江冲景区、大黄江源景区等 5 大景区 83 个景点。1982 年阳明山被批准为省级自然保护区，1992 年被批准为国家森林公园，2009 年被批准国家级自然保护区。现为国家“AAAA 级旅游景区”。

二、主要森林体验和养生资源

阳明山景区山水和美、生态和谐、天人合一。由于阳明山处于华南、华东、华中三大植物区系的交汇点，其林木蓊郁，竹海渺渺，动植物资源十分丰富，森林覆盖率达 98%，原始次生林分布数万亩，有华南最大的华东黄杉和红豆杉群落分布其中，是一个天然的动植物宝库。据专家考证：境内有野生动物 23 目 67 科 177 种，其中有国家一二级保护的云豹、穿山甲等 16 种，国家三级保护的 61 种，是湘南的自然物种基因库，人称“岭北生态画卷”。境内空气清新无比，平均负氧离子含量达 138000 个/立方厘米，其中小黄江源更是达到了 166800 个/立方厘米，素有“岭北生态画卷”“湘粤凉岛”和“天然氧吧”之美誉。

阳明山是国内罕见的生态宝库，自古就有“北有庐山、南有阳明”之说，山脚的竹、山腰的原始次森林、山顶的杜鹃花构成了奇特丰富的生态画卷。境内森林覆盖率达96%，原始次森林分布数万亩，华南最大的华东黄杉和红豆杉群落分布其中；境内年均气温14.2℃，夏无酷暑，空气清新无比，平均负氧离子含量达38000个/立方厘米，其中小黄江源达到66800个/立方厘米，有“天然氧吧”“湘粤凉岛”之美称。

这里是花的海洋，一年四季都有花儿绽放。阳明山拥有万亩杜鹃花海、十万亩竹海、流泉飞瀑、奇峰怪石、云山雾海五大奇观。境内奇石奇水奇树奇花，比比皆是。情侣石、八戒望月、大禹试剑石等情形并在：恋人竹、夫妻树、阴阳树、石中树等趣味横生：山中水质清冽甘甜，万寿寺古井酷暑不竭，大雨不溢，饮之回味无穷，誉为“阳明圣泉”；山上共有32溪、84潭、18可观瀑布，龙潭幽深莫测，紫气升腾，尤其是藏在深山的大黄江源，是柳宗元《游黄溪记》黄溪河的源头，其间一条山溪飞流直下，连成五重瀑布，世界罕见，被旅游专家誉为“湖南的九寨沟”。白云寺遗址四面奇峰妙岭，天然生成一巨大龙首，龙角、龙鼻、龙须栩栩如生，令人浮想联翩。

阳明山景区沟谷纵横、峰峦起伏、溪流瀑布广泛分布，水域宽阔，水量充沛，形成了108潭，36瀑，潭水清幽、碧绿，而且随着季节的变化，呈现不同的风姿和色彩，堪比九寨沟之水景。

阳明山云烟玲莹，霜紫雨青，浓妍淡韵，集日月之光辉，聚山川之灵气，融自然人文于一体，集旅游、避暑、休闲、观光于一身，是名符其实的灵山福地。

（一）杜鹃花海

在万寿寺西北的山坡上，分布着万余亩野生杜鹃花树，常见品种有映山红、鹿角杜鹃、云锦杜鹃等，尤以微波台下一片近10公顷的云锦杜鹃令人称奇，该片杜鹃群落生长茂密，树高齐整，像人工精心修剪过的绿篱一般平整(图8-17)。

图8-17

每年5月初前后，这里漫山遍野的杜鹃花竞相开放，连成一片，花团锦簇，蔚为壮观，誉为“天下第一杜鹃红”。电视剧《青年毛泽东》曾在这里拍摄，现屹立在景区的青年毛泽东铜像，为这片自然美景增添了神韵。每年花开时，游人如织，人们在花的海洋里徜徉，流连忘返。

（二）大黄江源瀑布群

大黄江源瀑布群：湖南保存最好的原始森林瀑布群。位于阳明山大黄江源景区，瀑分五级，瀑与瀑间以潭相连，总长 150 米，最后一级，溪水从 60 米高处咆哮而下，如白蛟翻滚，气势磅礴，水声激越，声势夺人。瀑与瀑之间有五潭相连，状呈圆形，

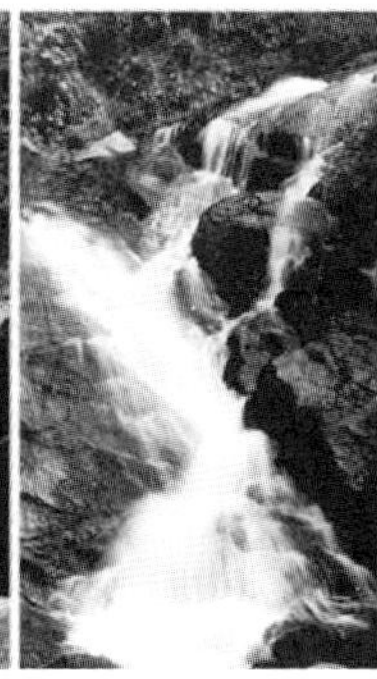

图 8-18

直径三丈，深约十米，宛若天然浴池；潭水清澈透底，碧绿如玉；潭底石美如画，五彩斑斓，五潭天雕地琢，自然而成，天下一绝，举世无双。长菖湾瀑布从山头光洁的石涯凌空而下，飞流 1000 余米，瀑布水帘，晶莹碧亮，雨后放晴，银帘映日，顿生七色彩虹。原始森林方圆数十里，渺无人烟，连绵天际，静若太谷，游人置身其中，满目青山流翠，耳傍虫鸟和鸣；深吸山中空气，顿觉负氧浸脾，通体康泰，心旷神怡，恍入人间仙境，堪称“岭北生态画卷”，被誉为“江南九寨沟”，是生态旅游探险、科考的绝佳去处（图 8-18）。

（三）小黄江源游道

小黄江源（图 8-19）拥有非常丰富的水景，良好的原始次生林植被，幽静的山谷，充分体现阳明山自然景观的特色。小黄江源游道，这是一条近 5 千米的山谷，原始次森林保护完好。两岸危峰耸立，古木参天，瀑布悬空，

图 8-19

水石如镜。瀑布、迎客松、恋人竹、夫妻树、阴阳树根、石中树交相辉映。

小黄江源美不胜收的景色和峡谷神奇的魅力，总是令人流连忘返。罕见

的“天外来客”神秘石、清澈的淙淙溪水、茂密的原始森林、林立的大小瀑布，晶莹剔透的溪水，鬼斧神工的奇石，幽静的山谷，陡峭的岩壁，织就了一幅幅山水画。

(四)北江冲景区

主题定位为生态保健和亲水娱乐。该景区交通便利，旅游干线万微公路贯穿景区，与国家级自然保护区核心区接壤，植被丰富，生态优越，竹海、林海、水体景观相互交融，是体味大自然情趣的最佳去处。主要景点有黄杉观景台、红豆杉群落、幽静林、恋人潭、恋人谷、恋人竹等。本景区主要利用峡谷溪流、原始丛林、万亩竹海等自然生态资源，为旅客提供休闲漫步、原生态保健、亲水健身活动(图 8-20)。

图 8-20

三、体验攻略

阳明山位于华南经济圈内旅游热线的枢纽，距永州中心城仅 35 千米，永连公路从山腰穿过，通过永州机场和即将修通的洛湛铁路、太澳高速公路，到桂林或南岳需要 2 小时，到长沙 3 小时，到广州 4 小时，到华南经济圈内的大中城市均可朝发夕归，成为名副其实的湘粤桂旅游热线上的枢纽。

第四节 千家峒

一、概　况

千家峒位于江永县城以北约 18 千米，位于都庞岭主峰南麓，四周有天步峰、三峰山、和尚岭、野猪王、云盖岭、将军岭环抱，均在海拔 900～2000 米之间。千家峒属于亚热带湿润季风气候区，雨量充沛、气候宜人。峒内自然风光秀丽，临境者无不称奇。其特点是山幽、林深、瀑美、泉温。千家峒是一个山间盆地，四周被崇山峻岭环抱，进出仅有“穿岩”唯一通道。这里至今保存着“盘王庙”“盘宅妹墓”“平王庙”等瑶族历史文化古迹，流传着神奇动人的民间传说，保留全国仅有的“女书”文字；境内鸟山，白鹅山、白鹅洞、白鹅飞瀑、双塘映月、马山、狗头岩、大白水瀑布、金童放牧、天女散花、三峰霁雪、仙人桥等自然景观迷人，宛若仙境，被喻为瑶族的“桃花源”。千家峒国家森林公园位于江永县高泽源林场境内，地处五岭之一的都庞岭山脉，最高海拔天门岭1803.9米，规划总面积4430.93公顷。该公园是以自然生态为主，集自然景观和人文景观为一体的山地型生态旅游示范区，先后被评为“国家级自然保护区”“国家AAA级景区”“中国环境保护示范基地”等。

二、主要森林体验和养生资源

千家峒森林公园从最低海拔300米起，至今仍保存有较完整的低海拔沟谷常绿阔叶林，且基本呈原始状态。植物资源十分丰富。千家峒内有国家级保护植物59种，生长着珍贵的南方红豆杉、长苞铁杉、福建柏、楠木、白克木、木莲、香樟等植物群落。总面积达110公顷，约占总面积的2.5%，珍稀动物28种，称为“南方动植物资源基因库”。

千家峒森林公园地处五岭之一的都庞岭山脉，最高海拔天门岭1803.9米，境内群峰竞秀，沟谷纵横，山坡陡峭，溪流湍急。古宅湖(水库)湖光山色如诗如画，水面达186.48公顷，宛若祥龙，蜿蜒璀璨，娇柔多姿，宛若一块翡翠镶嵌在群山之中。湖南省森林公园大多是在原有国有林场基础之上建立起来的，而大多林场为帽子林场，山上很少有大、中水库，像千家峒森林公园既有原始天然林又有大水面的山水森林公园在全国也是屈指可数，在我省更是少之又少。

千家峒群山之中，有原始次生林8万亩，在高山密林和飞瀑泉边，由于山风的磨擦碰撞，产生了丰富的负氧粒子，是提神醒脑、健身益智的理想去处。峒内高山密林，水源充足，九股水源汇入中峒。有气派恢宏的大泊水瀑布，也有一丈三跌的龙潭飞瀑。下江源上下游的双溪口温泉，常年恒温38℃，深测3~5米水温升至48℃。因溪水流经温泉左侧，造成温泉表面散热降温。温泉周围高山环绕、雄奇巍峨，百树葱笼，枝叶繁茂，乔木挺拔，冬暖夏凉，溪流终年湍急，水质纯净。温泉能治多种皮肤病，常浴可延年益寿，是开发旅游、度假、疗养的理想之地。

（一）千家峒原始森林

千家峒森林植被类型多样，植被垂直带谱明显。海拔800米以下以人工针叶林为主，海拔800～1600米原生植被为亚热带常绿阔叶林和常绿针阔混交林，1600米以上为常绿阔叶林和山顶矮林。是我国中、南亚热带交界处典型的代表地段，其季风常绿阔叶林、长苞铁杉针阔混交林和福建柏针阔混交林在我国中亚热带具有突出的代表性（图8-21）。

图8-21

（二）天步峰

天步峰为湖南江永县最高峰，坐落在千家峒瑶族乡的都庞岭国家级自然保护区内海拔1951米，又叫杉木顶。因地势险峻，登顶如上天步，故名天步峰（图8-22）。

图8-22

（三）古宅湖（水库）

古宅湖位于千家峒森林公园南面的古宅湖景区，距江永县城20千米，西起大畔，东止牛形脊山头。湖面长6045米，最宽700米，最窄处150米、水面面积186.48公顷，库容4008万立方米。有记载曰“立大坝于永明河之源，踞都庞峻岭之雄造天池意境，化奇峰峡谷之险为平湖胜景”。古宅湖水面辽阔，波光鳞鳞，乘船划舟，垂钓，十分怡然自得（图8-23）。

（四）小古源瀑布

小古源河起源于千家峒森林公园北面的杉木塘、流径公园双河口与古宅河相汇，公园境内全长10323米，然后汇入永明河，注入潇水。河流平均宽16米，丰水期流量达24立方米/秒。枯水期流量达0.4立方米/秒。小古源河为公园境内最大最长的河流，两岸高山峡谷，流水孱孱，溪河像一根银线蜿蜒曲折，从高处飞流真下的瀑布，缀秀在绿色的林海之中。探险、漂流置身其间，聆听孱孱的流水，大自然的美景会让你深深陶醉(图8-24)。

图8-23

图8-24

(五)大泊水瀑布

大泊水瀑布位于霸王祖村后，距千家峒乡政府11.5千米，大泊水瀑布是一组瀑布群，一条山谷深达2千米，沿途有七级倾泄的姐妹瀑，一瀑一形、一瀑一潭、一瀑一景，段落分明，自成首尾。到终端就是大泊水瀑布。此瀑布高100余米，宽30米，四季 不涸，颇为壮观。远看，从上而下笔直，如一条白链悬挂天空；近观，丝丝银线，白雾茫茫。瀑布下有一水潭，宽约100米。瀑布从上而下冲击水潭，浪花飞溅。若身临其境，则感凉风习习，沁人肌骨。瀑布两边各有一石台伸出，形如两个小平台，可供游人观赏，如若将瀑布与两边的石壁组合起来观赏，有如一只巨大的山鹰，展翅飞翔(图8-25)。

(六)双溪口温泉

双溪口温泉位于湖南省江永县千家峒瑶族自治乡，牛脑岭脚下的双溪口旁，故得此名。其泉水晶莹透澈，水温38℃，四季长流不涸，泉水含有多种矿物质，对治疗皮肤病，清脑醒神均有功效。温泉四周高山环绕，雄奇巍峨，景色秀丽。最高的有天门岭，野猪湾、三峰山等。山上树木葱茏，枝繁叶茂，林中猴跳窜，鸟语花香。温泉正前方，哗哗欢唱的双溪水被一大石挡住，积水成潭，潭深2米，方园6米，潭水清澈透亮，鱼儿畅游，水底卵石块块，五颜六色，阳光照射，金光闪天。温泉左方一大石坪，方园数十米，平坦光洁，为游人放置衣物或浴后休息提供了良好的天然场地。双溪口温泉为一处不可多得的旅游、休闲之绝佳境地(图8-26)。

图 8-25

图 8-26

三、体验攻略

可参考交通路线：①广州市汽车站有班车直达江永县；②自驾车：广州→三水→广宁→怀集→信都→贺县→富川→江永，全程约400千米；广州→清远→连州→西岸→清水→码市→小圩→江华→江永，全程约500千米。

第五节 秦岩风景区

一、概 况

秦岩旅游风景区位于湖南省江华瑶族自治县县城沱江镇东南38千米的白芒营镇秦岩村秦山(吴望山)脚下，总面积2000多亩，是江华八景中颇有影响的胜景溶洞，属喀斯特地貌。现为湖南省重点文物保护单位、国家AAA景区、中华瑶乡民俗文化旅游功能区规划之核心景区。

景区以有“南岭溶洞博物馆”之称的秦岩地质奇观、秦始皇50万大军南征百越的壮阔历史背景、世界瑶族发祥地的独特民族风俗为依托，规划自然景观区、瑶族风情区、生态休闲区三大板块。

二、主要森林体验和养生资源

秦岩千资百态，胜景宜人。全长3.8千米，其中地下水路1000米，洞内约6.8万平方米，深洞蜿蜒曲折，悬壁高挂，石浆钟下乳，琳琅满目，全岩三个溶洞(即“桃源洞”“水晶洞”“天仙洞”)，洞洞相连，景景奇妍。桃源洞中“玉鼠偷桃”“玉犬望腊”“石龙河马”……惟妙惟肖，栩栩如生。水晶洞中，泉水清澈见底，两崖石壁、钟乳，千姿百态，意境幽深。仙人洞中种种传说，则神秘莫测，令人遐想连篇。秦岩石刻有非常高的历史、艺术和科学价值。

(一)秦岩桃源洞

秦岩溶洞冬暖夏凉，古有“秦岩仙境之美称”，溶洞入口处宽阔的大厅就占地近万平方米，可同时容纳数千人在这里避暑纳凉(图8-27)。

图8-27

(二)秦岩水晶洞

仙人田，层层叠叠有上百层，辉映着霓虹闪烁出岩体内矿物质的星光，特别漂亮(图8-28)。

图8-28

三、体验攻略

可参考交通路线：①贺州→G207→阳华路→永州→环岛→G322→G72→永州大道→G72→景区；②桂林→G322→G72→朝南宁/桂林方向→G72→景区。

第六节　千年古村上甘棠

一、概　况

上甘棠古村位于湖南省永州市江永县城西南25千米的夏层铺镇，是一个有着1200年历史的汉族古村，村内至今保存着200多幢明清时期的古民居，依山傍水的建筑格局，宛如一幅天然的山水画，是湖南省目前为止发现的年代最为久远的千年古村落。

上甘棠村现有居民435户，人口1865人，除王姓2户、龚姓3户、何姓1户、田姓1户为解放前后迁入外，其余为周姓族人。在千余年的发展过程中，村庄的村名始终不变，村庄的位置始终不变，居住的家族始终不变，这在全省乃至全国都是罕见的。2006年5月上甘棠古建筑群被国务院批准为全国重点文物保护单位；2007年5月，上甘棠村被国家建设部和国家文物局批准为历史文化名村。

二、主要森林体验和养生资源

上甘棠村山清水秀、风光旖旎。沐河水穿山而过，在村前一千米处形成了千余米长的地下溶洞和暗河。沐河水流至村北百余米与来自另一方向的谢水汇合形成谢沐河，谢沐河似一条碧绿的玉带绕村而过。河岸上房舍俨然，炊烟袅袅。村后逶迤远去的屏峰山脉，村西南面是一大片沃野的良田。独具特色的远眺龟山、昂山毓秀、古衙遗址、月波雨亭、寿萱凉亭、步瀛古桥、文昌阁、古宅民居等甘棠八景，构成了一幅青山、绿水、小桥、人家的美丽画卷。古老村庄民风淳朴，具备了极佳生态和人文环境。该村历史古老，风貌古朴，现遗存有古石桥、古石墙、古驿道、古巷道、古民居、古楼阁、古碑刻、古遗址等众多文物古迹。千年古村上甘棠集自然景观和人文景观于一体，两者相互映衬，和谐交融，非常适合现代人寻幽访古、回归自然、休闲观光的需要。

(一)文昌阁

进村途经第一站是文昌阁，这座阁楼始建于明朝万历四十八年，至今已几经修葺，楼阁共4层，高16米，宽10.6米，深10.2米，占地面积10.8平方米。历史上其东侧曾建有廉溪书院，现只留存几栋建筑物。文昌阁的左侧是前芳寺，右面是龙凤庵，前有戏台，后有驿道、凉亭，构成了宫殿式的建筑群。由此可以说，这里曾是当地居民的文化、娱乐和教育中心。现在的文昌阁被用作了上甘棠村小学(图8-29)。

图 8-29

(二)步瀛桥

该桥位于谢沐河口下游的西南村口，为上甘棠的主要出入口。始建于宋靖康元年(1126年)，距今已有八百多年的历史了，它是湖南省唯一仅存的三拱宋代古石桥，现残存长30米，宽4.5米，跨度9.5米，拱径高5米的三孔石拱桥。因年久失修，目前，拱桥上游方向被洪水冲毁，垮塌长7米、宽1.5米。步瀛桥采用半圆形薄拱，造型小巧别致，与文昌阁的庄重高耸互为衬托，构景成图，相映成趣(图8-30)。

图 8-30

(三)古老的石板路

贯穿全村有一条古老的石板路，路两边都建有铺店。明、清时期，这里是农村集市贸易中民心，至今还有浓厚的商贾气息(图8-31)。

图 8-31

(四)民居

上甘棠现有民居200多栋，古民居为密集型民居群体，高大的风火墙，严谨的纵深布局，考究的中轴对称，各户均以天井组合而形成住宅单元，多为二层建筑，砖瓦结构，具有典型的城镇住宅特色和湘南建筑风格。其中大部分为清代晚期建筑，房屋墙体均以三六九寸大眠砖砌成，大面积的清水墙面，冠以起伏变化的白色腰带，并极尽所能地点缀门庐、漏窗，形成对比强烈、清新明快的格调(图 8-32)。

图 8-32

（五）摩崖石刻

在村庄南面有一天然石亭月陂亭，这里背倚昂山，前临沐水，石壁内有还有一条几十米长的摩崖石刻，是周氏家族在 1000 年间陆续镌刻下来的，镌刻有 27 方古代石刻，石刻绵延宋、元、明、清时期，直至民国。石刻内容丰富，按内容主要分为叙事、唱和、劝谕和感怀四类。石刻生动、有些竟形同女书，有的如蝌蚪文，直接的揭示了上甘棠村的神秘面纱，让人捉摸不透(图 8-33)。

图 8-33

（六）古驿道口

石壁之下的小径，是湘中至两广的古驿道口(图 8-34)，这里是江永通往两广的必经小路，由于地形奇特，依山傍水，与河对面的寺、楼、阁、台隔河相望。优美的环境也成为了村庄

图 8-34

里文人墨客吟诗作赋的好地方。如今这条青石板小路已被历史磨得凹凸不平，刻印上历史无法磨灭的痕迹。

(六)上甘棠村景色

上甘棠是一幅优美的田园山水画卷。虽然没有凤凰古城的喧闹，没有水城周庄的繁华，但却透出一种江南村落独特的古朴与小巧。这座湘南小村经历千年风雨，实在是一卷值得研读的生动人文画册。上甘棠的村民们也自有一番别处少见的平和安然(图 8-35)。

图 8-35

三、体验攻略

上甘棠村位于江永县南，距县城 25 千米。坐公交车约需 25 分钟，在江永老车站乘车，每天回县城的车很多，从上午一直到下午 5 点半左右。

导读：湘西土家族苗族自治州位于湖南省西北部，与湖北、贵州、重庆三省(直辖市)接壤，全州山水风光奇特，风景区面积占国土总面积的6%。猛洞河河谷幽深、绝壁高耸、古木参天、猿啼不止，被誉为“天下第一漂”，湘西岩溶地貌分布广泛，地上峡谷众多，古朴幽深，古丈坐龙峡大峡谷“奇险幽峻”，被称为“中南第一大峡谷”；落差220米的德夯流沙瀑布，气势壮观，动人心弦；地下溶洞众多，妙不可言，仅龙山火岩乡就有地下溶洞200多个，是世界上最密集的溶洞群。

第九章 湘西土家族苗族自治州森林体验与森林养生资源概览

湘西土家族苗族自治州位于湖南省西北部，与湖北、贵州、重庆三省市接壤，全州山水风光奇特。1952年8月成立湘西苗族自治区，1955年改为湘西苗族自治州，1957年9月成立湘西土家族苗族自治州。现辖7县1市，165个乡镇，国土面积1.55万平方千米，总人口292万，其中以土家族、苗族为主的少数民族占78%。湘西有厚重的历史文化；有浓郁的民俗风情；有神奇的山水风光；有独特的资源禀赋。

1. 地理位置

湘西州位于湖南省西部偏北，酉水中游和武陵山脉中部。其地域范围为东经109°10′~110°22.5′，北纬27°44.5′~29°38′。东邻贵州省铜仁市，重庆市酉阳土家族苗族自治县，南接怀化市麻阳县，西连怀化市沅陵县，北抵张家界市。东西宽约170千米，南北长约240千米。全市土地面积15462平方千米，其中城区面积556平方千米。湘西州辖吉首市、泸溪县、凤凰县、花垣县、保靖县、古丈县、永顺县、龙山县。

2. 地形地貌

武陵山脉自西向东蜿蜒境内，系云贵高原东缘武陵山脉东北部，西骑云贵高原，北邻鄂西山地，东南以雪峰山为屏。

湘西州境，地处云贵高原北东侧与鄂西山地南西端之结合部，武陵山脉由北东向南西斜贯全境，地势南东低、北西高，属中国由西向东逐步降低第二阶梯之东缘。西部与云贵高原相连，北部与鄂西山地交颈，东南以雪峰山为屏障，武陵山脉蜿蜒于境内。地势由西北向东南倾斜，平均海拔 200～800 米，西北边境龙山县的大灵山海拔 1736.5 米，为州内最高点；泸溪县上堡乡大龙溪出口河床海拔 97.1 米，为州内最低点。

西南石灰岩分布极广，岩溶发育充分，多溶洞、伏流；西北石英砂岩密布，因地壳作用形成小片峰，以花垣排吾乡周围最为典型。东西部为低山丘陵区，平均海拔 200～500 米，溪河纵横其间，两岸多冲积平原。地貌形态的总体轮廓是一个以山原山地为主，兼有丘陵和小平原，并向北西突出的弧形山区地貌。

3. 气候概况

湘西州属亚热带季风湿润气候，具有明显的大陆性气候特征。夏半年受夏季风控制，降水充沛，气候温暖湿润，冬半年受冬季风控制，降水较少，气候较寒冷干燥。既水热同季，暖湿多雨，又冬暖夏凉，四季分明，降水充沛，光热偏少；光热水基本同季，前期配合尚好，后期常有失调，气候类型多样，立体气候明显。

4. 交通条件

经过自治州境内的铁路仅有一条焦柳铁路和黔张常铁路。全州公路总里程 12258 千米。州境内有国道 428 千米，省道 2244 千米；高速公路 150 千米。全州已实现乡乡通公路。境内常德至吉首、吉首至茶洞、吉首至怀化、张家界至花垣、凤凰至大兴的高速公路已建成通车。

第一节　凤凰古城景区

一、概　况

凤凰古城位于湘西州凤凰县，沱江从西至东横贯全境。凤凰古城始建于清康熙 43 年，历经 300 年风雨沧桑，依旧保持了 20 世纪初的历史风貌。城内青石板街道，江边木质吊脚楼，以及朝阳宫、天王庙、大成殿、万寿宫等建筑，无不具民族特色。凤凰山川秀美，人杰地灵，这里走出了民国第一任总理熊希龄、文学巨匠沈从文以及书画大师黄永玉。

二、主要森林体验和养生资源

凤凰古城是国家历史文化名城，国家 AAAA 旅游区，曾被新西兰著名作家路易艾黎称赞为中国最美丽的小城。这里与吉首的德夯苗寨，永顺的猛洞河，贵州的梵净山相毗邻，是怀化、吉首、贵州铜仁三地之间的必经之路。作为一座国家历史文化名城，凤凰的风景将自然的、人文的特质有机融合到一处，透视后的沉重感也许正是其吸引八方游人的魅力之精髓。

凤凰古城又称风雨边城：一座青山抱古城，一湾沱水绕城过，一条红红石板街，一排小巧吊脚楼，一道风雨古城墙，一座沧桑老城堡，一个奇绝奇梁洞，一座雄伟古石桥，一群闻名世界的人。是一个一切都美到极致，给人流连忘返，心不思归的休闲理想场所。

（一）陈斗南宅院

陈斗南宅院建于清光绪28年（1902年），位于古城内吴家弄一号，在东门城楼和杨家祠堂之间，占地面积366.6平方米，由前进、天井、中堂及后进组成，为四水归堂回廊式院落，四周防火墙高深严密，是江南典型的四合院。宅院是民国时期的将军府，陈宅出了两位国民革命军少将，陈斗南将军和侄子陈范将军。

图 9-1

陈氏祖宗泥塑像是泥人张传人张秋潭大师的封世之作，被专家、教授赞誉为国家级乃至世界极的泥塑艺术精品（图9-1）。

（二）沈从文故居

1902年12月28日，著名作家、历史学家、考古学家沈从文先生就出生在这里——一座具有明清建筑风格的小巧院落（图9-2）。小院中间有个天井，共有10间房，是沈从文的祖父沈洪富于清代同治初年建造的。沈从文在这度过了他的童年和

图 9-2

少年时光。

（三）熊希龄故居

位于古城北文星街的一个小巷内。占地面积800平方米，门、窗为木结构，其上或雕花或绘图，造型大方、做工精美，是典型的苗族古院落建筑模式，极富民族风情（图9-3）。

图9-3

（四）杨家祠堂

至今在凤凰保护最为完整的祠堂，位于县城东北部古城墙边。是由太子少保、果勇侯、镇竿总兵杨芳捐资修建于清道光十六年（1836年）。祠堂由大门、戏台、过亭、廊房、正厅、厢房组成（图9-4）。

图9-4

（五）田家祠堂

凤凰规模最大的祠堂。位于沱江北岸老营哨街。始建于清道光十七年（1837年），为时任钦差大臣、贵州提督的凤凰籍苗族人士田兴恕率族人捐资兴建。民国初期，湘西镇守使、国民党中将田应诏（田兴恕之子）又斥巨资最后修建完工（图9-5）。

图9-5

（六）文昌阁

又称文昌庙，是祭祀文昌星的地方。位于城南虎尾峰下。这里古木参天、风景旖旎秀丽、老榆古槐相掩、翠竹芭蕉相映、建筑精巧、规模宏大。民国时，这里是“模范国民学校”。沈从文、黄永玉、刘祖春、朱早观、李振军、肖继美等众多凤凰名人都在此念过书。现在这里是文昌阁小学所在地（图9-6）。

图 9-6

（七）回龙阁吊脚楼

回龙阁吊脚楼群坐落在古城东南，前临古官道，后悬于沱江之上，是凤凰古城具有浓郁民族特色的古建筑群之一。大部分都是上下两层，俱属五柱六挂或五柱八挂的穿斗式木结构。上层宽大，制作工艺复杂，做工精强考究，屋顶歇山起翘，有雕花栏杆及门窗；下层占地很不规则，不作为正式房间，但木质下吊部分均精雕细刻，有金瓜和各类兽头、花卉图案，上下穿枋承挑悬出的走廊或房间，使之垂悬于河道之上，形成一道独特的风景（图9-7）。

图 9-7

图 9-8

（八）北门城楼

本名“壁辉门”（图9-8），因位于古城北面，俗称北门城楼。北门城楼始建于明朝，北门城楼与东门城楼之间有城墙相连，前临清澈的沱江，既有军事防御作用，又有城市防洪功能，形成古城一道坚固的屏障。壁辉门虽几经战火，仍巍峨耸立于沱江海岸。

（九）沱江跳岩

位于凤凰古城北门外沱江河道中，始建于清代康熙四十三年(1704 年)，旧时为东北进入凤凰古城的主要通道之一。跳岩全长 100 米，15 个岩墩依次横列在沱江河床上，墩与墩之间相距 5 米，上面用木板搭铺，木板再用铁链捆牢，固定在河两边的铁桩上，以防被洪水冲走(图 9-9)。

图 9-9

（十）守翠楼

位于城东回龙阁，是著名画家黄永玉的画室，属牌坊式结构。整个建筑青瓦凝古、飞檐翘角、雕花木窗，如亭似榭(图 9-10)。

图 9-10

（十一）石板老街

宽不足 5 米的青石版街，自道门口往西，经十字街、东正街、西正街、回龙阁、营哨冲、陡山喇、接官亭、沈从文墓地直至天下第一泉，全长 3000 多米。是凤凰最繁华的商业街。道两旁的建筑、街巷，都能让游客饱览古镇的万种风情(图 9-11)。

图 9-11

（十二）虹桥

原名卧虹桥，建于清代康熙九年(1670年)，民国三年重修，改名为虹桥。桥有二墩三孔，是用木地红条沙石砌成的石拱桥。原桥面两侧各建有12间吊脚楼木板房，开设饮食、百货店，中间为2米宽的人行长廊。长廊上方建有屋顶，行走廊中，可避风雨，故又称风雨楼。几经拆除兴建，1999年底又重修复了虹桥风景楼，两边仍作为店铺(图9-12)。

图 9-12

（十三）万名塔

位于东岭山麓的沱江之滨，东靠雕梁画栋的遐昌阁，西望气势若虹的风雨桥。现塔高21米，为大级六角砖塔，塔面饰以彩绘、雕塑；六通皆有丰月拱门窗，小塔精美秀丽(图9-13)。

图 9-13

（十四）奇峰山

原奇峰寺所在地，虽寺庙已不存在，但其景致依然高古幽静。在此山上有非常好的视角观看沱江、吊脚楼、虹桥、夺翠楼、万名塔等景(图9-14)。

图 9-14

（十五）黄丝桥古城

一座保存完好的古兵营——建于唐代垂拱二年

(686 年)，是当时的渭阳县县城。最早是个土城，明代为镇压苗民改建为土石混合城。随着苗族起义的增加，清政府在康熙三十九年把它修建成一个全石结构的防御性城池。

图 9-15

黄丝桥古城呈长方形，全长 686 米，是我国保存最完整的石头城。古城只有东西北三个城门，没有南门。因为建时缺水，从建筑上说南方属火，开南门容易引火入城，所以为了吉利就没有修南门(图 9-15)。

(十六)南方长城

图 9-16

凤凰南长城始建于明朝万历年间，全长 190 千米，城高约 3 米，底宽 2 米，墙顶端宽 1 米，穿越山水，大部分建在险峻的山脊上。所看到的南长城是依旧址重建而成。登上长城，田园风光一览无余。还依稀可见当年的一些残垣断壁和烽火台，回想南长城过去的雄伟和风采(图 9-16)。

(十七)奇梁洞

图 9-17

坐落在凤凰古城东北向的奇梁桥乡，从凤凰到吉首的途中，洞内怪石嶙峋，拟景拟物，惟妙惟肖(图9-17)。

(十八)山江苗寨

又名总兵营，苗语称“叭固”，位于古城西北20千米处的一个峡谷之中，是一个充满苗族生活气息的小山寨。这里保留着很多古老的苗家习俗，有幸游山江的话，艳丽夺目的苗族服饰，情调别致的拦门酒，风格独特的卡鼓、拦路歌、边边场，会使您如痴如醉、耳目一新(图9-18)。

图9-18

(十九)千潭湖

千潭湖是湘西最神奇湖泊，苗族人的圣湖，有“湘西怪湖”之称。为地下水形成的天然湖泊，面积不大，最深处达183米，水可直接饮用。湖中水怪，苗语“勾龙”，传说为苗族祖先蚩尤化身，依苗家习俗，赴苗家做客，从此湖泛舟而过，或用此水洗浴，可免灾辟邪，长命百岁。相关媒体及专家纷纷前往考察，湖中“水怪”原是一种举世罕见的古珍稀生物——“水中大熊猫”，也叫“亿岁仙子”，其在地球有6.5亿年，比恐龙还早3亿年，每年炎热季节“水怪”浮出水面，翩翩起舞，堪称湘西奇怪(图9-19)。

图9-19

图9-20

(二十)书家堂

位于凤凰县黄合乡，又称舒家塘，曾是北宋杨家将杨六郎第三子杨再思在凤凰的屯兵之营。古城堡规划很有特色且规划合理。城中现存 13 个大石门，全是整块条石建造，气势非凡(图 9-20)。

(二十一)老洞苗寨

隐蔽在湘黔交界出的群山中。算是最原始的苗寨，没有电，如果是从凤凰去，需要坐车坐船再步行，在大山深处，沿途穿越的峡谷风景秀丽，寨中建筑很有特色(图 9-21)。

图 9-21

三、体验攻略

凤凰县内共 3 个汽车站，其中游客涉及较多的是城北汽车站和沱田汽车站。前者又称凤凰汽车北站或凤凰汽车客运总站，游客乘车到凤凰，基本都是在此站下车。而前往洪江古商城、黔阳古城、雪峰山漂流等地的游客，可以在沱田汽车站乘车或中转。古城内禁止汽车出入。

第二节　猛洞河漂流

一、概　况

猛洞河位于湘西州，地跨永顺和古丈两县，猛洞河风景区处在武陵山脉环抱之中。由于所处环境优越，造就了它集山水之美而独成一体的旖旎风光。它既带有三峡之雄伟，张家界之神秘，又融漓江之娟秀，杭州西湖之温馨。

猛洞河因“山猛似虎，水急如龙，洞穴奇多”而得名。猛洞河漂流位于湖南省湘西自治州永顺县芙蓉镇，其起漂点据湘西著名的旅游景点芙蓉镇仅 40 千米。猛洞河水量丰富，河流坡降大，水急滩多浪奇，高大的峭壁直插水面，两岸并相靠拢，形成幽深的峡谷景观。沿河两岸古木苍天，苍翠欲滴，奇石错落，流泉飞瀑随处可见，下游一路水碧山青，风光秀丽，野猴成群，溶洞奇特。猛洞河天下第一漂项目位于猛洞河支流，全长 47 千米，最精彩处位于哈妮宫至牛路河段，长约 17 千米。

二、主要森林体验和养生资源

猛洞河两岸山峰林立，风景秀丽，使人赏心悦目。一般漂流都是从离王村古镇十多千米的哈尼宫到猴儿跳一段，这里多险滩，水流较湍急，逼人的绿色，啁啾的鸟音，空灵的水声便和着峡谷野风扑面而来，浸淫你每一寸肌肤。阳光顺着长满戟形叶片的古藤溜下来，猛不丁地被突兀的崖石击了一掌，扭曲着筛过蓊郁的枝叶，如一枚枚古币般在绿得有些发蓝的河上跳跃，闪着古老的光泽。沙滩、卵石、艾蒿、蒲草、渔歌和野性十足的流水，都在以最简单最直接的方式提醒你：去漂向神秘，漂向思绪的触角还没有过到的地方。

（一）哈尼宫瀑布

河水幽清澄碧，两岸石壁嶙峋。前方有一束似白纱的小瀑从断崖顶直挂下来，吊在绿茵茵的斜坡上，那是哈尼宫瀑布。在左边笔直的石壁上有著名的社会学家费孝通先生题写的“天下第一漂”几个字（图 9-22）。

图 9-22

（二）山脚岩石

水明石美，如一湾天然盆景，美石堆堆，水波摇影，有的像野马奔驰，有的如绵羊吃草，有的若猴儿捞月，有的似玉兔临空飘摇。岸边的岩石就如溶洞里的一个样琳琅满目，无奇不有。所不同的是钟乳石长期裸露，都不同地 蒙上了苔藓的绿色，一些绿草和灌木穿插其间，

图 9-23

使自然光照的美与溶洞之美融为一体(图 9-23)。

(三)捏土瀑布

捏土是土语，最美的意思。此瀑布高达 30 多米，宽 50 多米。瀑布上面飞云走雾，下面一派烟雨，绿树葱茏，怪石嶙峋。捏土的奇妙在于水潭中的这两块石头。这石头嵌在水中，宛若沉舟，又似石屏(图 9-24)。

图 9-24

(四)回首峡

现称阎王滩。阎王滩峡而曲、凶且险，是一处易进难出的天然峡关。舟行其中一沉浮、左右猛拐、浪花袭人、惊险刺激、游人惊呼，可谓是“舟沉舟浮浪花里，人歌人笑烟雨中”(图 9-25)。

图 9-25

(五)落水坑瀑布

瀑布高 200 多米，上窄下宽，活似从天边撒下的一具银线网。是猛洞河最大的瀑布。它是一条水量丰富的小河，在此处突然失去河床的依托，水流飞奔直下，临空跌落到底下的陡坡上，然后呈弧行展开，直飞到司河。此瀑布近观滔滔、涸雾朦胧、凌空习坠、漫天飞珠，奔腾直下(图 9-26)。

(六)梦思峡谷

峡谷长 100 米，宽 7 米，高 200 多米。无数细流从绝壁上檐直垂河面，挂满了峡谷，形成一条瀑布长廊。一缕缕、一丝丝、一串串宛若银丝晶莹透明。

瀑布下面是一些奇形怪状、滑得出奇的石头露出水面，表面上青苔如茵，湿露露的、蓬松松的，像姑娘没有织完的绿色地毯。谷中的渍石，塞在河心，酷似一头牯牛，在河水的映衬下，轻缓移动，安然而富有生机(图 9-27)。

图 9-26

(七)牛路河大桥

引牛路河是上程漂的终点，这里设有完善的综合性功能服务区，漂流完后的游人从这里起岸乘车返回。桥高 80 米，宽 50 米，属永顺第三大桥，而今，牛路河大桥变得更加重要，它既是漂流的中转码头，也是永顺县城——芙蓉镇的旅游、经济主要通道(图 9-28)。

图 9-27

三、体验攻略

图 9-28

猛洞河漂流位于湖南省湘西自治州永顺县芙蓉镇，其起漂点距芙蓉镇仅 40 千米。游客到猛洞河漂流一般都在芙蓉镇住宿一晚，第二天清早乘车去哈尼宫开始漂流。从张家界出发需 2. 5 小时车程。从吉首出发需 1 小时车程。从凤凰古城出发需 2 小时车程。

第三节　红石林景区

一、概　况

红石林位于湘西州古丈县茄通和断龙乡境内，面积约30平方千米，距古丈县城26千米，红石林目前是全球唯一在寒武纪形成的红色碳酸岩石林景区。据地质专家考证，红石林岩石形成历史约有4.5亿年，是海底沉积了大量混合泥砂的碳酸盐物质，经地壳运动和侵蚀、溶蚀作用，形成了这片美丽的地质奇观。红石林景区与千年古镇芙蓉镇(王村)隔河相望，与天下第一漂猛洞河毗邻，处在张家界至凤凰古城这条旅游黄金走廊的中心节点位置。我国红石林多分布湘、鄂、黔、渝旅游版块的中心腹地。红石林是全球唯一在寒武纪形成的红色碳酸岩石林景区。在2005年被批准为国家地质公园。

二、主要森林体验和养生资源

古丈红石林核心区占地约20平方千米，色彩鲜艳，造型优美最珍贵的是古丈红石林保持了原生态之美，在发现以前从来没有被人打扰过，石林中有峡谷、溪流、清泉，如织毯样的草坪、古老的紫藤花，与红石林相得益彰，整体景观秀丽精致清雅，宛如一个天然的园林。

这里所有的石头都披着一层细密的纹格，如同珊瑚礁一般。精致优美的红石林以其典型性、稀有性、优美性、自然性以及系统性、完整性赢得了各个领域专家的高度评价。

古丈红石林的色彩还因天气而变，晴天望之，一片紫红，阵雨过后，顿成褐红，宛如一幅山水画，雨过天晴，无数石峰又魔幻一般从边缘由褐红变成紫红，此时颜色鲜艳，如工笔重彩，须臾之间，变化多端，令人惊叹。

(一)扬子古海

扬子古海当地人称之为玄关幽谷，是一片神奇的变色石林。大约在四亿八千万年前的早奥陶纪，这里是一片浅海，地质史上称扬子古海。海洋生物在此繁衍换代、生生死死，留下了不少古生物遗体，再加上入海河流带来的含有大量碳酸盐的泥沙，海底沉积了大量混合泥沙的碳酸盐物质，经过地壳运动海底被抬起，在漫长的地质演变下，沉积形成了薄质中层流状离质灰岩石和石灰岩。到了两亿两千万年的中三迭世末期，在大自然风化、水蚀、溶蚀和重力的外动力地质作用下形成了这片神奇的变色石林，造就了美丽的地质奇观——中国唯一的红色碳酸盐岩石林。由于岩石物质成分的差异，石牙芽、石林、有多种多样的颜色（图9-29）。

图 9-29

（二）天地人池

天地人池为三个岩溶洼地，构景岩层为奥陶系牯牛潭组泥质灰岩，受地质构造和岩溶作用影响，在景区中部三个台阶形成的岩溶洼地，从上至下，依次为天池、人池、地池，是由于流水侵蚀、溶蚀作用而形成，在景区的中轴线上，分布着天、地、人三池，天池静谧空灵，木叶传情，感悟天簌之音，地池浑厚古朴，返璞归真，寻找生命之根，人池荷花盛开，泛舟采莲，体验小桥流水人家。三位一体，天地人和，碧水巉岩长相守，天光云影共徘徊（图9-30）。

图 9-30

（三）奥陶海底

奥陶海底也叫石兵列阵。在早奥陶纪时期，这里曾是一片浅海，经过地质运动，海底被抬起，在大自然风化、水蚀、溶蚀和重力的外力作用下，红石林地面岩石被分割打磨成很有规律的石牙、石柱、石林等形态怪异的海底奇观（图9-31）。

图 9-31

（四）石莲花

相传这朵硕大的石莲是观音菩萨凡间修身净地的莲

台。观音菩萨对这朵莲花情有独钟，所以这朵莲花也就最有灵性。至今，每当雨后天晴或皓月当空之时，石莲花上空呈现出黄色的光环，久久不散。当地土民认为是观音现世为凡间赐福。有见奇观者，个个烧香点烛，谢拜接福(图 9-32)。

图 9-32

三、体验攻略

可参考行驶路线：①张家界出发(全程 95 千米，约 75 分钟)，张家界阳湖坪镇(张花高速入口)→羊峰(芙蓉镇东)下高速→S229(羊峰方向)→红石林景区；②凤凰/吉首出发(全程 108 千米，约 85 分钟)，凤凰北路→G209→杭瑞高速→吉首站下高速→人民北路→S229→红石林景区。

第四节　吕洞山

一、概　况

吕洞山位于湖南省湘西自治州保靖县夯沙乡境内，面积为 64 平方千米，距县城 55 千米，距吉首市区约 20 千米，吕洞山距吉首市区 21 千米，距德夯景区 14 千米。因两个穿洞横贯山体呈一个半倒的“吕”字而得名。吕洞山 2009 年被列为湖南省风景名胜区，2012 年被评为国家 AA 级旅游景区，2013 年被列为全国非物质文化遗产核心保护区。

二、主要森林体验和养生资源

吕洞之美，美在圣山、美在苗寨、美在瀑布、美在苗鼓、美在风情、美在佳肴、美在苗画、美在黄金茶。同时被外界称为“苗族的精神家园，艺术灵感的天堂”。景区内植被丰富，奇峰挺秀，飞瀑倒挂，景色迷人，文化原生古朴、底蕴丰厚，在这里，既可以饱览秀美的自然风光，又可以体验激情奔放的苗族歌舞，也可以品尝到可口的苗家百虫宴和清香的黄金茶，观赏国家非物质文化遗产苗画和惊心动魄的苗族巫傩绝技，用心来感悟吕洞圣山五行苗寨的古朴和神秘。

（一）夯吉苗寨

图 9-33

夯沙乡夯吉苗寨，是一个苗族集聚的村寨。“夯吉”为苗语，原本是“夯革”，“夯”是山谷的意思，“革”是茶叶，即“茶叶的山谷”。这里出产的保靖黄金茶非常有名，色香味俱佳，古人有“一两黄金一两茶”之说，是少有的珍品。由于苗语的“革”发音在汉语中不好写，就改为“吉”。夯吉古寨有 1500 多人，430 余户，是湘西少有的大村落群。古寨分布在被称为“九龙夺宝”地势的三沟三岭之中，依地势自然而建，高低错落有致，清一色的是木质结构，还夹杂着不少的吊脚楼，很有诗情画意，画画、摄影都有良好的角度和视野。有些地方即使在同一个点不动，就可以东南西北的转着画多张完全不同的景色，可谓是一步一景，实在难得。阳升观始建于唐天宝七年(748 年)，唐玄宗发现此胜景。敕令建造观宇，赐名朱阳观。香火一直旺盛(图 9-33)。

（二）吕洞苗寨

图 9-34

古寨依山而建，傍水而居，高低错落有致。何时何地，它都表现给你一种人与人、自然与自然、人与自然、自然与人的那种近乎完美的和谐之美。吕洞苗寨全部是木质瓦房，一应的青瓦屋面，板壁刷上桐油进行防潮处理，泛出乌褐油亮的颜色；依山畔水就地势而建的房屋，与山水、田野自然而不失协调的糅合为一体，犹如一幅幅精美的山水画卷(图9-34)。

(三)指环瀑布

咕哒漂，苗语意思是像赠送给心上人的戒指、手镯一样的圆弧瀑布。上游渡鸟瀑布的滔滔水从大丰冲群鸟山头的溶洞流下，泉流在山腰分道而下，一股大泉水从高山上飞泻下来，冲击着一块厚约2米巨石，巨石被冲击成直径3米多宽的圆弧，水流从圆弧中洞穿而下，形成瀑布深潭，潭中泉水碧绿透亮，宛如翡翠，雾气腾蒸，美妙绝伦。传说那是吉峒当年送给年姑的银质指环(图9-35)。

图9-35

(四)峡谷云雾

由于吕洞山区所处地质年代久远，溶洞多，峡谷多，溪流多，温水多，瀑流多，河流切割密度大，深度大，众多溪谷河流成放射状分布，众多奇峰雄岭层层叠叠，形成云海仙山。当地人说，一年365天，至少有200多天有雾。浓雾升起时会把万峰沟壑浸泡起来，云雾淡开时会在峰峦树木间悠游。这里的云雾瞬息万变，时而是风平浪静的海洋，时而是波涛汹涌的波浪，时而是雪浪排空的汪洋，时而是奔泻千里的激流，时而是亲吻山谷的飞瀑，时而是紫光幻影的海市蜃楼，时而是隐约可见的仙山蓬莱……静态的雾海引人想象，动态的云海给人震撼，所有的云雾散尽时，整个吕洞山就是“山重重，山青青，万

图9-36

峰腾龙气雄浑。水弯弯，水灵灵，千转百回流清纯”的绝版绝唱(图9-36)。

(五)奇峰怪石

异峰如塑，怪石纷呈是吕洞山景区自然风光的一大特色。在大自然数千万年的雕塑之下，景区内石峰林立，绝壁层层，峰峦交错，沟壑幽深。鬼斧神工般的悬崖峭壁壁立万仞，险不可攀。吕洞山的怪石生动有趣，异姿纷呈，吕洞山、骆驼峰、孔雀峰、玉壶峰等，个个惟妙惟肖，栩栩如生(图9-37)。

图9-37

三、体验攻略

吕洞山位于保靖县夯沙乡境内，距离吉首市区21千米，从吉首市区到吕洞山仅需40分钟。可参考乘车路线：①吉首方向：吉首火车站→火车站货场口→峒河办事处小溪村→已略乡龙舞村、结联村→夯沙乡夯沙村、梯子村、吕洞村。②保靖方向：保靖县城→水银乡→水田河镇→夯沙乡吕洞村。③花垣方向：花垣县成→董马库乡→水田河镇(翁科村、排捧村、格如村)→夯沙乡吕洞村。

第五节　南华山国家森林公园

一、概　况

南华山国家森林公园位于湖南省湘西凤凰历史文化名城——凤凰古城南侧，高700米，共九峰七溪，最著名有虎尾峰、芙蓉岩，是一道天然屏障。山上草深林茂，野花遍地，清泉洌洌，山秀水奇，是凤凰八景之冠。南华山是中国七十二大福地之一，是一座自然幽静而充满神奇的绿色迷宫。公园的自然之色与古城众多的人文景观遥相呼应，形成一幅古城在森林中，公园在城市里，集古扑、清秀、典雅、神奇于一体的优美画卷。青山、绿水、古城天然溶合，互为因借，实不多见。

二、主要森林体验和养生资源

南华山国家森林公园总面积2134.2公顷，森林覆盖率96%，呈月牙形环抱凤凰古城，清澈的沱江水穿城而过，内有大小峰峦45座，沟涧壑谷72条，山泉21处。公园内有南华叠翠，东岭迎晖、奇峰挺秀、兰径樵歌，山寺神钟、金钩挂玉、观音山、沈从文陵园、烈士纪念碑，天王庙、武侯寺、奇峰寺、榭、亭、楼、阁等人文、自然景观交相辉映，漫步公园，处处是诗情画意，令人流连忘返。

(一)南华山

南华山位于凤凰古城南面，是一座自然幽静而充满神奇的绿色迷宫。高七百公尺，共九峰七溪，最著名有虎尾峰、芙蓉岩、沈从文陵园、烈土纪念碑、天王庙等。山间有动植物500多种，其中珍稀动植物就达30多种。山上草深林茂，野花遍地，清泉冽冽，山秀水奇，是凤凰旧时古八景之冠。境内气候温和，朝则薄雾笼清、暮则斜阳凝紫，浅妆浓抹，晴雨皆宜，一年四季流溢着诗情美妙，蕴藏着画意高雅，充分展示了大自然的诱人魁力(图9-38)。

图9-38

图9-39

(二)石阶路

南华山石阶路是南华山森林公园的一大景观石板路，石板路展现的是一种纯朴的原始的图案美，而南华山的石阶路，表现出的却是一种像游龙戏水般的曲线动感艺术(图9-39)。

南华山登山石阶近2000级，每一级高20厘米。石阶缘山势铺陈，平平陡陡，曲曲弯弯。路两旁，古树参天，山花遍地。坡势陡峻处，林木更为茂密。石阶路两旁的古树，虬枝相接，绿叶相掩，石阶路像一条蜿蜒上升的绿色隧道，行走其间，登临者一定会有几许曲径通幽的感慨。

（三）纪念碑

革命烈士纪念碑在南华山半腰上。碑高20米余，是“凤凰县革命烈士纪念碑”，纪念近代为反抗国内外反动势力以及争取民族解放、人民自由幸福而牺牲的凤凰先烈。

碑建于1987年3月，是年10月1日竣工。建成后的纪念碑，基座分两级，下级刻有浮雕，上级为名人题词（图9-40）。

图9-40

（四）壹停亭

“壹停亭”即游客到此一停小憩之意。壹停亭建成于1995年5月。亭不大，6根亭柱，柱间有额枋相联；6个翘角，如鹏鸟展翼。屋顶高耸，六条垂脊交汇于顶，上有彩色圆葫芦冠盖。亭内，横枋联柱成凳，围成一个正六边形，后有一米左右宽的回廊，回廊上有护栏。亭咸上方有一小井，曰“饮虹井”，水清澈至冽，涓涓线流绕亭而下，一直流进谷底，小溪上有两座小石桥，给壹停亭平添几分雅致。路旁奇树，崖边怪石，鬼斧神工。石阶路缘崖蜿蜒，穿云架雾数百级，便登上南华顶峰（图9-41）。

图9-41

三、体验攻略

从凤凰古城起点向虹桥中路出发，沿虹桥中路行驶400米，到达终点南华山国家森林公园。

第六节　芙蓉镇景区

一、概　况

芙蓉镇地处武陵山区，永顺县南端 51 千米处，东与高坪乡、松柏镇相接，南与长官镇相邻，北与列夕乡、抚志乡交界，西与古丈县红石林镇、罗依溪镇隔河相望。镇内最高海拔 927 米，最低海拔 139 米。芙蓉镇，本名王村，是一个拥有两千多年历史的古镇，因宏伟瀑布穿梭其中，又称“挂在瀑布上的千年古镇”。位于湘西土家族苗族自治州境内的永顺县，与龙山里耶镇、泸溪浦市镇、花垣茶峒镇并称湘西四大名镇，又有酉阳雄镇、“小南京”之美誉。后因姜文和刘晓庆主演的电影《芙蓉镇》在此拍摄，更名为“芙蓉镇”，现为国家 AAAA 级景区。

二、主要森林体验和养生资源

芙蓉镇不仅是一个具有悠久历史的千年古镇，也是融自然景色与古朴的民族风情为一体的旅游胜地，又是猛洞河风景区的门户、一个寻幽访古的最佳景点。正像陈运和《芙蓉镇》所说：“湘西口音满背篓，猛洞河古老风韵流”。四周是青山绿水，镇区内是曲折幽深的大街小巷，临水依依的土家吊脚木楼以及青石板铺就的五里长街，处处透析着淳厚古朴的土家族民风民俗，让游人至此赞不绝口，留连忘返。胡绩伟先生游览猛洞河和芙蓉镇以后作词赞道：“武陵山秀水幽幽，三峡落溪州。悬崖峭壁绿油油，悠悠荡华舟。烹鲜鱼，戏灵猴，龙洞神仙游，芙蓉古镇吊脚楼，土家情意稠。”

(一)溪州铜柱

溪州铜柱是研究土家族古代历史的重要文献，土家族人视铜柱为神物。原立于下溪州故城，1961 年，国务院将其列为国家重保护文物。1969 年，酉水下游凤滩水库建成，铜柱处于淹没区。经国务院批准，于当年 11 月将铜柱迁至王村，使千年古镇更加熠熠生辉，现存民俗风光馆内(图 9-42)。

(二)五里石板街

芙蓉镇是一座土家族人聚居的古镇，有保存完好的五里青石板街，两边是板门店铺、土家吊脚楼，一路蜿蜒而行，将人带到酉水岸边的渡船码头。

从码头向左望，可见芙蓉镇瀑布和其旁建在悬崖边的飞水寨。五里石板街见证了古镇几千年的历史变迁，在2300多年的历史中，芙蓉镇作为水陆交通的要塞，一直是通商的黄金口岸。据史书记载，在清朝乾隆、嘉庆、道光年间芙蓉镇的店铺就有560余家，每日骡马千余、商贾云集，一派繁荣景象，素有"小南京"之称。而今的古街虽说缺了身着长袍立于高柜的风景，街两旁却也摆满了琳琅满目、富有古镇特色的精美物品。而时而出现的古镇米豆腐，拾级而上的石板街，更是把人拉入了刘晓庆与姜文主演的《芙蓉镇》电影场景里，别有一番风味（图9-43）。

图 9-42

图 9-43

（三）芙蓉镇大瀑布

瀑布是芙蓉镇首屈一指的天然美景，任何到芙蓉镇的人都必到瀑布。芙蓉镇三面环水，瀑布穿镇而过，别有洞天。这是湘西最大最壮观的一道瀑布，高60米，宽40米，分两级从悬崖上倾泻而下，声势浩大，方圆十里都可听见。春夏水涨，急流直下，飞虹相映，五彩纷呈。"挂在瀑布上的千年古镇"由此得名（图9-44）。

图 9-44

（四）土司行宫

这里是当年富甲一方的土工所选择建造避暑山庄的地方，一夫当关，万夫莫开。行宫侧面是悬崖峭壁，宫前溪水长流，飞瀑直泻，震耳欲聋，气势蓬勃。在土司王统治时期，这里一直是士兵们的营房所在地。土王行宫在瀑布镶扮下有“水帘洞”“檐下飞瀑”等自然景观；有唐伯虎、沈从文等文人留下的诗词墨宝；有歌星宋祖英拍摄《家乡有条猛洞河》《小背篓》MTV 的歌台；有刘晓庆在此游泳、品茶观瀑的茶楼；有《乌龙山剿匪记》等多部影视剧外景拍摄场景(图 9-45)。

图 9-45

(五)土人居穴遗址

位于芙蓉镇大瀑布下的入口，有一个石岩洞，这是早期土人居住的遗址。这个石岩洞很久以前能够容纳千人，后经千百年的水涨水落，被大量淤泥积压成现今之样。据当地的王姓谱书记载，很久以前，有一批人为避秦朝战乱，一路沿沅江涉水而上，历经千辛万苦，来到这个石洞歇息，见洞内有一些长发赤脚，披兽发，发声如鸟兽语的人。这些人就是早期居住在芙蓉镇的土家先民。这拨人见这些土家先民勤劳善良，极易相处，便同他们久居下来，繁衍生息，一起经营了这个地方。为了方便当时原始的生活和生产，便合力开凿了一条古栈道(图 9-46)。

图 9-46

三、体验攻略

可参考行驶路线：①在张家界汽车站(火车站旁)乘直达芙蓉镇的班车，车程约 1.5 小时；或在吉首新车站乘直达芙蓉镇的班车，2 小时抵芙蓉镇汽车站；②吉首到芙蓉镇：从吉首出发，吉首到芙蓉镇路程 60 千米，行程约 2 小时。③凤凰古城到芙蓉镇：在凤凰古城汽车客运站，乘坐开往张家界市的班车，在芙蓉镇下车即到，车程约 2.5 ~3 小时。

自驾路线：①永顺县→溪洲路→猛洞河路→河西路→永顺大桥→S230→家塔桥→转弯进入 S230→狗爬岩隧道→转弯进入 S230→S229→芙蓉路至终点；②或怀化→G209→吉信路→吉凤路→人民中路→S229→芙蓉路至终点。

第七节　德夯风景名胜区

一、概　况

德夯风景名胜区位于湖南省西部，地处云贵高原与武陵山脉相交所形成的武陵大峡谷中段，保护面积108平方千米，是大峡谷自然风光最精彩部分。武陵大峡谷长约150千米，宽约1.5～3.5千米不等，海拔高度680～900米之间，峡谷垂直高度在400～600米之间。区内绝壁高耸，峰林重叠，溪河交错，平均气温在16～18℃之间，四季如春，气候宜人，动植物资源非常丰富，自然风光十分秀丽。

二、主要森林体验和养生资源

德夯风景名胜区是国内典型的石灰石岩溶峡谷地貌，谷深幽长，大峡谷中有许多小峡谷，如大龙峡、小龙峡、高岩峡、大连峡、麻风用峡、玉泉峡、夯峡、九龙峡等。景区内溪流众多，绝壁高耸，古树倒挂，奇峰突起，峰林重叠。据专家考证，峡谷地质属寒武纪地质年代，古生物化石丰富，属高原台地边缘岩溶峡谷地貌，国际地质界称之为“金钉子”剖面，有十分重要的研究价值。景区自然风光非常美丽，是张家界风景名胜区孪生姊妹景区。其地质上有根本区别。张家界属石英砂岩，峰林地貌具有阳刚之气，而德夯风景区石灰石岩，峰林地貌显示出婀娜之秀美。

图 9-47

（一）九龙潭

九龙溪源头的流纱瀑布高216米，是全国最高的瀑布。丰水期，滚滚流水从悬崖上飞落入深潭，犹如九龙翻波，吞云吐雾，声若巨雷，振撼山谷，气势磅礴，雄奇壮观。每当枯水时节，流水飘下悬崖，时而如轻纱拂面，时而似珠帘悬挂，宛如白纱荡涤绿潭，漾起层层涟漪，婀娜多姿，温柔秀雅。瀑布下的九龙潭碧绿清澈，可见其底。潭池呈圆形，直径宽约50余米，水深5～6米。潭中有游鱼、龙虾、螃蟹和娃娃鱼等(图9-47)。

(二)夯峡溪

夯峡溪在德夯寨东北，谷深而长，两岸悬崖峭壁，竹林青青，溪水透明清亮，淙淙流淌。

珍贵的娃娃鱼时有出没，稀有的洞蛙在夏季活跃，随处可见。在溪口被称为“戏猴壁”的石壁上嵌有一个圆形的“猴儿鼓”岩。“戏猴壁”绵延数里，壁间常有古树，枝干虬盘，风吹摇拽，群猴戏跳，别具妙趣。沿夯峡溪溯源而上2千米，在右边石壁间排着七个圆洞，这就是离奇莫测的雷公洞。每当大雨之前，洞口先是冒出缕缕白烟，轻若流云；过后狂风大作，乌云滚滚；刹间四周云翻烟覆，浓雾溟朦；顿时洞口喷出电光，射向长空；接着雷声隆隆，大雨如注(图9-48)。

图9-48

(三)燕子峡

燕子峡呈里宽外窄的口袋形，四面环壁，人如坐井观天，天则呈弯月形一小块了。这里由瀑布形成的水雾很大，空气非常湿润，立不多久，衣服就湿透了。溪谷尽头处反而较宽，在靠南不无处，峡谷突然窄小，形成两扇石门，溪水则从石门里挤石流出。从燕子峰至燕子峡尽头的西北面石壁上，悬挂着七道飞湛瀑，平均高200多米，雨季七道瀑连成一片，宽约300多米，满谷水雾，气势磅礴。干旱季节大瀑布分布若干小瀑布，挂于壁上，如丝娟、如白纱、如锦缎，具有一种女性的柔美感(图9-49)。

(四)矮寨镇苗寨

矮寨位于吉首市15千米，湘川公路从寨中穿过，是一个风景美丽、古朴的苗乡集镇，为镇政府所在地。矮寨四周皆为巍峨险峻的大山，“双龙抢宝山”“金龟望月山”“品字山”“八仙峰”等群山相互媲美。秀丽的峒河与德夯溪在这里汇合，共同为矮寨塑造了一片肥沃的河滨田园。

图 9-49

矮寨是一个具有浓厚的苗族风情的村寨。苗族人民一年一度的富有民族特色的“百狮会”“四月八”和“赶秋节”等较大的传统节日都有在此举行。每适场日，边区山寨苗胞欢欣汇集，相互交流花带、蜡染、花边、剪纸、丝线、竹器、药材及各种农副土特产品。青年男女常在这天留步路旁，约会场边，寻侣结伴，悄悄许下私情。苗民俗称“赶边边场”。浓厚的民族风情加上秀丽、清雅的大自然景观，成为矮寨的风光特色，难怪她吸引着成千上万的海内外游人(图 9-50)。

图 9-50

(五)玉泉门

从云雾峰沿青石板路行一千米，便见玉泉溪畔有一青石峰直指云端，野草山花环生，人称“苗家稚牛花柱”。石柱上稍尖，下略粗，高 200 多米，呈棱方柱状，其上多生古木巨藤，真是鬼斧神工。

玉泉门为深渊奇峡，渊谷很窄，仅十余米，宛如古关隘。清澈的玉泉溪从这关隘岩门中挤石而出，滑下石级，叮咚之声，如拨琴弦。在玉泉门内藏着一汪潭池，潭边岩石上布满绒绒的丝苔，经水浸润，绿得晶亮，象孔雀绿羽。潭水也着碧绿色，如同一颗绿珠、一块翡翠。进入玉泉门，豁然明朗，别有洞天。溯玉泉溪而上，两岸巧石奇花应有尽有，一步一景，美不胜收(图9-51)。

图9-51

(六)吉斗寨

雄鹰展翅峰在玉泉门北500米，但见一大山恰似雄鹰欲展双翅，远看惟妙惟俏。它三面绝壁，绝壁根处则向里凹，如同山鹰之腹。“鹰咀”处，悬岩凌空，岩石呈尖锐状，如鹰咀。山峰高300多米，巨岩层层，绝如削，山势雄健而威猛。

图9-52

在“雄鹰”背上，即山顶上，座落着一个古老而独特的苗族村寨，叫“吉斗寨”。吉斗寨为苗语，意为骑在雄鹰背上的寨子。苗寨傍着悬崖绝壁，藏在白云深处。远远望去，真是“远上寒山石径斜，白云生处有人家”。山寨四周古木参天，绿树荫森。寨中桃李树特多，每到春暖花开时节，桃李争艳，如在画图中，故有“桃花寨”之美称。寨上有数十户苗家都住着五柱八桂、四品排房，板壁油漆发亮，窗棂雕龙刻凤，火塘地楼仍保持古式模样。阶沿、坪场、寨路一律用方方正正的青石板铺就，平整洁净，古朴优雅(图9-52)。

(七)玉带瀑布

从玉泉门沿溪湖流而上1千米，便看见一道水瀑从200余米高的悬崖上飞流而下，飘飘扬扬如白色玉带，故得名“玉带瀑布”。

玉带瀑布不很宽，平日只四五米宽，雨季宽10余米。瀑布水源头是高山台地上的一条小溪，小溪流到这里，溪床突然切断了，溪水只好从悬崖上飞泻下来。飞泻下来的水沫大部分成片状柔美地流到深谷之底，形成银色的瀑布；少部分则是以水沫状在空中飘舞，形成如烟的流云飞雾。由于瀑布不很大，加上悬崖很高，因而瀑布随着同山风飘荡无定姿，真象是仙女的玉带在飘舞。

图 9-53

垂挂瀑布的悬崖是古朴的青灰岩层，岩层的纹理呈横线状。瀑布两边的悬壁上长满了绿色植物，植物长期有水雾浸润，绿叶翡翠如孔雀绿羽，莹莹闪亮。那青灰色的石壁、翠绿色的植物、玉白色的瀑布，互相衬托，更显鲜艳而明丽，如同一幅色彩明快的水彩画图（图 9-53）。

（八）盘古峰

盘古峰矗立在德夯村西侧，海拔 700 余米，四周绝壁，是一座人迹罕至的古老原始的独秀峰。远远望去，只见翠峰浮沉于雾海之中，犹如蓬莱仙岛，人称为“大山之骄子”。今人在盘古峰上开凿了一道石级天梯，但多奇险处。游人可以沉着开凿的“之”字形石级，穿密林、上天梯、进遂洞、转石咀、出斜径、过仙桥、在奇妙惊险之中达至峰巅。峰巅则云雾蒸腾，古林幽深，山风寒气逼人。峰顶是一片原始次森林，面积 40 多亩，下石上土，为球面圆台状。圆台土丘上覆盖着葱茏的古树，幽幽静静，千百年的古木奇干怪枝，藤萝翳漫，自生自灭。据考察，峰顶有球核 、虎皮楠、乌冈栎、蚊母树、海桐、红炳木犀、川桂、黄祀、杜鹃、山矾、石斑木、小红栲、青冈树、椤木石楠、木和黄连木等等，森林遮林遮天蔽日，荫深凉爽，空气特别新鲜（图 9-54）。

图 9-54

(九)接龙桥

德夯村位于峡谷深处，有八十余户苗家，紧紧相依于翠谷中；统一是鳞鳞灰瓦木屋，木屋间穿插着青一色的石板路、石板坪、石板桥、石板墙，透着和谐、统一的美，整个村寨显得恬适幽静。

村寨四周山势雄奇，绝壁夹天；“夯峡”“九龙”“玉泉”三溪在这里相会，如同三根彩带在这里相交结。这里是风景区的中心，一万五千多米长的青石板路从这里一直通向各个景点。这里还是一个角度十分好的观景台，人立于此，只要原地转动身子，就可观赏到东西南北全方位的各个景点，那含情脉脉的“相依岩”、昂首奋蹄的“驷马峰”、惟妙惟肖的“孔雀开屏”、五彩缤纷的“彩云壁”和“画屏峰”等尽在眼中，无不景象万千，令人目不暇接(图 9-55)。

图 9-55

(十)驷马峰

驷马峰在德夯村东面山岗上，岩石嶙峋，高 300 余米，峻雄姿奇，四座山峰并列各异，欲倾倒之势，如同四匹烈马奔驰而来，其势不可阻挡。每当山雾缠绕时，更觉驷马欲动，谌称奇观(图 9-56)。

图 9-56

(十一)三姐妹峰

在新寨背后的山梁上，耸立着三座灰白色的石峰，人称“三姐妹峰”。每座峰高 100 多米，上小下大，形似三个穿着花罗裙的苗族少女。在三姐妹峰背后面有一石缝似洞，洞中有一巧石形似观音，人称“观音洞”。每当云雾从洞门飘过，观音洞更显神秘(图9-57)。

图9-57

三、体验攻略

德夯风景区在吉首以西大约24千米，在吉首火车站乘座吉首至德夯对发旅游专线车，每20分钟发一班车，早上6：30分别从两地对发，进出十分方便，直到晚上7：30为最后一班车，如果德夯景区有大型跳歌晚会，在晚会结束后还会有最后一趟车送回吉首。

导读：张家界市位于湖南西北部，属于亚热带山地季风湿润气候，独特的地理环境，造就了张家界独特的旅游资源。张家界国家森林公园是中国第一个国家森林公园，以秀美的奇峰为主体，有“扩大的盆景，缩小的仙境”“大自然的迷宫”等美称，三千奇峰拔地而起，八百清溪蜿蜒曲折，无数峡谷幽静深远，地下溶洞庞大壮观，高峡平湖清澈靓丽。天子山俯瞰千山万壑，金鞭溪静谧如仙子，黄石寨意境恬淡幽深，十里画廊巧夺天工，宝峰湖缥缈如仙境，天门山奇险风光，茅岩河移步换景，九天洞号称“地下魔宫”。

第十章　张家界市森林体验与森林养生资源概览

张家界市地处湖南省西北部，属武陵山脉腹地，1988 年 5 月经国务院批准设立，原名大庸市，1994 年 4 月更名，总面积 9516 平方千米，辖 2 区 2 县。全市常住人口为 1476521 人。

1. 地理位置

张家界市，地处东经 109°40′～111°20′，北纬 28°52′～29°48′之间，是湖南省西北部一个以发展张家界旅游业为特征的新兴省辖地级市，北邻湖北省。张家界市位于湖南省西北部，地处云贵高原隆起与洞庭湖沉降区结合部，东接石门、桃源县，南邻沅陵县，北抵湖北省的鹤峰县。市界东西最长 167 千米，南北最宽 96 千米。张家界市总面积 9653 平方千米。

2. 地形地貌

张家界市的地层复杂多样，造化了当地的特色景观。主要有山地、岩溶、丘陵、岗地和平原等，山地面积占总面积的 76%，其中最具特色的是石英砂岩峰林地貌，为世界罕见。城市地势西北高，沿澧水向东南倾斜。由于地壳上升，溪流向下切割作用加大，来不及将河流拓宽，而使河谷形成隘谷、峡谷。河的谷底极窄成线形，两壁陡峻，滩多水急。张家界市澧水源头、娄水上游、茅岩河段，就是这种河谷地貌。

3. 气候概况

张家界地处北中纬度，属中亚热带山原型季风性湿润气候，光热充足，雨量充沛，无霜期长，严寒期短，四季分明，历年平均日照、气温和降水量分别为1440小时、16℃和1400毫米左右，历年平均无霜期在216～269天之间。受地形、地貌等因素的影响，境内气候复杂多变，干旱洪涝、大风冰雹等自然灾害也比较频繁。年均气温17℃，1月平均气温5.1℃，7月平均气温28℃，年降水量1400毫米。景区平均海拔1000米，由于此差异，昼夜温差可达10℃。

4. 交通条件

张家界市公路通车里程8773.91千米，其中高速公路119.3千米。张家界至花垣高速公路建成通车，张家界市西南出省大通道进一步打通。铁路营运里程130千米。张家界荷花国际机场于1994年建成并投入使用，是国内的4D级旅游机场。1997年经国务院批准设立航空口岸，开通张家界至香港、澳门航线，先后开通张家界至韩国首尔、釜山，日本福冈、大阪等国际客运包机。国内已经开通至北京、上海、广州、南京、深圳、西安、长沙、青岛、沈阳、郑州、成都、重庆、徐州、天津、宁波、温州、哈尔滨、杭州、汕头、香港。

第一节　张家界国家森林公园

一、概　况

张家界国家森林公园是1982年批准成立的我国第一个国家森林公园。公园以独特的石英砂峰林地貌著称，集“雄、奇、幽、野、秀”为一体，是“缩小的仙境，扩大的盆景”。公园已开辟黄石寨、金鞭溪、鹞子寨、袁家界等精品游览线，130多处精华景点。

张家界的砂岩峰林地貌是一种独特的地貌形态和自然地理特征，发育于泥盆系云台观组和黄家磴组，峰林集中分布区面积86平方千米。它是在特定的地质构造部位、特定的新构造运动和外力作用条件下形成的一种举世罕见的独特地貌。在园内有3000多座拔地而起的石涯，其中高度超过200米的有1000多座，金鞭岩竟高达350米，个体形态有方山、台地、峰墙、峰丛、峰林、石门、天生桥及峡谷、嶂谷等。公园以世界上独一无二的砂岩峰林地貌景观为核心、以岩溶地貌景观为衬托，兼有成型地质剖面、特殊化石产地等大量地质遗迹，构成独具特色的砂岩峰林地貌组合景观。

二、主要森林体验和养生资源

公园不仅自然景观奇特，而且动植物资源异常丰富。有木本植物93科

517 种，观赏植物 720 种，鸟类 13 科 41 种，兽类 28 种，有“天然植物园”“动物王国”之称。公园总面积 4810 公顷，森林覆盖率 98%，木材蓄积量 35 万立方米。

张家界以独特的石英砂峰林地貌著称，以峰称奇，以谷显幽，以林见秀，有“三千奇峰，八百秀水”的美誉。现已开辟的景点有黄石寨、金鞭溪、鹞子寨、袁家界等。张家界不仅自然风光奇美，而且动植物资源极为丰富，森林覆盖率达 98%，是一座巨大的生物宝库和天然氧吧。春天山花烂漫，花香扑鼻；夏天凉风习习，最宜避暑；秋日红叶遍山，山果挂枝；冬天银装素裹，满山雪白。公园一年四季气候宜人，景色各异，是人们理想的旅游、度假、休闲目的地。

（一）黄石寨

黄石寨位于张家界森林公园西部。相传汉留侯张良隐居此地受难被其师黄石公搭救，故而得名。黄石寨海拔 1200 米，占地面积 250 亩，是森林公园最大、最集中的观景台。素有“不登黄石寨，枉到张家界”之说（图 10-1）。

图 10-1

（二）罗汉迎宾

从南面登黄石寨，上行百米，见杉林内几立石峰数座，峰壁青松翠蔓，如纱帘悬垂。其中一峰，顶上砂岩重叠，后倚蓝天，似南面而坐的罗汉，光秃、脸圆、面带微笑，大腹便便，屈膝盘腿，两手胸前打拱，似颔首致意，迎接宾客（图 10-2）。

图 10-2

(三)天书宝匣

一座西向而立的石壁凹台上，右上侧兀立一座高约20多米的圆形石柱，四周陡峻，顶端为一平台，其上有5棵青松围着一块长约3米，宽1.5米，厚约80厘米匣形的石块。此石块上又覆盖一块与匣长宽相等的石板，似匣盖，厚10厘米左右，一半盖于其上，一半悬空。两石恰似抽开半截盖子的古代书匣(图10-3)。

图10-3

(四)南天一柱

过南天门上行120米，东南幽谷峰林中有一高达200多米的孤峰，宛如擎天玉柱。上部灌木点缀，中部岩身赤裸，下部树木遮掩，峰体浑圆、伟岸，因立南天门下而得名。距南天门数十米，与东南绿树丛中，矗立一标直雄奇、高逾100米的石柱，一头托住云天，一头扎入大地；真是天造地设、鬼斧神工，不愧为大自然的杰作(图10-4)。

图10-4

(五)摘星台

黄石寨顶东头，伸出一道约100米的山梁，山梁尽头有由两块砂岩相叠构成的一座观景台。基座岩石面积约20平方米，高5米左右；叠其上的岩石主10米，顶部为直径约5米的平台，周围铁栏围护，一古松似伞，挺立其上。下临幽谷，上顶云天。置身台上，头上白云飘拂，脚下幽谷翠峰。雨天云雾弥漫，周边峰顶无穷变幻。皓月当空时，立于平台上，满天星斗似伸手可摘。台上可容10余人。置身高台，环绕四周，风云滚动，林泉奔突，奇峰异石，赴入眼底，远水近景一览无遗(图10-5)。

图 10-5

(六)天桥遗墩

黄石寨西北崖沿上，6座高达200多米的椭圆形石柱，呈南北向一字排开在黄石寨与袁家界之间约3000米长的沟谷中。石柱大小和间距相当，柱顶皆为平台，似一排桥墩。中间两墩稍高，两边渐次降低。各柱顶可连成一条弧线，气势满壑，似一江怒涛，桥墩时降时现(图10-6)。

图 10-6

(七)杉林幽径

从前山登黄石寨，上完百步石级，便进入一大片茂密的原始次森林，游道两旁，杉林疏密有致，浓荫匝地，时有山风习习，徜徉在杉林幽径之中，令人神清气爽，心境平和(图10-7)。

图 10-7

(八)金龟岩

黄石寨西沿下山处，有一块长约5米，宽、高各2米左右的椭圆形岩石，极像一只大龟伏在石峰顶平台上。细长的头朝前伸出，龟背微微隆起，脚爪蜷曲着地。每当云涌雾漫之时，龟岩时隐时现，人称雾海金龟(图 10-8)。

图 10-8

(九)西天门

从金龟岩下山,有一狭窄奇险的卡门,两则石壁陡绝,崖顶古松虬曲,一条石砌小路居中穿过。此门常被云封雾锁,人行至此,飘然若仙,故有西天门之称(图 10-9)。

图 10-9

(十)龙头峰

从金龟岩下行 300 米东望，可见一石峰突兀高耸，形如一条昂首长啸怒视天空的蛟龙，故名“龙头峰”(图 10-10)。

(十一)海螺峰

于龙头峰侧，有一座 20 多米高的石 柱，下半截硕大无比，上半截卷旋而小，通体呈扭曲盘绕状，酷似海螺(图 10-11)。

(十二)手掌峰

站在龙头峰下游道向南远望，有一凌空伸展的掌形山峰，其上排开 5 个小石柱，酷似人的手指，故称手掌峰(图 10-12)。

图 10-10

图 10-11

图 10-12

（十三）鸳鸯泉

俗名白沙井，在黄石寨游道与花溪峪游览线相交处，环境幽境，林木参天。泉水汇成一井，清澈透底；井底白沙，洁如碎银。泉水水质优良，甘甜可口(图 10-13)。

（十四）清风亭

名为亭、实为桥，桥建花溪峪上。这里两山夹水，溪流潺潺，竹林掩映，幽静雅逸。桥亭雕梁画栋，飞檐翘角，古朴典雅。大作家沈从文曾在此小憩，形容琵琶溪如一幅画卷，赐名“展卷桥”(图 10-14)。

图 10-13

图 10-14

（十五）九重仙阁

离望郎峰不远，隔翠谷有一嵯峨石壁，细看似有无数亭台楼阁、屋宇庭院，掩映在苍松翠柏之中。每当云缭雾绕，楼阁时隐时现，一如神话中的“九重仙阁”(图 10-15)。

（十六）望郎峰

在琵琶溪南面一组石峰边缘，兀立一根石柱，像一位曲线流畅的女郎翘首远望。“女郎”对面，万丈绝壁上洞穿圆眼，故民间俗传：望郎峰，望穿石壁(图 10-16)。

图 10-15

图 10-16

（十七）三姊妹峰

在夫妻岩西南约 2 千米处有三座间距约 80 余米长的石峰，有如三位婷婷少女。传说花仙为拯救山民大闹南海，被龙王点化成峰(图 10-17)。

（十八）南天门

登黄石寨山路东南侧有十多平方米 倾斜岩峰与千韧石壁拱成一门，面南洞开。石径穿门而过，门孔狭窄幽深；两边野树簇拥，门外云蒸霞蔚，颇有神话中南天门之尊。更奇者，于南天门右侧挺出怪石一尊，与人体形相仿，高约 20 米，形态威武、凛凛肃立，如同把守天门将军(图 10-18)。

图 10-17

图 10-18

(十九)天然壁画

在临近黄石寨极顶时，回头远眺，但见腰子寨沿绝壁上水渍流痕构成一幅充满土家风情的天然壁画：典型的土家吊脚楼掩映在绿树丛中，伴牛的儿童沿石级小路正向木层走去，只见一路小桥流水，斜阳古道，在竹林中时隐时现等(图 10-19)。

图 10-19

(二十)六奇阁

在黄石寨绝顶，高 3 层，以张家界 山奇、水奇、云奇、石奇、植物奇及珍禽异兽之奇名之，为黄石寨最佳观景处，1991 年 10 月竣工(图 10-20)。

图 10-20

(二十一)黑枞垴

自黄石寨东向北行 500

米，隔深涧弱向远望，但见数十亩面积的岩峰台地一块，壁立于幽深峡谷之中。台地上面陡峭如削，可望而不可及，其上长满高大葱郁的古林和众多乔木，黑黝黝一大片。原始森林中自古无人涉足(图 10-21)。

图 10-21

(二十二)金鞭溪

金鞭溪大峡谷位于公园东部，因流经金鞭岩得名。西汇琵琶溪，东入索溪，是一条曲折幽深的峡谷。两岸翠峰簇拥，溪水绕峰穿峡，森林茂密浓荫，花草争奇斗研，全境鸟语蝉鸣。沿石板游道顺溪而下，绝佳景点有日门倒影、金鞭岩、紫草潭、千里相会、跳鱼潭等。

图 10-22

金鞭溪大峡谷位于公园东部，因流经金鞭岩得名。西汇琵琶溪，东入索溪，是一条曲折幽深的峡谷。两岸翠峰簇拥，溪水绕峰穿峡，森林茂密浓荫，花草争奇斗研，全境鸟语蝉鸣。沿石板游道顺溪而下，绝佳景点有日门倒影、金鞭岩、紫草潭、千里相会、跳鱼潭等。

母子峰：沿金鞭溪东行约 200 米，左岸有一座约 100 米高的细瘦石峰，形似一怀抱婴儿的中年女性侧面像，头、腰轮廓分明，五官依稀右辨，显得慈祥端庄，面向东南引颈而望，似在盼夫回归。一小峰依偎其前，面对其母，稚气可掬(图 10-22)。

(二十三)金鞭岩

过“闺门峰”沿溪而下约 500 米，离母子峰东行 200 多米，有一座高约 400 米，孤标直立，雄奇挺拔的奇峰，名金鞭岩，直冲霄汉，雄伟异常。岩峰三面如刀切，壁面线条笔直，棱角分明。

图 10-23

图 10-24

神鹰护鞭：紧靠金鞭岩左侧，有一座与金鞭平齐的峰岩。峰形象一只山鹰，头高昂，勾嘴，双翅半展，利吻微张，试振双翅，成俯冲之势，紧紧守护着金鞭，似欲与来犯金鞭者搏击，其形态气势，惟妙惟肖。故有“神鹰护鞭”之誉(图 10-23)。

(二十四)醉罗汉

与金鞭岩隔溪对峙，矗立在斜坡上，高 200 余米。上下一般粗壮，峰体浑圆，色赤，整座石峰向金鞭溪呈 70°倾斜，形似一醉酒罗汉，欲倒不倒，似醉非醉(图 10-24)。

(二十五)劈山救母

醉罗汉峰东面，错落有致地高耸着数十座峰岩，有的似灯，有的如矛，有的像长柄巨，有的似神犬蹲伏。其正中一峰顶部，裂成两瓣，如被利斧劈开，与《宝莲灯》中沉香劈山救母相似(图 10-25)。

图 10-25

(二十六)文星岩

巨峰矗立。上部似人面浮雕，面向东北，面容清瘦，宽额短髭，颧骨突出，鼻隆唇厚，仰首苍穹，酷似文豪鲁迅在静静构思(图 10-26)。

图 10-26

(二十七)双龟探溪

密林中一座直径约 10 米，高约 25 米石柱的顶端，重叠两块龟状石片，背略拱，上附斑纹，探头伸足，头朝向金鞭溪(图 10-27)。

图 10-27

(二十八)紫草潭

位于金鞭溪中游。原名纸草潭，因清代山民造土纸在此漂流而名。潭宽 4 米，长 15 米，深 2 米。上连一石潭。潭底皆紫红色岩石，潭上端溪流湍急，跌宕有声，水花如滚珠泻玉。潭内水面平静，清澈见底，鱼虾悠游其中。游鱼细石，直视无碍，夹岸林林苍翠，石峰屏列。潭边巨石横卧，光洁如玉(图 10-28)。

图 10-28

(二十九)千里相会

经紫草潭沿溪东下，绕过一道山弯，溪东南错落的群峰中，见两峰峙立，恰如久别重逢的夫妻含情脉脉地相互凝视，俨然千里相会的一对久别夫妻(图 10-29)。

（三十）闺门峰

金鞭溪游览线入口处，屏障般排列着十余座孤直雄峙的岩峰，俨然甲士森列。既然人们把张家界比作藏在深闺中的绝代佳丽，那么，这雄峙闺门两边的岩峰自然也就被称作“闺门峰”了（图10-30）。

图 10-29

（三十一）跳鱼潭

穿过重欢树所在密林，即到金鞭溪中跳鱼潭，在红色砂岩的溪床上，溪水冲成一条长 2 米，宽不盈尺的狭槽，称为鱼门，春汛期，游鱼迎水飞跃，常常跳落岸上（图 10-31）。

图 10-30

（三十二）袁家界景区

位于森林公园北面，是一方山台地。后依岩峰山峦，面临幽谷群峰，自东向西延伸。主要景点有后花园、迷魂台、天下第一桥等。

图 10-31

天下第一桥　在砂刀沟尽头右侧，袁家界左面南沿，一天然石桥凌空飞驾于两座巨大的石峰之巅，厚约 4 米，宽 2 米余，跨度约 50 米，相对高度 300 多米。桥面两端石峰上，绿树丛簇，郁郁葱葱，峰壁则宛若斧劈，草木不生。立桥边俯视，透过稀疏树叶，见云涌雾蒸，幽深莫测。自北端步行过桥，狭窄处仅数十厘米，心惊却步。绕过深谷，站在相距40多米处观桥台上，桥的全貌映入眼帘，桥身雄奇伟岸（图10-32）。

图 10-32

（三十三）双龟登天

自天下第一桥东行200多米，再折身南行150多米，绝崖边一岩罩即双龟登天观景台。登台眺望，山谷中一座与岩罩平齐的巨峰，峰顶平坦，齐草丛生，内匍伏一石似龟，昂首北向，似在缓缓爬行。东边500多米处一堵绝壁，连着一高大断岩，岩面亦匍伏着一石似龟，竖颈昂头。两龟之间耸立几根石柱，周围是空荡、深透的山谷。遇云雾迷蒙，二龟似沿石柱缓缓漂浮上移（图10-33）。

图 10-33

（三十四）迷魂台

在天下第一桥东行200多米处，再南行50米即至。立台鸟瞰远近宽广的盆地里，高低错落的翠峰，如楼如阁、如台如榭、如凳如椅、如人如兽，千姿百态，景象万千。

图 10-34

雨后初晴，轻云淡雾，群峰似琼楼玉宇，若明若暗(图 10-34)。

(三十五)绝壁仙宫

自天下第一桥东行 400 米，对面一堵绝壁上密布岩层纹理，恰似一幅“绝壁仙宫图”。“仙宫”依山而立，隐约迷蒙，酷似三进两厅四合院。过厅檐飞角翘，宽敞幽深，有行人三五。正厅四扇大门洞开，气势雄伟，仙客聚集。正厅后，有数栋斋房，林木掩映，小巧雅致(图 10-35)。

图 10-35

(三十六)沙刀沟

在黄石寨与袁家界之间有一道长长的峡谷将两山隔开，峡谷中有一条小溪水，溪水从“天下第一桥”下面淙淙流过，这便是有名的“沙刀沟”(图 10-36)。

图 10-36

(三十七)哈利路亚悬浮山

2010 年 1 月 25 日，张家界“南天一柱”(又名乾坤柱)正式被更名为《阿凡达》“哈利路亚山”，当天数百名土著居民及海内外游客见证了更名仪式。“南天一柱”为张家界“三千奇峰”中的一座，位于世界自然遗产武陵源风景名胜区袁家界景区南端，海拔高度 1074 米，垂直

图 10-37

高度约150米，顶部植被郁郁葱葱，峰体造型奇特，垂直节理切割明显，仿若刀劈斧削般巍巍屹立于张家界，有顶天立地之势，故又名乾坤柱。2008年12月，好莱坞摄影师汉森在张家界进行了为期四天的外景拍摄，大量风景图片后来成为美国科幻大片《阿凡达》中“潘多拉星球”各种元素的原型，其中“南天一柱”图片就成为“哈利路亚山”即悬浮山的原型(图10-37)。

(三十八)百龙天梯

百龙天梯，垂直高差335米，运行高度326米，由154米山体内竖井和172米贴山钢结构井架等组成，采用三台双层全暴露观光电梯并列分体运行，每台次载客50人次，运行速度3米/秒，三台同时运行每小时往返量达4000人次(图10-38)。

图10-38

(三十九)天悬白练

杉刀沟尽头，有一抹泉水从200多米高的崖顶飘然而下，仿佛一匹白色长练自天而降。飞瀑下临深潭，绿水泱泱，水雾漫漫，晴雨交加之日，时有彩虹飞升。每当山洪瀑发，瀑布犹如一巨龙，飞腾倾泻，声若巨雷，蔚为壮观(图10-39)。

(四十)后花园

在袁家界中坪与下坪交接处，有一藏而不露的景观曰“后花园”。游人在崖间翠竹丛林中向下穿行、突然被一面石壁挡住。正凝无路、却见绝壁拐弯处，洞开一若满月状白石园内、穿门而过，眼前突现数十座奇峰参差耸立于墨绿深涧之中(图10-40)。

图10-39

（四十一）乌龙泉

袁家界中坪与下坪的交界处，一石灰岩溶洞中流出一股股清泉。泉洞口高约 1 米，宽约 2 米。入洞后渐阔，最宽处达 90 平方米，全长 310 米。洞中有洞。洞壁有石花、石峰和类似空中楼阁的水蚀纹理。洞底布满鱼、龟、龙、马状的钟乳石，还有梯田状石池，洞顶有多处泉水滴落于工米多深的水潭，声如银铃。泉流速遣似龙，洞内幽暗如漆，故名（图 10-41）。

图 10-40

图 10-41

（四十二）天子山

天子山原名青岩山，因古代土家族领袖向大坤率领当地农民起义自称“天子”而得名，武陵源的四大景区之一。它东起天子阁，西至将军岩，南接张家界国家森林公园，绵延盘绕近四十千米，总面积 5400 余公顷，至高点天子峰海拔 1262.5 米，最低海拔 534 米。因宋代土家族领袖向大坤在此率众起义，自称“天王”，后来殉难于此，故名天子山，更有“峰林之王”的美称。天子山年平均气温 12℃，年降水量

图 10-42

1800 毫米，无霜期 240 天，冰冻期 60 ~ 80 天左右，为台地地貌类型。

空中田园：空中田园坐落在天子山庄右侧经老虎口、情人路方向两千米处的土家寨旁，海拔 1000 余米。它的下面是万丈深渊的幽空中田园谷，幽谷上有高达数百米的悬崖峭壁，峭壁上端是一块有 3 公顷大的斜坡梯形良田。田园三方峰峦叠翠，林木参天，白云缭绕，活像一幅气势磅礴的山水画。登上“空中田园”。清风拂袖，云雾裹身，如临仙境，使人有“青峰鸣翠鸟，高山响流泉，身在田园里，如上彩云间”之感(图 10-42)。

(四十三)点将台

坐落在白雾缭绕的深谷里，怪石嶙峋仿佛数十人形，“皇帝”高居正中，前方“传令官”正在宣读圣旨，“左丞右相”弓身而立，“将士们”屏息静听。传说向王天子曾在此阅兵点将(图 10-43)。

图 10-43

(四十四)贺龙公园

坐落在 1200 米的千层岩左侧。公园内，屹立在“云青岩”上的贺龙铜像与大自然连为一体，形成独特的艺术风格。这是我国近百年塑造的最大的一尊铜像(图 10-44)。

图 10-44

(四十五)仙人桥

又称天下第一桥，坐落在猴子坡上、天子峰下的王爷洞对面。桥属自然形成，长 26 米，宽 1.5 米，厚 1 米多，高约为六七十米，仙人桥飞架在两岸悬崖绝壁之上，鬼斧神工，惟妙惟肖(图 10-45)。

(四十六)御笔峰

御笔峰是令摄影家与画家们倾倒的最佳风景点之一，国内外 30 多家画刊报纸曾展露过它的芳容。御笔峰她位于天子山天子阁西侧的山谷中。站在观景台向西南远眺，但见山谷数十座错落有致的秀峰突起，遥冲蓝天，靠右的石峰像倒插的御笔，靠左的石峰似搁笔的“江山”(图 10-46)。

图 10-45

(四十七)仙女散花

坐落于御笔峰斜对面。茫茫云海翻滚，把无数画峰翠崖变成了座座孤岛，石峰俏立云端，风驱白雾，态极妖娆，渐露一少女的倩影。岩顶灌木滴翠，山脚山腰野花如锦。这奇景就是饱人眼福的仙女散花(图 10-47)。

图 10-46

(四十八)步难行

这一狭长台地伸向东方，尽头处台地断裂成两峰，裂缝深 100 米左右，两峰间隔不到 1 米，分出石峰长约 10 米，宽约 2 米，乃一绝佳观景台，但是，就这一步，胆大者如履平地，举步之劳；胆小者战战兢兢，终不敢越雷池半步。悬崖与悬崖之间，仅一步之隔，或者说，生与死，只隔一步(图 10-48)。

图 10-47

(四十九)将军岩

民间传说是向王天子的

化身，他身披金甲，肚腹微突，背手而立，那神采，那风韵，俨然一位指挥千军万马的将军。已故著名作家莫应丰写诗赞道："寂寞深山万古幽，天工造化艺人羞，山中天子随云去，石上将军伴岁留。"（图 10-49）

图 10-48

三、体验攻略

可参考游览路线：①第一天玩金鞭溪，晚上住武陵源；第二天天子山索道上山—杨家界—袁家界，百龙天梯下山，有时间的可以去黄石寨。第一天从下往上看，玩水散步；第二天山上俯瞰全貌。②从黄石寨进去，金鞭溪玩 5 千米，坐百龙天梯上山，玩袁家界，看阿凡达悬浮山，晚上住杨家界（那边很多住宿的地方）；第二天早上可以看日出，上午玩杨家界，下午天子山，从武陵源大门出山回市区。

图 10-49

第二节　天门山国家森林公园

一、概　况

位于永定区，距市区 8 千米，属于武陵山脉南支高峰之一，海拔 1518.6 米。相传三国吴永安六年（263 年），嵩梁山千米峭壁轰然洞开，豁朗如门，形成迄今罕见的世界奇观——天门洞，从此而得名天门山。天门洞镶嵌于千米绝壁之上，景观极为罕见。自唐以来，山上寺庙香火极盛。天门山以其神奇独特的喀斯特地貌、秀美的自然风景和深厚的人文胜迹闻名遐迩，被誉为

"武陵之魂"，为张家界最具代表性的自然景观之一。

二、主要森林体验和养生资源

天门山顶古称"云梦绝顶"，是天门山的制高点。成片的原始次森林，拥有众多的珍稀动植物。站在顶上，居高临下，视野开阔，环顾四周，晨观日出红山，夕观日落熔金，大小景点，尽收眼底。"云梦绝顶"上，一年四季气候变化不同，其自然景观也不尽相同：春天，草木萌动，山花灿烂；夏天，满山皆绿，云海翻浪；秋天，霜染红叶，天高云淡；冬天，大雪盖顶，山舞银蛇，似一派北国风光 。

(一)天门洞

在天门山1264米高的绝壁之上，生出一个南北洞穿的天然门洞，洞底至洞顶131.5米，宽37米，纵深30米。天门洞口，经常能看到岩燕飞舞，山鹰盘旋。随着天气的变化，天门洞有时候吞云吐雾，有时候明朗似镜，构成循环往复、瞬息万变的气象景观。

图 10-50

在天门洞上面还有一处天漕，上面有塘无水。天门洞顶，又有水无塘，只见一眼水出，长流不绝，游人从洞中经过，仰视洞顶，便只见水从眼出，初如柱，旋排散如花，形似梅花，故民间称为"梅花水"，于是游人到此，都张口去接这象征吉祥的"梅花水"。这股天水，越遇天旱，流水则越大，且呈红色(图10-50)。

(二)通天大道

通天大道共计99道弯，全长10千米多，海拔从200米，上升到1200多米。弯道多处有180°的急转弯回廊盘绕，有"天下公路第一奇观"之称，被公认为"全国十大盘山公路之首"。

通天大道以天门山标志门为起点，一直通达天门洞脚下，大道两侧绝壁千仞，空谷幽深，180°的急弯此消而彼长，层层叠起，"堪称天下第一公路奇观”(图 10-51)。

图 10-51

(三)天门山索道

天门山索道长 7455 米，世界第一索道线路斜长 7455 米，上、下站水平高差 1279 米，是世界最长的单线循环脱挂抱索器车厢式索道，门高 2 米，6 米/秒的运行速度设计、1000 人/小时的单向运量，这在国内乃至全世界都为罕见(图 10-52)。

图 10-52

(四)玻璃栈道

玻璃栈道悬于天门山山顶西线，长 60 米，最高处海拔 1430 米。是张家界天门山景区继悬于峭壁之上的鬼谷栈道、凭空伸出的玻璃眺望台、从玻璃台可以看见下面。玻璃台伸出栈道有 4 ~ 5 米，专供游人拍照、横跨峡谷的木质吊桥后打造的又一试胆力作。栈道除了每隔 1 米左右用钢筋混凝土搭一截支架外，全部是透明度极高的钢化玻璃，据称：每块玻璃可承受 1000 千克，故安全是无任何问题的。栏杆也是采用双层钢化玻璃和不锈钢骨架做成(图 10-53)。

图 10-53

（五）鬼谷栈道

鬼谷栈道，位于觅仙奇境景区，因悬于鬼谷洞上侧的峭壁沿线而得名。栈道全长 1600 米，平均海拔为 1400 米，起点是倚虹关，终点到小天门。与其他栈道不同的是，鬼谷栈道全线既不在悬崖之巅，也不在悬崖之侧，而是全线都立于万丈悬崖的中间，给人以与悬崖共起伏同屈伸的感觉（图 10-54）。

图 10-54

（六）天门山寺

图 10-55

天门山寺最早建于唐代，古称云钵庵、灵泉院、嵩梁堂，明代时，因择址不当而屡遭风摧又常遭水荒，才将天门山寺从东部山顶迁移至此。以前这里古木参天，浓荫蔽日。进门为大佛殿后面有观音堂，两边六间平房，最后一栋是祖师殿，规模宏大。民间概括为“三进堂、六耳房，砖墙铁瓦锅如圹”。山寺原建筑十分讲究，飞檐翘角，雕龙画凤，并塑有佛道神像菩萨等（图 10-55）。

三、体验攻略

乘市区 1、4、5、6、7、10 路公交车，均可到达城市花园索道站，可乘坐索道上山游览，也可乘景区免费巴士到天门山山门。汽车站乘 4、5、10 路公交车均可抵达天门山索道下站，时间在 10 分钟之内。火车站乘 6、5 路公交车，5 分钟内可抵达天门山索道下站。也可步行前往，或乘坐出租车。机场到达城市花园索道站（天门山索道下站），张家界市区内乘 6、5、4 路公交车，均可到达。

第三节　张家界大峡谷

一、概　况

张家界大峡谷位于张家界市慈利县三官寺乡，紧邻世界自然遗产、世界地质公园张家界武陵源风景名胜区。张家界大峡谷原来有两个名字，一个叫做烂船峡：来源与神泉溪，整个大峡谷和南方红旗渠的水流都来源于这里，传说以前从泉眼中涌出过很多烂了的船板，当地人们又无法知晓烂船板从何而来，所以这里得名“烂船峡”；另外一个名字叫做乱泉峡：是指峡谷中的两面石壁，溪泉众多，满峡飞流。

二、主要森林体验和养生资源

大峡谷中的飞瀑神泉比比皆是，一路游览下来，让人目不暇接。峡谷里植被繁茂，空气清新，凉爽舒适，溪水上弥漫着一层薄雾，宛如来到世外桃源，让人烦恼顿消。张家界大峡谷峡谷间是一条清幽的小溪，沿溪边是用木板搭建的游道。峡谷里植被繁茂，空气清新，凉爽舒适，溪水上弥漫着一层薄雾，宛如来到世外桃源，让人烦恼顿消。

(一)一线天

位于张家界大峡谷游道的入口处，是一处峡谷谷绝壁。一线天峡谷，又叫西天门，宛若张家界大峡谷开启的一扇大门，在欢迎游客的到来。这扇门很窄小，这就给予了游客零距离体验峡谷绝壁的机会。三千翠微峰，八百琉璃水。这是对张家界奇山异水的赞誉。在张家界其他景区游览的时候，大多只是远观或者是眺望张家界的奇山异水，一直没有近距离体验和触摸的机会。而在一线天就能够近距离接触我们张家界的神奇山水啦。从一线天所在的位置垂直向下，一直走到峡谷底部，步行的游道为700多米，垂直高差为300多米(图10-56)。

图 10-56

（二）石壁裂缝

图 10-57

在游道的左边，一堵巨大的石壁巍然矗立。石壁之中，一条很大的裂缝把石壁一分为二，蔚为壮观。这里是在3.8万年前的泥盆纪时期，武陵源风景名胜区及其周边一带地壳下降，海水浸入，成为一片汪洋大海。流水源源不断地从临近的陆地冲来大量的松散细屑物质，伴随着海水中的硅酸盐一起沉淀、胶结、压固成形，形成了石英砂岩岩层。经过亿万年流水的冲刷、切割和节理的发育，便形成了现在这种千峰耸立、万石峥嵘的自然风光。根据科学检测，石壁上的裂缝还在慢慢加大，不过速度很慢，裂缝要想让石壁完全一分为二，最后形成完全独立的两座石峰，需要一万年的时间（图 10-57）。

（三）佛手遮天和一帘幽梦

图 10-58

过桥后继续向前，又要穿过水帘瀑，不同的是这处水帘瀑不仅很大，还是溪流对面延伸出来的岩罩形成的。

这处水帘瀑十分幽长，仿若一个长长的梦境，这里就是“一帘幽梦”。在一帘幽梦的正中间，回过头看，巨大岩罩的下方又因为水瀑的二次漫流，形成了一个个的石钟乳，其中集中在一起的五根石钟乳，从溪流的对面望出来，就好像一只巨大的手掌把整个天空都给遮住了。所以，这处景观得名佛手遮天。同时，在这里，也可以在晴朗的天气看见瀑布上方美丽的七色彩虹（图 10-58）。

（四）滑道

2009 年 3 月 17 日，湖南省首条诺克里滑道在张家界大峡谷风景区内建成并正式投入运营，这是张家界大峡谷风景区增加旅游观光项目，不断完善人性化服务的又一举措。

图 10-59

该滑道由清一色的花岗石板拼砌而成，再作精工打磨和抛光工艺处理，内槽深 45 厘米，宽 50 厘米，滑行用时 3 ~ 5 分钟，比平常步行跋涉游览节约 20 分钟，是张家界大峡谷风景区建成的游客参与性设施，也是缓解游客游览体力透支的人性化服务设施之一（图 10-59）。

三、体验攻略

可参考行驶路线：①从武陵源出发的客车（武陵源到慈利）的线路车，15 千米（大约 20 分钟）；②从张家界出发的话可以坐市区到武陵源的公交车。转 1 中到慈利的线路车（有近 50 千米的路程）；③从张家界市区广和购物中心前有市区到江垭温泉的线路车（1 小时，直达车路上不停）。

第四节　宝峰湖风景区

一、概　况

宝峰湖风景区隶属于世界自然遗产——张家界武陵源风景名胜区，是张家界武陵源风景名胜区内唯一以水为主的观光游览区，以高峡平湖的特点著称于世，因背靠佛教胜地宝峰山而得名，总面积 274 公顷，由宝峰湖和鹰窝寨两大部分组成，湖光山色融为一体，人文山水交相辉映。

二、主要森林体验和养生资源

景区东南部是有世界湖泊经典之称的宝峰湖，位于相对高度 80 余米的山顶上，湖长 2.5 千米，平均水深 72 米，湖光山色，奇美异常，万仞峦翠，水清流碧。景区西北部的鹰窝寨山崖陡峭，鹰猿愁攀，山间古木参天，遮天掩日，林间泉水叮咚，如鸣佩环。

景观特色主要有千米高峡、十里瑶池、奇峰飞瀑、绝壁栈道、深山古寺、醉人民俗、激情歌舞等等。

（一）奇峰飞瀑

奇峰飞瀑，因其亮丽多姿、充满活力而被誉为我们宝峰湖的“眼睛”。是天然与人工的完美结合，訇然作响，跌宕跳跃，气势恢宏。在瀑布的右边，万仞绝壁之上有四个人工雕刻的红色大字：飞流界峰。这是1996年中国书法家协会主席沈鹏老先生来宝峰湖观光游览之后留下来的墨宝，也是奇峰飞瀑灵动活脱的生动写照（图10-60）。

图10-60

（二）宝峰神女

宝峰神女像一根亭亭玉立、婀娜多姿的石峰，从湖面2米处往上看，那块扁平的部分多么像一位美女脸部的左侧像，紧紧抿着的樱桃小嘴，高高挺起的鼻梁，微微闭着的眼睛，似乎正对着湖水这面偌大的镜子在梳妆打扮，而头上的那部分便是她高高盘起的发髻（图10-61）。

图10-61

（三）山月亭

山月亭，是以著名国画大师关山月的名讳来命名的，又因其建在悬崖峭壁之上，恰似一轮弯月而得名。这左转右拐、建在万仞绝壁之上的游道名叫青云梯，共有331级(图10-62)。

图 10-62

(四)鹰窝寨

鹰窝寨为宝峰公园一景，进公园后西向登山数百石级，头顶的石峰裂缝如线，入口处有古城门雉堞，尽处有宝峰古寺，香火旺盛。崖上石径直上峰顶，相传旧社会有匪首如鹰盘踞山顶小寨。一线天是宝峰公园的一大绝景。峡谷长200余米，高100余米，平均宽度不足两米，中有小溪，溪畔石级盘旋而上，清幽无比，曲奥无穷。该游览线还有一系列景点，著名的鹰窝寨位于宝峰湖西南一绝壁之上(图10-63)。

图 10-63

三、体验攻略

先由张家界市长途汽车站乘中巴至武陵源区，大概需40分钟，再由武陵源区乘出租车10分钟至宝峰湖，或者乘坐2路公交车即到。自驾行程路线：在武陵源城区经宝峰大桥上画卷路直达景区。

第五节　黄龙洞景区

一、概　况

黄龙洞景区是张家界武陵源风景名胜中著名的溶洞景点，因享有“世界溶洞奇观”“世界溶洞全能冠军”“中国最美旅游溶洞”等顶级荣誉而名震全球。现已探明洞底总面积10万平方米；洞体共分四层，洞中有洞、洞中有山、山中有洞、洞中有河。黄龙洞以其庞大的立体结构洞穴空间、丰富的溶洞景观、水陆兼备的游览观光线路独步天下。

二、主要森林体验和养生资源

黄龙洞位于索溪峪东面，被称为“地下魔宫”，洞口雾霭迷漫，洞内长廊蜿蜒，钟乳悬浮，石柱石笋林立，还有石帘、石幔、石花、石琴，琳琅满目，异彩纷呈，令人目不暇接。“洞外洞”“楼外楼”“天外天”“山外山”，盘根错节。黄龙洞内可分四层，水陆并进，从最低阴河至最高穹顶，垂直高度差有100 多米，洞内有一个水库(黄龙水洞)、二条阴河(响水河、水晶河)、三个地下瀑布(黄龙瀑、天水瀑、天地瀑)、四个水潭、十三个厅(宫)(龙舞宫、水晶宫、迷人宫……)、九十六条游廊，长度约达 15 千米，最大的厅堂有12000 平方米，可容纳万人。真可谓是洞中乾坤大，地下有洞天。入黄龙洞，如入人间仙境一般。

(一)龙宫

龙宫是黄龙洞十三个大厅中最大的一个，也是景色最美的景点之一，底面积为15000 平方米，平均高 40米，两千余根石笋拔地而起，千姿百态，异彩纷呈，或如飞禽走兽，或如宫廷珍藏，有的像巍巍雪松，有的像火箭升空(图 10-64)。

图 10-64

(二)响水河

穿过双门迎宾，从石笋林立的龙舞厅前行不远，经龙王爷的兵器“金戈”“银枪”，便到达著名景点“响水河”了。响水河是黄龙洞第二层的一条阴河，全长 2800米，目前乘船游览其中的一段为 800 米，时间 8 分钟左右，水深平均在 6 米，水温常年在 15℃左右，盛产国家二级保护动物娃娃鱼和通体透明的“玻璃鱼”。荡

图 10-65

舟响水河，沿途充满神秘诱惑的风景，如龙王金盔、海螺吹天等景点都值得您慢慢欣赏和品味。响水河年接待游客量已突破100万人，在当今世界上属于“最繁忙”的阴河(图10-65)。

(三)定海神针

定海神针是黄龙洞景区的标志景点，全高19.2米，围径40厘米，为黄龙洞最高石笋，两头粗中间细，最细处直径只有10厘米，如果按专家测定的黄龙洞石笋的年平均生长速度仅为0.1毫米，那么依此推算，“定海神针”生长发育至今已有20万年历史了。为了更好地保护这一标志景点，黄龙洞景区管理部门特地为“定海神针”买下1亿元巨额保险，创全国为世界自然资源性遗产买保险之先河(图10-66)。

图10-66

三、体验攻略

可参考行驶方式：①从张家界市区汽车站乘车到武陵源汽车站再转乘1路车到黄龙洞下即可；②租车从市区到黄龙洞；③参加旅游团直接坐旅游车过去。

第六节　茅岩河风景区

一、概　况

茅岩河风景区位于湖南四大水系之一的澧水上游，距张家界市60多千米，于1986年首创橡皮舟漂流旅游项目。1992年被列为省级风景名胜区。茅岩河全长50多千米，两岸全是悬崖峭壁，河段多险滩、急流、瀑布、古木，有“百里画廊”之美誉。乘橡皮舟顺水而下，时而急，惊心动魄，时而缓，优哉游哉。一路赏夹岸奇山异峰，又可领略水上激情，二者可兼得。主要的景点有血门沟、洞子坊、茅岩滩、茅岩瀑布、温泉等30多处。其中茅岩瀑布和温泉最为壮观和最具特色。

二、主要森林体验和养生资源

茅岩河风光秀丽、景色迷人，素有“百里画廊”之誉，是湖南省省级风景名胜区，茅岩河漂流全长20千米，落差66米，同时也是国内较大的旅游漂流项目。驾橡皮舟沿茅岩河漂流而下，千刃石壁迎面扑来，群山叠翠，峡谷生辉，滩多水急。

（一）温塘古渡

漂流起漂的渡口就称为温塘古渡，这个渡口建于何年已无从考证，这里就是茅岗土司与永顺土司的分界点，是茅岗司的第三道关，也是最后一道关。

图 10-67

1991年6月，原国家体委主任、全国体总主席李梦华漂流茅岩河时在这瀑布前即兴题词：“轻舟游茅岩，浪中乐陶然。”一句轻舟游、浪中乐，表达了漂流途中轻松快乐而又惬意的感受，后面两句笔峰一转，借漂流比喻人生的道路曲折，不可能一帆风顺，含有深刻的哲理。

20世纪80年代初，湘西籍大文豪沈从文笔下的《边城》，就在这里由著名导演凌子风拍成电影，据说，出演翠翠的那个演员拍完了戏，舍不得离开她住过的那栋吊脚楼了（图10-67）。

（二）索影潭

从温泉过去及进入索影潭峡谷，峡谷长约1千米，这一段峡谷，河水碧绿，深不见底，水面一如平镜，倒映两岸青山，所以老百姓叫它索影潭。

河水碧绿、清澈见底，水面如一平镜，船从河中漂过，宛如固定在画中一样，两岸青山石壁的倒影其中，两处小小的瀑布自崖头滴落，集风景美、意境美于一体，一切中的一切都是那样的恬淡、自然。左岸的石壁上有几处洞口，都彻有石块，留有枪眼，岸边临水的硝洞，气势宏大，洞内高阔宽敞，有阴河，曾建有水碾，为昔日的土匪碾木所有，这匪首也就是湘西最后一个土匪覃新国(土名，覃新杆子)和陈策勋的所在地。向下行约快出索影潭时，仰头观望可见右边崖上有一石猴坐在崖上的树丛中，向你做鬼脸(图 10-68)。

图 10-68

(三)水洞子瀑布

水洞子瀑布是茅岩河的王牌景点。70 多米高的石洞中喷涌出一股地下水，顺坡崖时开时合，似碎玉遍山，如冰凌下滑。临近河边的悬崖，形成数十米宽的巨瀑，飞泻直下，声震峡谷。瀑布对岸矗立几块巨大的岩石，像天然观景台，是游人拍照留影的最佳位置。1991 年 6 月，原国家体委主任、全国体总主席李梦华漂流茅岩河时在这瀑布前即兴题词："轻舟游茅岩，浪中乐陶然。人生似漂流，不断过险滩。"一句轻舟游、浪中乐，表达了漂流途中轻松快乐而又惬意的感受，后面两句笔峰一转，借漂流比喻人生的道路曲折，不可能一帆风顺，含有深刻的哲理(图 10-69)。

图 10-69

(四)黑社三百篙

黑社三百篙土家人有两种说法，一叫黑社三百高，是指从对面绝壁登黑社寨，必须爬三百步高崖石墩；二叫"黑社三百篙"，过去船工、排佬从这里进入岩河峡，一路左冲右突，水急浪险，河床狭窄，两岸乱石相叠，河中暗礁丛生，稍有疏忽，便船毁人亡，船工到此，必须抖搂精神，严阵以待，不能懈怠。有船进入峪谷，必须连点三百篙方能冲出岩河峡，冲出鬼门关。这里大家要抓紧缆绳过茅岩河峡(图 10-70)。

三、体验攻略

图 10-70

张家界市内出发至温塘，漂流茅岩河（3 小时），在花岩乘车返张家界市内；乘火车或飞机到张家界下车，然后乘 13 路公交车到达茅岩河景区；茅岩河漂流南接张罗公路，西连张桑 1835 线，小温（小河坎到温塘）公路贯穿全境，与张罗、张清、常张主要通道结成网络，十分便利。

第七节　天泉山国家森林公园

一、概　况

湖南天泉山森林公园位于湖南省张家界市永定区的西北部，东与罗水、桥头乡交界，南与温塘镇相连，西与青安坪乡相依，北与桑植县瑞塔铺白族乡接壤。公园总面积 3538. 1 公顷，分为两片区：第一片区面积 3532. 1 公顷；第二片区面积 6. 0 公顷。

公园属武陵山脉，境内群峰竞秀，沟谷纵横，山坡陡峭，整个地形东西窄、南北长、中间低的狭长地形。天泉山主峰海拔为 1264. 1 米，公园最低海拔为 270 米。一般海拔在 800 米左右。地貌类型为中山地貌。

二、主要森林体验和养生资源

园内风景资源独特，景观资源丰富、质量高，天然次生林覆盖率高，环境质量优越，小气候宜人，历史文化底蕴深厚，民俗风味浓郁，因此，公园性质为：以优越的森林生态环境和精彩纷呈的地域文化为主体，以服务于来张家界旅游的中外游客及张家界市周边城市居民体验土家历史文化、度假、休闲的旅游活动为重点，以文化旅游、度假旅游为主题，集历史文化展示、体验、度假、休闲、登高览胜于一体的国家级森林公园。

（一）七年寨

七年寨位于公园的西南部，略似桃核，三面峭壁如削，一水穿山若环，仅一面靠山。寨内有许多覃垕王当年抗击明军的遗址。同时，青山、峡谷、平湖、溶洞、森林、古寨、雄关、飞桥、栈道、炮楼、剑塌，布局巧妙，特别是素有“小三峡”之美称的茅岩河贯穿区内，两岸高达 200 多米的绝崖怪石多呈 90°倒映水面，无不雄奇惊险。开阔、大气，骑游在这条路上，有一种天高任鸟飞的畅快(图 10-71)。

图 10-71

（二）龙凤梯田

龙凤梯田与天泉山国家森林公园背靠着背紧紧相连。亿万年前，造山运动中云贵高原与武陵山脉相撞击形成龙凤山脉，坐落其上、规模宏大的龙凤梯田相传为明初土家族农民起义军领袖覃垕率领数万大军开垦而来，距今已 700 多年，堪与广西龙胜的龙脊梯田媲美。

图 10-72

春闻油菜花香，夏看秧苗起舞，秋看稻穗金黄，冬赏梯田飞雪。龙凤梯田四季皆景。去龙凤村观梯田美景的最佳时节应是春耕与秋收两季，3000 多亩梯田鳞次栉比，古朴的民居点缀其间，溪涧流水潺潺，三两个农人在田间劳作，好一幅醉人的田园风光。若要留宿山上欣赏日出日落美景，当地有农家乐，也可以自带帐篷露营。山上可供扎帐露营的地方还真不少，大大小小的自然草坪有好几十处，水源洁净、充沛(图 10-72)。

(三)大野溪

天泉山森林公园内溪沟纵横，一年四季水流不断。公园内的大野溪穿峡而出，水清见底，环境僻静清幽，有多处瀑布、跌水，空气十分清新。是开展徒步生态旅游、科考探险游的好场所。清风徐徐抚林海，流水潺潺戏落花。峡谷、碧水、溶洞、森林、古寨美景处处(图10-73)。

图 10-73

三、体验攻略

从张家界市出发自驾，或者从汽车西站坐开往神堂坪的线路车，经小河坎→三家馆→温塘→鱼潭电站→天泉山国家森林公园。

导读：怀化市位于湖南省西南部，巍巍雪峰山麓，涛涛沅水江畔，自然、人文资源丰富，成就了神秘的大湘西旅游画廊的优美画卷。有资源品位居全国丹霞地貌前十位的万佛山地貌景观，山、水、泉、洞、谷、林等自然景观一应俱全，独峰、赤壁、奇洞、怪石、峡谷、溪流和茂林构成秀丽无比的山水画卷；幽深的溶洞景观燕子洞，区内群山连绵、古木参天、峡谷险峻、瀑布成群；有惊险刺激的龙底河漂流，生态漂流全程途经18弯，26滩；此外还有面积160万平方千米的五溪湖，溆浦的十里人文丹霞等生态体验资源。

第十一章　怀化市森林体验与森林养生资源概览

怀化，别称鹤城，古称五溪，自古以来就有“黔滇门户”“全楚咽喉”之称，是我国中东部地区通往大西南的“桥头堡”，湖南“西大门”。宋代以“怀柔归化”之意设怀化砦，怀化之名由此得来。

怀化位于湖南西部偏南，常住人口487万人(2014年)，总面积27564平方千米，是湖南省面积最大的地级市；全市辖鹤城区1个市辖区、中方县、沅陵县、辰溪县、溆浦县、会同县5个县、麻阳苗族自治县、新晃侗族自治县、芷江侗族自治县、靖州苗族侗族自治县、通道侗族自治县5个自治县，代管1个县级市洪江市和1个县级管理区洪江管理区；生态环境优良，地处湘中丘陵向云贵高原的过渡地带，森林覆盖率达到68.7%，是全国9大生态良好区域之一，被誉为一座“会呼吸的城市”，是国家环保部正式命名的湖南省首个市级“国家生态示范区”；区位较为优越，是中西部地区重要的交通枢纽。铁路交通发达，有“火车拖来的城市”之称。

1. 地理位置

怀化位于东经109°17′~109°54′，北纬27°04′~27°38′，南接广西(桂林、柳州)，西连贵州(铜仁、黔东南)，与湖南的邵阳、娄底、益阳、常德、张家界等市和湘西土家族苗族自治州接壤。

2. 地形地貌

怀化处于武陵山脉和雪峰山脉之间，沅水自南向北贯穿全境。雪峰山自越城岭佛顶山以北为起点，向北经城步、洪江、溆浦至安化等县(市)，长

200 多千米。呈弧线状。山体主脊海拔在 1000～1500 米，最高峰苏宝顶山位于洪江市境内海拔 1934 米，西坡较缓，东坡较陡，成为湖南东西两半部自然呈现的天然分界线，也是资水与沅水的分水岭；武陵山脉属云贵高原云雾山分支的东延部分，呈北向东，分布于湘西北，海拔多在 800～1200 米，其中海拔 1000 米以上的山峰有 200 多座，最高峰壶瓶山海拔 2098.7 米，山势高大，气势雄伟。

3. 气候概况

多种地貌形成全区多类型的气候特色。从海拔 140 米的山间盆地到海拔 1400 米的山峰之间，年平均气温 17.1～10.6℃，最冷月的 1 月平均气温5.3～-0.5℃；最热月的 7 月平均气温 28.6～20.4℃，年平均降水量 1779.0～1136.1 毫米之间。按怀化地区垂直差异可划分四个气候带：即海拔 400 米以下的地带，年平均气温为 16.3～17.1℃，此层是区内热量最丰富的地带，为典型的中亚热带暖热层。海拔 400～800 米地带，年平均气温为 14.5～15.9℃，相当于北亚热带热量条件。海拔 800～1200 米地带，年平均气温为 13.0～14.5℃，相当于南温带的热量条件。海拔 1200 米以上的地带，年平均气温为10.6～12.9℃，热量条件由温暖转为温凉，相当于南温带向中温带的过渡地带。怀化的气候可以概括为：中亚热带山区立体气候。山地气候的多重性、丰富性，给山地资源的开发利用带来广阔的前景。怀化市属亚热带季风气候区，四季分明，冬无严寒，夏无酷暑，光热资源丰富，雨量充沛，且雨热同步，对农作物生长有利，受地形影响，地域差异和垂直差异明显，气候类型多种多样，旱涝等自然灾害时有发生。

4. 交通条件

公路：怀化市境内有沪昆高速（国网编号 G60）怀化段、杭瑞高速（国网编号 G56）怀化段、包茂高速（国网编号 G65）怀化段、娄怀高速（省网编号 S70 怀化段）、怀化绕城高速公路、溆洞高速公路溆浦段等高速公路，通车里程达 612.42 千米；国道 G209、G319、G320“一纵二横”3 条国道共长 690 千米。

铁路：怀化的崛起是横贯东西的湘黔铁路和纵贯南北的焦柳铁路交汇所开始创造的奇迹。随着沪昆客运专线的建设和渝怀铁路的东延规划（怀永郴和怀邵衡铁路），怀化的西进东出、北上南下将更加便捷；铁路建设项目有在建长昆铁路客运专线、怀邵衡铁路、渝怀增建二线和怀化铁路枢纽改造工程。

航空：怀化芷江机场，建于 1937 年，初为第二次世界大战美国飞虎队支援中国抗战的一个重要基地，2003 年 1 月进行改扩建动工，建设为民用机场，是继长沙黄花国际机场、张家界荷花机场等之后湖南省内第5个民用机场。2005年12月19日正式通航，首期开通芷江—广州（经停长沙）航线，作为怀化的唯一航空港，是一个3C国内支线机场（军民合用），可满足波音737—300型飞机（140个座位）全载起降。

5. **旅游业**

怀化市是东中部地区通向大西南的桥头堡和国内重要交通枢纽城市，处在“张家界—桂林国际黄金旅游线路”的关键环节，拥有中国规模最大的古城古镇古村落群、浓郁的少数民族特色、极高价值的抗战纪念地，稻作文化的起源地。

国家AAAA（4A）级旅游景区：芷江抗战授降旧址、通道万佛山景区、神农城炎帝文化主题公园、黔阳古城旅游区、通道皇都侗文化村旅游区；

国家森林公园：中坡国家森林公园、雪峰山国家森林公园、嵩云山国家森林公园；

省级森林公园：象狮坡森林公园、凤凰山森林公园、黄岩森林公园、黄家垅森林公园、夸父山森林公园。

第一节　洪江古商城

一、概　况

洪江市古商城坐落在沅水、巫水汇合处，起源于春秋，成形于盛唐，鼎盛于明清，是保存最完好的古建筑群，堪称我国江南民居古建筑之经典，《清明上河图》的活版本，属全国罕见，是滇、黔、桂、湘、蜀五省地区的物资集散地，享有“小南京”“西南大都会”之美誉。

洪江区历史悠久，源远流长，人文景观和自然景观绚丽多彩，遗存十分丰富。在群峰相拥、巍峨挺拔的武陵山脉，依傍在千古横流、惊涛不息的沅江之滨，充盈着湖湘地域的精灵之气和纯朴之情，凤鸣高山、龙藏深水、形胜太极。

二、主要森林体验和养生资源

（一）嵩云山国家森林公园

嵩云山位于湖南省怀化市洪江区境内，属雪峰山脉西南端，东北倚老鸦坡，西南靠云雾山，海拔500余米，总面积33.49平方千米，其中林地面积30.74平方千米，森林覆盖率92%以上，离市区5千米左右。2010年9月底国家林业局正式行文，准予设立嵩云山国家级森林公园，并定名为“湖南嵩云山国家森林公园”。它以嵩云山省级森林公园为主体，整合嵩云山景区、竹海景区、古商城景区、横岩库区等四个主要景区，是湖南省重要的区域性重点森林公园，是湖南省重点建设和对外推介的主要旅游资源之一，也是广大市民和旅游者寻古探幽、踏青觅芳、休闲游玩的洞天福地。园区内森林旅游资源种类齐全、品位奇高、珍希物种多、景观资源好、涵盖了生物景观、地文景观、水文景观、人文景观及天象景观五大类型，具有较高的文化、科研、美学及旅游价值(图11-1)。

图 11-1

嵩云山、古商城、沅巫两水，这三者之间相互依托，互为共存，融为一体，和谐发展，从而表现出山以水而辉、水以山而媚、城以山水而贵的格局及意境。

(二)白云洞

白云洞位于嵩云山山腰位置，海拔310米，是一个天然石洞，可容数十人，石洞为云雾分界线，云再多，洞以下无云；雾再厚，洞以上无雾，堪称奇妙(图11-2)。

图 11-2

(三)水佛洞

距镜子岩左上行约20米，原为一浅窄山洞，不能容人，洞外有一股泉水，甘甜清洌；传说清末有一杨姓和尚云游至此，渴饮泉水，水中忽显现如来佛影像，以为奇，结草庐于此，天天坚持开凿山洞，拓洞高3米，宽5米，进深 7.5 米。后得洪江商会的十大会馆资助，拆草庐建成木房。洞内供奉阿弥陀佛像，洞左上角另有一小洞供奉齐天大圣。洞顶常年滴水不断，汇集于地面，映出阿弥陀佛像，故名水佛洞。洞外有楹联一副：“自在自观观自在，如来如见见如来”。今洞已拓宽，洞外现建有一庵堂名为“紫竹林”(图 11-3)。

图 11-3

(四)鲤鱼田

在古洞飞瀑处从右往下看，见一山包，有田数丘，顶中一丘最大，形似鲤鱼，周围几丘窄田，则似海波(图 11-4)。

图 11-4

(五)洪江雄溪公园

洪江雄溪公园坐落在怀化市洪江区西郊背靠老鸦坡，南连湘西第一佛教圣山——嵩云山，公园修建于 20 世纪七八十年代，如今公园里树木成荫，闻名天下的雄溪五泉有三泉在公园内，至今流淌不息，一如既往清甜甘冽。公园内有动物园、植物园、儿童乐园，山水亭廊相映成趣。清晨登高老鸦坡有机缘可见嵩云云海和全世界最壮观的江山太极旭阳升等胜景(图 11-5)。

图 11-5

(六)沅水夕照

沅江是湖南境内第二大河流，流到洪江，与巫水汇合，这一路山清水秀，民风独特，是沈从文描写得最多的令人心醉的湘西风光，夕阳西下，阳光照射在沅巫两水上，临江眺望，那山、那水、那人、那一叶扁舟，犹如一幅引人入胜的水彩画(图 11-6)。

图 11-6

三、体验攻略

从长沙到洪江古商城有 4 种方式：①乘坐汽车，从长沙火车站、汽车西站、汽车南站均有到怀化的直达车，到达怀化后，再转乘前往洪江区的汽车，车程约 1.5 小时；②乘火车或高铁，从长沙出发有 56 趟列车到达直达怀化站、怀化南站，怀化城区可在汽车南站或高铁客运站乘坐前往洪江区的汽车，车程约 1.5 小时；③乘飞机，从长沙飞往芷江机场，下飞机后，转乘汽车，从芷江机场到洪江区车程约 2 小时；④自驾车，从长潭西线高速转潭邵高速，再转沪昆高速、包茂高速或娄怀高速，可到达洪江区。

第二节　中坡国家森林公园

一、概　况

中坡国家森林公园位于湖南省怀化市北郊，地理坐标为东经 109°54′23″～109°58′07″，北纬 27°33′42″～27°36′10″，总面积 1367 公顷。东西长 5.9 千米，南北宽 4.5 千米。全园有林地面积 1286 公顷，森林覆盖率 94.1%。于 1992 年经湖南省人民政府批准，在原怀化市林业科学研究所基础上组建，2002 年 12 月升格为中坡国家森林公园，是怀化第一家国家级森林公园。园内有大小山峰 100 余座，其中海拔 400 米以上的山峰 45 座，最高海拔 638.6 米，相对高差 405.5 米。

二、主要森林体验和养生资源

园内沟谷纵横、溪流淙淙，森林景观绚丽多彩，环境清新怡人，动植物种类繁多，有各类野生动物100余种，有木本植物93科690余种，国家一、二级保护树种达30余种。保存完好的数千亩原始次生林以及大面积针阔混交林构成的天然植被群落，季相变化明显，呈现百花争春、绿叶抱夏、红叶迎秋、翠柏伴冬的迷人景色。游人在不同的季节里，都能领略到独特的山野情趣。

（一）穹顶峰

图 11-7

穹顶峰位于中坡森林公园中部，是中坡顶峰，海拔638.6米，与市区相对高差400米，为怀化市区制高点。穹顶峰雄伟挺拔，气势恢弘，登临绝顶，东南面怀化城区一览无遗，美丽山城尽收眼底，西北、东北、西南方向，群山延绵起伏，青山绿水、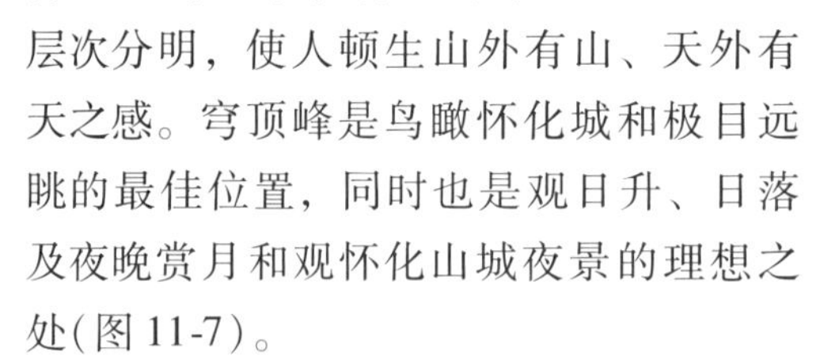层次分明，使人顿生山外有山、天外有天之感。穹顶峰是鸟瞰怀化城和极目远眺的最佳位置，同时也是观日升、日落及夜晚赏月和观怀化山城夜景的理想之处（图11-7）。

（二）母子峰

图 11-8

母子峰（图11-8）位于公园南端，由一座主峰派生出数座山峰组成，如同母亲拖儿携女，故称母子峰。主峰海拔465.7米，视野开阔，北望穹顶峰，南观怀化城，东望花龙寨，景观丰富而极具变化。此处是公园400米以上山峰中，离城市最近点，为近处鸟瞰怀化城市风貌的最佳地点。

（三）白龙湖

白龙湖位于马家垄峡谷，原为一处自然水面，后经加筑堤坝，形成上下两处水面。水域扩大到了4公顷。湖的堤岸植有高大垂柳，湖的四周群山环抱，湖水终年清澈，平静如镜，蓝天、白云、青山、绿树倒映其间，称为“翠湖倒影”。是垂钓、划船等游乐项目最佳选择地（图11-9）。

图 11-9

（四）茂林修竹

茂林修竹在白龙湖、倒冲湾、祠堂坪一带，分布有多处成片的毛竹林，因小气候和土壤适宜，竹林生长特别茂旺，杆形通直高大，枝叶浓绿，竹尾微垂，如少女亭亭玉立，与周边其他林木相互衬托又独具特色，真正体现出“茂林修竹”之韵味（图11-10）。

图 11-10

（五）千年古桂

千年古桂生长于马家垄景区一农舍旁，高10余米，主干两人合抱不下，树龄近千年。该树主干有数条纵沟状凹痕，使树身看上去似麻绳扭结而成，其根部根系裸露并有一空洞，给人以苍老和饱经风霜之感，但主干以上却枝叶繁茂，初秋时节，满树金花，香飘数里之外。此桂之大，实属罕见，且老而不衰，有游客将其取名为“老当益壮”（图11-11）。

(六)大花红山茶园

大花红山茶园位于倒冲湾景区双清湖旁，人工栽培面积有50余亩。大花红山茶为常绿小乔木，自然圆锥形树形，叶片浓绿，花红色或淡红色，花特大，花径达8公分左右，冬季12月中旬至翌年3月开花，花期长达3个半月，果特大，重300余克，种子榨油可供食用。花果鲜艳、果大、树形优美、花期长，且在寒冬和早春开花，是该树种最大的特点，具有很高的观赏价值和经济价值。每到冬季，中坡山大花红山茶盛开，半面山坡成了花的海洋、花的世界，吸引无数游客前来欣赏，成为中坡一大绝景(图11-12)。

图11-11

图11-12

三、体验攻略

从长沙到怀化有4种方式：①乘坐汽车，从长沙火车站、汽车西站、汽车南站均有到怀化的直达车；②乘火车或高铁，从长沙出发有56趟列车到达怀化；③乘飞机，从长沙飞往芷江机场，再转乘汽车到达怀化；④自驾车，从长潭西线高速转潭邵高速，再转上瑞高速，转邵怀高速，下高速后，转209国道到达怀化市。

到达怀化市区后，可以参考以下方式到达景区：

①公交：乘坐12路公交车：行驶2.6千米怀化站。步行约280米，到达火车站，乘坐12路，经过5站，到达铁职中站，步行约610米，到达中坡国家森林公园(怀化站)；

②自驾车：全程约2.0千米，怀化站向正西方向出发，行驶50米，左前

方转弯进入鹤洲北路，沿鹤洲北路行驶 160 米，稍向右转进入 G320，沿 G320 行驶 330 米，稍向右转进入 G209 ，沿 G209 行驶 920 米，左转行驶 10 米，稍向左转行驶 170 米，稍向右转行驶 60 米，稍向右转行驶 300 米，稍向右转行驶 50 米，到达终点——中坡国家森林公园(怀化站)。

第三节　三道坑原始生态旅游区

一、概　况

三道坑原始生态旅游区位于芷江县五郎溪乡境内，距县城 46 千米，规划总面积 11. 8 平方千米，最高峰金顶 1405 米，为芷江麻阳两县最高峰，生态旅游区内森林覆盖率达 90% ，属西晃山脉南麓原始次森林，分三道坑、党洞坑、金顶等景区，境内地势高峻，山峦叠嶂，资源丰富，有三道坑百米高瀑布、飞龙瀑布、虎啸瀑布、横生桥、情人岩、夫妻树、万缕根等几十处景观和许多珍贵树种及众多的野生动物。

三道坑，并不是字面上的天坑或地坑，这里的坑，应注解为潭更准确些。三处美妙奇绝的飞瀑迭水，飞瀑下，水汪一片、波光潋滟的幽幽水潭，诗情画意的美景，闭目聆听或静心臆想，慢慢地思绪缥缈，情意袅娜，亦神亦仙，如痴如醉；三道坑，除了三道飞瀑，更有峡谷溪流边的参天古树、曼妙巨藤、鸟语花香、竹篁婆娑。

二、主要森林体验和养生资源

(一)虎啸瀑布

虎啸瀑布位于一道坑之上，半崖上两迭错落飞瀑，水晶白练，漾出一潭碧水，潋滟着神秘和传奇，向游人抛个媚眼，再迭一瀑，欢歌而去(图 11-13)。

图 11-13

(二)飞龙瀑布

飞龙瀑布位于二道坑附

近，一条数折曲回的飞流湍急而下，仿佛从半空轰鸣而来，瀑布常年水声震耳欲聋，在刀削的崖壁下回荡，绕箐而去，外形如巨龙腾空跃起（图11-14）。

图 11-14

（三）百米高瀑布

从二道坑出发，拽着铁链，艰难地攀爬峭壁，到达第三道坑，这里瀑布瀑迭百米，蔚为壮观（图11-15）。

图 11-15

三、体验攻略

从长沙到怀化有4种方式：①乘坐汽车，从长沙火车站、汽车西站、汽车南站均有到怀化的直达车，到达怀化后，转乘到达芷江的汽车，再由芷江乘坐汽车到达三道坑；②乘火车或高铁，从长沙出发有56趟列车到达怀化，转乘到达芷江的汽车，再由芷江乘坐汽车到达三道坑；③乘飞机，从长沙飞往芷江机场，再由芷江乘坐汽车到达三道坑；④自驾车，从长潭西线高速转潭邵高速，再转沪昆高速公路，到达芷江，再由芷江乘坐汽车到达三道坑。

第四节　二酉山景区

一、概　况

二酉山，坐落在沅陵县城西北15千米处的二酉苗族乡乌宿村，因酉水和酉溪在此汇合而得名，山梁起伏，状如书页，所以又称万卷岩，主峰海拔509.8米，次峰海拔428.1米，酉水河面96.9米（库区水位最高可达108米），相对高差331.2米。

山上植物达500多种，仅木本植物、乔木树种就有20多种，其中为国家二级保护的树种有杜仲、银杏、胡桃等10余种；动物达300多种，属于国家珍稀保护的有猴面鹰、红腹角雉、飞狐、大鲵(娃娃鱼)等。另有爬行类20种、昆虫30种、两栖类10种、鱼类30种、禽类30种、兽类11种。

二、主要森林体验和养生资源

(一)三水汇流

二西山下有三条溪河相汇。自东北方向流来的是酉水，酉水发源于湖北宣恩，流经湖北来凤、湖南龙山、重庆酉阳、秀山、湖南保靖、永顺、古丈至沅陵，是土家族聚居区。沿酉水分布聚居着的全是土家人。自西南方向流来的是酉溪。酉溪发源于古丈，自酉溪向西一直到贵州是苗族聚居区。中间那一条小溪名大力溪。三水在山脚相汇后流入县城汇入沅江。三水在同一地方相汇的并不多，构成二酉山一景(图11-16)。

图 11-16

(二)书山门

书山门是翠山谷入口处的一道石门，意为进入书山圣顶的大门。从翠山谷里往外看，书山门形似一对老年恋人窃窃私语，是她们守护着圣山，亿万年不倦(图11-17)。

图 11-17

(三)圣顶观海

圣顶观海是二酉山景区最佳临空观景台，这里视野开阔，野趣十足，尤其眼眺北方，蟠龙起舞，群山连绵起伏，重重叠叠，层次分明，有如大海翻腾，波澜壮阔，令人心旷神怡；这里时有云海涌现，时有雾罩群山，时有轻雾慢舞，随四季变换而有不同，美轮美奂，故有“圣顶观海”的说法(图11-18)。

图11-18

(四)三龙奉圣

二西山有三座带“龙”字的山守护在周围，当地居民称之为“三龙奉圣”“三龙朝圣”。东面隔西水相望的山形似鳄鱼，名叫鳄龙山；北面隔西溪相望，是蟠龙山；二西山后南侧则是青龙山(图11-19)。

图11-19

(五)万卷岩

万卷岩的层岩叠加像万卷书卷堆积而成，因传说黄帝在此藏书万卷而得名。经过千百年藏书的浸润，万卷岩也极富书香灵气，至此触摸者众(图11-20)。

(六)龙头岩

因形似龙头而得名，是二西山镇山之宝，是观音坐莲的靠背。龙头长年雄视山下，灵佑百姓(图11-21)。

三、体验攻略

从长沙到沅陵有2种方式：①乘坐汽车，从汽车西站，乘坐到达沅陵的直达车；②自驾车，从长常高速转常张高速，下高速后，转319国道到达沅陵。到达沅

图11-20

陵县城后，从沅陵城出发，有车辆直达二酉码头，行程15分钟；也可乘船溯酉水而上，直抵二酉山脚，行程40分钟，若乘快艇只需20分钟；从猛洞河、芙蓉镇（王村）出发，乘船顺酉水（栖凤湖即凤滩库区，两岸风光酷似三峡）而下（以普通客船为主）3小时，到达凤滩水电厂，游览世界最高空腹重力拱坝后，乘车而下，行30千米，即达二酉山。

图11-21

第五节 龙底生态漂流景区

一、概 况

湖南通道龙底生态漂流景区位于湖南省怀化市通道侗族自治县木脚乡境内，由南山多条溪流汇合而成，江险滩多，水流湍急，清澈见鉴。千百种奇树异花争妍斗艳，鸟飞林荫，鱼翔浅底，瀑撒高空。景区内森林覆盖率达97%，植被原始，山峦叠翠，古朴自然，风景四季迷人，是天然的生态大氧吧，植物王国。

二、主要森林体验和养生资源

龙底生态漂流是景区内主要的游乐项目，龙底漂流河段全长10千米，全程落差100余米，漂流时间可达3～4小时，途中有被誉为亚洲第一滩的洞上天河，有黄龙沟、龙底险滩等48处险滩，有惊无险、浪漫刺激，为

图11-22

“南国第一漂”。

龙底生态漂流景区内有老虎跳、吊水洞、榴冲口原始森林、调头岩原始森林、洞上风景区、雄鹰峰、古楼岩、龙底烧烤、古木化石、钓鱼场、跳水台山庄、珍稀树种基地、珍稀动物园、狩猎场等38处别具特色的旅游景点(图11-22)。

三、体验攻略

从长沙到景区有4种方式：①乘坐汽车，从长沙火车站、汽车西站、汽车南站均有到怀化的直达车，再换乘汽车到景区；②乘火车或高铁，从长沙出发有56趟列车到达怀化，再换乘汽车到景区；③乘飞机，从长沙飞往芷江机场，再转乘汽车到达怀化，再换乘汽车到景区；④自驾车，长潭西线高速转沪昆高速，在隆回与洞口之间的“大水收费站”出高速，转竹城(竹市——城步)连接线，到达武冈，然后经S319省道跑到关峡左转，再转绥宁绿洲大道(S221)，到乐安左转，到达通道。

到达景区后，要注意：漂流全程落差150余米，一般两人乘坐一条特制橡皮船，穿上漂流救生衣和防滑鞋，在安全导游和沿途险点护航员的指导保护下，便可以冲滩逐浪、随意漂流，漂流时间为3~4小时。

第六节　雪峰山森林公园

一、概　况

雪峰山国家森林公园位于洪江区东部，处于“中华第一旅游走廊”黄金带上，为怀化市东南门户，其地理坐标为：东经110°21′10″~110°26′30″，北纬27°12′15″~27°22′45″。该公园南北长40千米，东西宽8千米，呈狭长带状，由南至北沿雪峰山主脉中段分布；东与塘湾镇、洗马乡交界，南接邵阳市洞口县江口镇，西面毗邻雪峰镇、铁山乡，北靠湾溪乡和溆浦县黄茅园镇；总面积4025.9公顷。2004年，雪峰山获准设立省级森林公园；2008年1月9日颁发《准予设立雪峰山国家级森林公园的行政许可决定》，定名为“湖南雪峰山国家森林公园”。公园内崇山峻岭，延绵不断，峰峦叠嶂，谷狭坡陡，岩崖嶙峋，流泉飞瀑，云雾弥漫，古木参天，山高林茂，珍禽异兽随处可见。公园森林覆盖率高达90.7%，林地面积为4021.3公顷，占总面积的99.9%。景区内天池、瑶池等高山湿地星罗棋布，溪流多达 16 条，水声鸣珮，碧绿澄清。气候独特，物种繁多，已知木本植物 90 余科 700 多种，野生动物 108 种，有“天然氧吧”之称。

二、主要森林体验和养生资源

（一）雪峰天池

雪峰天池座落于海拔 1300 米的平山塘景区，水域面积 60 余亩，嵯娥灵秀，似一面明镜，如瑶池，似仙境，因此而得名（图 11-23）。

图 11-23

（二）万亩杉木林

在这里，一行行杉木竞相出头，直插云霄，远望郁郁葱葱一片，似绿色的海洋。林中百鸟合鸣，悦耳动听，令游人留连忘返（图 11-24）。

图 11-24

三、体验攻略

从长沙到景区有 3 种方式：①乘坐汽车，从长沙火车站、汽车西站、汽车南站均有到怀化的直达车，到达怀化南站后，乘坐前往安江的快巴，到安江换乘去雪峰镇的车，到雪峰镇再打摩的到景区；②乘火车或高铁，从长沙出发有 56 趟列车到达怀化，再从怀化南站乘坐前往安江的快巴，到安江换乘去雪峰镇的车，到雪峰镇再打摩的到景区；③自驾车，从长潭西线高速转潭邵高速，再转沪昆高速、包茂高速或娄怀高速，可到达洪江区，转而进入景区。

导读：岳阳市地处湘、鄂、赣三省交界处，湖南东北部，洞庭湖东北部，集名山、名水、名楼、名文、名城、名人于一体，处处皆景，季季宜游。君山“集奇撮胜”，七十二峰峰峦竞秀，八百里洞庭涵澹生辉；大云山险峰怪石，泉幽涧深，古刹与日月相映，岩窦依天地而存，莽莽苍苍，气势磅礴；幕阜山地跨三省，山间丹崖峭壁，沟壑纵横，飞瀑流泉，风景奇特，蔚为壮观；团湖赏荷采莲，渔女歌声悠扬，荷香袭人，青莲清脆，别有一番情趣。

第十二章　岳阳市森林体验与森林养生资源概览

岳阳古称巴陵、又名岳州。公元前505年建城，是一座有着2500多年悠久历史的文化名城。1983年设岳阳市，近年来，先后获评国家历史文化名城、全国文明城市、中国优秀旅游城市、2015中国十大活力休闲城市、中国最具幸福感和最具文化软实力之城，现辖岳阳楼区、云溪区、君山区3个区，湘阴县、岳阳县、华容县、平江县4个县，代管汨罗市、临湘市2个县级市，总面积15019平方千米，总人口559.51万，城镇人口为292.58万人。

1. 地理位置

岳阳市位于湖南东北角，素称“湘东北门户”。地处北纬28°25′33″～29°51′00″，东经112°18′31″～114°09′06″之间。东邻江西省铜鼓、修水县和湖北省通城县；南抵湖南省浏阳市、长沙市、望城区；西接湖南省沅江市、南县、安乡县；北界湖北省赤壁、洪湖、监利、石首县（市）。市东西横跨177.84千米，南北纵长157.87千米。土地总面积15087平方千米，占全省总面积的7.05%。城市规划区面积845平方千米，其中市区建成区面积88平方千米。

2. 地形地貌

岳阳市位于湖南省东北角，环抱洞庭，濒临长江，北部是大平原。全市总面积1.5万平方千米，耕地面积450万亩。境内地貌多种多样，丘岗与盆地相穿插、平原与湖泊犬牙交错。境内地势东高西低，呈阶梯状向洞庭湖盆地倾斜。东有幕阜山山脉蜿蜒其间，自东南向西北雁行排列，脊岭海拔约800m，幕阜山主峰海拔1590m；南为连云山环绕，脊岭海拔约1000m，主峰海拔1600m；西南被玉池山脉所盘踞，主峰海拔748m。全市两面环山，自东南向西北倾斜，东南为山丘区，西北为洞庭湖平原，中部为过渡性环湖浅丘地带。全市山地占14.6%，丘岗区占41.2%，平原占27%，水面占17.2%。

3. **气候概况**

岳阳市处在东亚季风气候区中，气候带上具有中亚热带向北亚热带过渡性质，属湿润的大陆性季风气候。其主要特征：温暖湿润，四季分明，季节性强；热量丰富，严寒期短、无霜期长，春温多变，盛夏酷热；雨水充沛，雨季明显，降水集中；“湖陆风”盛行，“洞庭秋月”明；湖区气候均一，山地气候悬殊。年平均降水量为1289.8~1556.2毫米，呈春夏多、秋冬少，东部多、西部少的格局，春夏雨量占全年的70%~73%，降雨年际分布不均，最多达2336.5毫米，降雨少的年份只有750.9毫米。年平均气温在16.5~17.2℃之间，极端最高气温为39.3~40.8℃，极端最低气温为－18.1~－11.4℃。城区年平均气温偏高，为17.0℃。年日照时数为1590.2~1722.3小时，呈北部比南部多、西部比东部多的格局。年无霜期256~285天。市境主导风向为北风和东北偏北风，年平均风速为2.0~2.7米/秒。“湖陆风”盛行，“洞庭秋月”朗；湖区气候均一，山地气候差异大；生长季中光热水充足，农业气候条件较好。

4. **交通条件**

岳阳是湖南唯一的临江口岸城市，城陵矶港是长江8大良港之一，城陵矶顺长江而上可到重庆，顺江而下可到武汉、南京、上海。境内有京广铁路，京广高速铁路，荆岳铁路(在建)，岳常铁路(规划)，月益铁路华容段，岳九铁路(规划)，岳吉铁路(规划)等；有G4京港澳高速公路、京港澳复线、随岳高速公路、G56杭瑞高速公路、岳宜高速公路、岳汝高速公路、岳常高速、石华高速、岳通高速、107国道、308省道、平伍高速公路。岳阳机场建成后，与武广高铁、京珠和随岳等高速，及城陵矶港形成水陆空“三位一体”的立体交通网络，将进一步提升岳阳区位交通优势，加速岳阳区域旅游、商贸、物流等产业快速发展，促进区域经济社会发展，完善中部地区机场网络。

5. **旅游资源**

联合国“国际湿地公约”湿地、国家级自然保护区：东洞庭湖国家级自然保护区；

国家AAAAA(5A)级旅游景区：岳阳楼、君山岛；

国家AAAA(4A)级旅游景区：张谷英村、石牛寨国家地质公园；

国家AAA(3A)级旅游景区：沱龙峡生态旅游景区；

国家级重点风景名胜区：岳阳楼－洞庭湖风景名胜区；

国家森林公园：大云山国家森林公园、五尖山国家森林公园、幕阜山国家森林公园；

国家地质公园：石牛寨国家地质公园。

第一节　岳阳楼－洞庭湖风景名胜区

一、概　况

岳阳楼－洞庭湖风景名胜区，位于湖南省岳阳市区西北部，为国家级风景名胜区。包括岳阳楼古城区、君山、南湖、芭蕉湖、汨罗江、铁山水库、福寿山、黄盖湖等9个景区，总面积1300多平方千米。洞庭湖“衔远山，吞长江，浩浩荡荡，横无际涯，渚清沙白，芳草如茵，朝晖夕阴，气象万千”。

二、主要森林体验和养生资源

（一）岳阳楼

岳阳楼下瞰洞庭，前望君山，自古有“洞庭天下水，岳阳天下楼”之美誉。其中巴陵广场它是岳阳楼景区的延伸与拓展，集防洪、灭螺、旧城改造、景观建设为一体的多功能综合性工程。广场东西主轴线长度为280.1米，总用地面积约4.84万平方米，可容纳3800人集会。中央广场周边为疏林草地，广场基本对称，突出东西向的城市历史发展轴，广场分为两级，向西逐渐降低，坡度为1.2%。滨湖景观区中段为硬质景观区，主要为台阶，广场至一级平台为巴陵大台阶，高差约9米，方便市民、游客观湖、赏景。一级平台伸向湖面的台阶设计大气、壮观，突出反映亲水性；南北两段为鱼文化景观区及沿湖绿化带，通过建筑小品充分展示洞庭湖渔业

图12-1

生产景象。

汴河街是岳阳楼核心景区的一个重要组成部分。将“彰显古城风貌、衬托楼湖风光”设计理念落实到每一个细节上，落实到现实的景观建设中，这里还栽种了一棵从三峡寻觅到的、直径约1.9米、800年树龄的紫薇树——紫薇树是我国珍贵的环境保护植物，其树龄可达千年(图12-1)。

(二)君山岛

君山岛，国家级重点风景名胜区，国家AAAAA级旅游区，古称洞庭山、湘山、有缘山，位于岳阳市境内，是八百里洞庭湖中的一个小岛，与千古名楼岳阳楼遥遥相对，总面积0.96平方千米，由大小七十二座山峰组成，被“道书”列为天下第十一福地(图12-2)。

图12-2

君山小巧玲珑，四面环水，风景秀丽，空气新鲜，是避暑胜地，它峰峦盘结，沟壑回环，竹木苍翠，风景如画。地势西南高东北低，平均海拔55米，最高点响山海拔为63.3米。君山的西南悬崖峭壁，怪石嶙响，岩下有石穴。因其浮游于浩浩荡荡的洞庭烟波之中，神秘飘渺，远看知横黛，近看似青螺，因而唐代著名诗人刘禹锡用“遥望洞庭山水翠，白银盘里一青螺”的诗句来描绘它的景色和秀姿。君山植被茂密，种类繁多，据调查有99科221属310种。其中古树名木20种，如：

(1)秦皇火树。即秦始皇火烧君山劫后余生之树。《史记·秦始皇本纪》载：始皇二八年(公元前219年)南巡衡岳，因阻风君山，迁怒湘山神二妃，故而赭树烧山。宋代时，赭树坡有秦皇火烧过的大樟树数株。至清末尚是“大可数围，腹中半焦”，后遭砍伐。今仅存次生林，树蔸根围7.26米，直径2.46米，高15米，树冠浓荫110平方米。青葱欲滴，生机盎然。

(2)椤木石楠。生长于柳毅井东山坡，属蔷薇科，树龄280年，常绿乔木，本无奇处。但不知何时借助谁的力量，将棉藤、苦瓜芦、威灵仙之类的种子撒落到树的蔸部洞眼里，春风雨露，3种藤绕干缠枝直达树梢。在树的肩部，一个树洞里又长出一株挺拔的女贞。暮春时节，一树五叶四花，蔚为壮观。

(3)黑壳楠。生长在君山龙舌山尾部，属樟科，共2株。它的根部仅剩约8厘米厚半边树壳，但6米长的树干上面照样缀满青枝绿叶。据测定，它们已顽强生长了220年。

(4)金桂。生长在原崇胜寺后院中，本犀科，树高14米，胸径0.5米，每年农历8月，开黄色小花，满岛芳香。相传此树为南宋农民起义军领袖杨么所栽。1972年，日本前首相田中角荣访华时谈起他曾在侵华战争期间看到过君山的桂花树。经测定，金桂树龄300年。

(5)杜英。又叫红绿叶，常绿乔木，杜英科。它的树高可达20米，叶椭圆形，花白色，果如花生米大小，味甜能吃，是我国稀有树种，因叶色红绿相间而得名。在君山生长着近200株，最长的树龄已达140年。一般来说，杜英树换叶的时候，新叶鲜红，老叶由绿变红。而君山的杜英树却独具特色。在大树老枝上有的叶面是红色，叶背是绿色；有的红叶亮着光泽，红得透明耀眼，竟是嫩叶。喉咙乓山脚下的一棵杜英树，一年中两个季节树叶一半红一半绿，不同一般。

(6)怕痒树。学名紫薇，落叶小乔木，高可达7米，叶对生，木棚圆形，夏秋开花，结球形果；盛夏绿遮眼，此树红满堂”之赞语，现生长在洞庭山庄南侧悬崖处，约5~6株，枝干遒劲，树叶稀松，已有百岁之龄。当人手轻轻抚摸它的光滑躯干时，便象触电一样浑身颤抖起来，枝条摇曳，越来越厉害，竟发出沙沙的响声，仿佛大风吹过一般，故俗称“怕痒树”。

(7)灵芝草。清代吴敏树在《君山芝龟记》中讲他曾于“同治三年春正月，……，使命工辟草，则获芝一本，大如饭盂，色深紫而光，茎削以坚”。据县志载，他还有《君山芝二首》诗，其一曰：“我从君山来，移山入我屋；独坐情无言，如闻紫芝曲。”君山产金龟，而护于灵芝草旁，自古而然。

(8)酒香花。在君山酒香山头，藤本常经灌木，常簇生，叶片比七里香稍小，高的能长到1米多，每到春二、三月，藤上开出一朵朵白色的小花。这种花不畏寒冷，能斗雪而开，花香醇如甜酒，被当地人称为酒香花，它的藤称酒香藤。据考证，酒香山“每春时径径有酒香”就是从它的身上发出的。古时候，君山的僧道们常以此花酿酒。

(三)东洞庭湖

东洞庭湖位于华容县墨山铺、注滋口，汨罗市磊山，益阳市大通湖农场之间。滨湖的有岳阳市区(岳阳楼区、君山区)、华容县、钱粮湖农场、君山农场、建新农场、岳阳县，湖泊(包括漉湖与湘江洪道)面积1327.8平方千米(图12-3)。

图12-3

保护区成立于1982年，是湖南省唯一的国家级湿地类型保护区和中国51个国家示范保护区之一。1988年，东洞庭湖被列入国家重点风景名胜区——“洞庭湖－岳阳楼风景名胜区”。1994年，晋升为国家级自然保护区。是《国际湿地公约》收录的、由中国政府指定的21个国际重要湿地自然保护区之一，主要保护对象为湿地和珍稀鸟类，其中国家一级保护的有白鹤、白头鹤、东方白鹳、黑鹳、大鸨、中华秋沙鸭、白尾海雕7种，二级保护的有小天鹅、鸳鸯、白枕鹤、灰鹤、白额雁等45种；淡水鱼类117种；野生和归化植物1186种。东洞庭湖国家级自然保护区北起长江湘鄂两省主航道分界线，南至磊石山，管理范围包括整个东洞庭湖及其近周平原岗地。

东洞庭湖国家级自然保护区，是中国湿地水禽的重要越冬地，也是重要繁殖地、停歇地，每年在这里栖息的雁、鸭等水鸟达数百万只，是鸟类的天堂和乐园。每年有白鹳、白鹤、黑鹳、白鹭等255种国家级保护候鸟在这里越冬。大鸨、白头鹤、鸿雁、小白额雁、青头潜鸭等稀有鸟类也经常在这里嬉戏。

(四)福寿山

福寿山风景区集山秀、水美、林幽、石奇于一体，含自然景观、人文景观和福寿文化在一起，是建设生态旅游、避暑度假、休闲疗养、登山探险、水上游乐、民俗文化、红色教育等于一体的综合型旅游景区的理想之地。福寿山风景区包括福寿山森林公园、百福洞峡谷瀑布群、白水湖水上游乐中心、福寿山矿泉水疗养

图12-4

区、福寿避暑度假村、芦洞民俗文化村、福寿山生态农业观光园、红色教育基地等八大景区 100 余个景点，是一个大容量、多功能、高品位的旅游区。2013 湖南卫视大型亲子秀《爸爸去哪儿》湖南站的拍摄地(图 12-4)。

福寿山属中亚热带常绿阔叶林植物区，公园境内地形复杂，森林植被繁茂，植物群落种类丰富多彩。山中从林万顷，竹海浩荡，春夏季节有映山红、杜鹃花、玉兰等花木景观争奇斗艳，异彩纷呈；常绿阔叶林、黄山松林、竹林、柳杉林、杉木林、灌丛草甸等各种森林植被展现出层次分明、色彩各异的植被景观。最珍贵的是小湖坪等处至今保存着一些次生林，高达 91.6% 的森林覆盖率，茂密的林海，孕育了极为丰富的生物资源。据调查，境内有银杏、红豆杉、南方红豆杉、黄莲、七叶一枝花等珍稀植物。有云豹、豺、灵猫、野兔、锦鸡、竹鸡、斑鸠、杜鹃、画眉等动物出入频繁，游人随处可见，福寿山不失为一外天然动植物王国，具较高的生物科普旅游价值。

在福寿山小湖坪一带及大湖坪西侧等地保留有 250 公顷天然林，其中近 60 公顷为常绿阔叶林，树龄已近百年，林中古树参天、古藤密布、幽静神秘，呈现出较典型的原始林景观。

在福寿山有上百公顷的竹林，其中大湖坪一带就有 70 公顷以上楠竹林。置身竹林，到处青翠欲滴，清幽静谧。登高一望，竹海茫茫；山风吹来，竹浪翻滚，涛声不绝，令人心醉。

在海拔 1400 余米的白沙湖，满山分布着红色、粉红色、白色等多种色彩的杜鹃花，面积达 1 公顷以上，花开时节，到处花簇争艳，五彩缤纷，赏花者如在花海之中，心旷神怡，流连忘返。因分布海拔较高，花期较山下晚一月，有着“人间四月芳菲尽，山寺桃花始盛开”的景观特点。

在天然林内与峭壁上，藤蔓密布，古藤繁多，在林间缠绕穿插，形成许多奇异的植物景观。其中在水帘洞南 50 米处有一紫藤直径大达 38 厘米，藤长近百米。古藤生长于石逢之中，藤上裂纹密布，古朴苍老，据传藤龄高达近千年，堪称长寿之藤。

孔家竹山有巨杉 3 株，成“品”字形排列。其中最大一株肛胸径为 70 厘米，树高达 22 米，蓄积近 8 立方米，且枝繁叶茂，生长旺盛，似擎天神木耸入云霄，是湖南较大的杉树之一。

紫竹观口上有青钱柳二株，其胸径分别为 28 和 22 厘米，树高 17 米和 15 米，树形高大优雅，枝叶繁茂。尤为甚者，果实形状奇特，果实成串状显圆形果翅。一到金秋季节，微风徐来，满树果实竦竦坠下，似串串金钱由天而降，故名为“摇钱树”。

寒婆坳有枫杨一株，该树古朴苍劲，树龄逾百年。其胸径在120厘米，树高16米，主干革命1.4~1.5米处一分为九枝，树冠重重如车盖，故名“九股枫杨”。其花为柔荑花序，开花时节，清风吹来，满树柔软荑花随风起舞。四周苍松环抱，林内苍翠欲滴，甚为悠静雅致。其树侧有乱石一堆，传说为进香游客所遗(树旁原建有一庙)。善男信女从家中带一石块到祖师岩烧香敬神，返回途中即将石块丢于此地，即可驱邪治病。因年长日久、香客众多，形成神奇的大石堆。

在福寿山三叉坳有天然黄金嵌碧玉竹种，共50余株。此竹是非常珍贵的稀有竹种，是各地竹类园、植物园喜欢收集栽培的珍贵观赏竹，天然分布极少。该竹竹杆具有黄、绿纵列相间条纹，通体具透明光泽，煞是美观。

三、体验攻略

岳阳楼景区位岳阳市区，市内交通发达，出租车络绎不绝，有6、7、10、15、19、22、24、25、31、50路等十几路公交直达景区。君山岛可以坐51路公交，15路公交，团湖巴士等公交直达景区；也可以从南岳坡旅游码头乘坐游船抵达君山岛景区，自驾车从岳阳市区→洞庭湖大桥→君山区挂口→君山旅游大道→君山岛景区大门(如果您来自华容方向，华容→君山区挂口→君山旅游大道→君山岛景区大门)。

东洞庭湖观鸟最佳时间，每年11月至翌年1月。可以在岳阳楼和君山岛观鸟；自驾车从长沙出发，上京港澳高速一路北上，行程147千米，从“岳阳”出口下高速，走连接线直行到达岳阳市区，西行跨过洞庭湖大桥，进入自然保护区境内。如果要抵达自然保护区核心区的采桑湖管理站，则还要沿着岳华公路往华容方向行驶半小时，或者从汽车站买到钱粮湖的车，然后在采桑湖站下车。

第二节　平江石牛寨国家地质公园

一、概　况

石牛寨海拔523米，方圆10余平方千米，石牛寨西部有一巨石，形如黄牛，故名石牛山。石牛寨是以丹霞地貌为主的国家AAAA级景区，位于湘、鄂、赣三省交界处，平江县石牛寨镇境内，总面积900余平方千米，是我国目前所发现的规模最大的丹霞地貌群落之一。2011年获批为国家地质公园。它是由怪石、奇峰、石洞组成的石的世界，鬼斧神工，千姿百态，美不胜收。

石牛寨地势险峻，群仞壁立，窄径悬天，奇险程度让人咱舌，人称“小华山”。公园被誉为“百里丹霞，千年古寨”，这里有惊险刺激的蟒洞峡谷、景色秀美的汨水源竹筏漂流。景区旅游资源丰富，拥有3种大类，10种中类，43种小类以及子类75种。其中山水、寺庙、奇石、地质是石牛寨景区旅游资源中的重点主题。景点可以概括为“一牛二龟三关隘，四桥五寨六线天，七奇石八寺庙，百零八崖景无边”，并以“十里绝壁、百里丹霞”为典型代表，地质遗迹多达100多处，并且拥有国家级地质遗迹6处。景区还拥有悠久的禅宗文化，现存有云岩寺、白衣寺等古庙遗迹以及有700年历史的石佛寺。

二、主要森林体验和养生资源

（一）莽洞峡谷漂流

石牛寨国家地质公园有一条河流叫做蟒洞河，河流从群山中蜿蜒而出，在各种峭壁和石道上前行，最后流入汨水河。石牛寨国家地质公园蟒洞河因为蜿蜒像一条大蟒蛇从山洞中爬出来，所以叫做蟒洞河。石牛寨国家地质公园蟒洞河河水清凉清澈，水势丰沛，非常适合漂流，尤其是天气比较热的夏天(图12-5)。

图12-5

莽洞峡谷漂流河道蜿蜒曲折、水流湍急、悬崖峭壁、峡谷幽深，整个漂流河道长约6.5千米，总落差160米，漂流需约2小时。山峦跌宕、雾绕群峰、鸟语花香、曲水回环、瀑泻千尺、碧波幻影，谷深通幽处，风光无限好！到此漂流，如入仙境博舟，似在画中畅游，激流险滩迭起，刺激、逍遥。从高空俯瞰，就像一条玉带被深深阙入山谷谷底，倍感“船到山前疑无路，潭过湾转又一滩”的神怡，使人置身于“人随山水转，心往画中游”的美妙境地沿途风光主要有：石牛追、仙人岩、莲花峡、两指岩、蛟龙戏珠、象鼻石、低头桥、天门岩、猴而岩、藏馆洞、猛狮回头、佛手岩、睡美人、鼓石、钹石、官财石等。

（二）蓝天石柱

图 12-6

石牛寨国家地质公园的大茅寨正对面那根参天大柱，清代秀才汤柳曾以“分明天斧生开面，晋作人间一指禅”赞美石牛寨国家地质公园蓝天石柱。蓝天石柱与石牛寨国家地质公园小茅寨之间有一道垂直的裂隙，这样的裂隙在地质学里叫做“节理”，石牛寨国家地质公园小茅寨整座石山受到地壳运动的不均匀抬升以及自身岩石张力等诸多因素下形成的这道节理，节理一旦出现，就会很容易受到风力侵蚀与流水的侵蚀、切割，致使节理越来越宽，这就是节理发育。这条节理发育到一定时间后，石牛寨国家地质公园蓝天石柱就会与石牛寨国家地质公园小茅寨完全分离开来，这个时候，也就形成了在石牛寨国家地质公园丹霞地貌中常见的“一线天”景观（图 12-6）。

（三）隘门海瀑布

图 12-7

石牛寨隘门海面积约 5000 平方米，此处原为兵寨后方之要塞，因其峡谷狭隘且高深，有关门之势态，易守难攻，故称隘门。春天雨水充沛，因在隘门海的群石之间已经形成了美丽的瀑布，瀑布落差数十米，从青山间飘下来，就像是连绵不断的白色骏马在奔腾（图 12-7）。

（四）美女峰

美女峰从远处望像一个盛妆的少妇仰望着蓝天，少妇的头顶还有一棵百年松，恰如金簪，使得美女望天这一景象惟妙惟肖（图 12-8）。

（五）云岩湖

图 12-8

云岩湖湖面碧蓝清澈，微波轻荡，与石牛寨国家地质公园的红色的丹霞岩壁相映成趣，浑然一体。它营造“过水城，登城楼，攀悬崖，进山寨”的千年古寨的意境。可在石牛寨国家地质公园云岩湖的湖面上乘船游玩，欣赏碧水丹霞，吹着暖暖的风，呼吸大自然的清新空气，初感千年古寨的神奇魅力。环湖有太师椅、巽卦石、小茅寨、大茅寨、美女峰等美景，可欣赏石牛寨国家地质公园的云中天桥和索道的壮观。

图 12-9

石牛寨国家地质公园的游船装扮也是古香古色，仿佛古时候画舫游湖，歌声飘荡在石牛寨国家地质公园的湖面上。哼着小曲，听着歌声，欣赏着石牛寨国家地质公园的美景，感受大自然的鬼斧神工，让游客尽情的领略石牛寨国家地质公园的无穷魅力（图 12-9）。

（六）玻璃桥

在美人峰和大茅寨之间有铁索相连，形成一天桥——好汉桥。桥长约 300 米，垂直高度达 180 米，每块玻璃板的厚度达到 24 毫米，并且是双层构造，具有抗弯曲、耐冲击、强度高等特点，强度是普通玻璃 25

图 12-10

倍，两根直径为53毫米主钢丝绳确保每根铁索均衡受力，为世界第一座投入使用的全透明高空玻璃桥。这座悬于峡谷之间的玻璃桥经过4年的构思和近2年的艰苦施工建成，堪称现代工程与大自然奇景的完美结合（图12-10）。

三、体验攻略

自驾：①长沙市→三一大道→长永高速公路→长浏高速公路→平汝高速公路→G106→新港南路→终点。②株洲市→长株高速公路→长永高速公路→长浏高速公路→平汝高速公路→G106→新港南路→终点。③湘潭市→京港澳高速公路→长永高速公路→长浏高速公路→平汝高速公路→G106→新港南路→终点。④岳阳市：起点→G4京港澳高速→S308/平江/汨罗→308省道→106国道→003县道→F04县道→终点。⑤长沙市：起点→S20长浏高速→浏永公路→011县道→106国道/长平东路→106国道/新港北路→308省道→003县道→F04县道→终点。⑥湘潭市起点→107国道→G60沪昆高速→G4京港澳高速→S20长浏高速→浏永公路→011县道→106国道/长平东路→106国道/新港北路→308省道→003县道→F04县道—终点。

公共交通：在长沙汽车东站或岳阳长途汽车站乘坐前往平江县的长途汽车，再转车到石牛寨景区。

第三节　大云山国家森林公园

一、概　况

大云山国家森林公园位于湖南省岳阳县的东北部，横跨岳阳、临湘两市县。1992年，湖南省林业厅批准，设立湖南省大云山森林公园。1996年升级为国家森林公园。1999年，市政府主办了大云山国家森林公园生态游首游式暨开园活动。2009年12月，大云山创建为国家AAA级景区。自然环境优美，被列为岳阳十景之一，号称“云山探幽”。公园与天下名楼岳阳楼、第十一福地君山、江南名俗文化村张谷英、公田温泉、铁山水库、五尖山森林公园一道，形成了湘北宗教生态重点旅游区和岳阳生态旅游重点线路，是中国优秀旅游城市岳阳市的重点景区。

大云山属幕阜山西北支，自古为江南名胜，道家洞天，志称盘旋七十二峰，海拔911.1米。公园辖地1180.6公顷，其中核心游览面积340公顷，为祖师殿和真君殿两大景区。大云山属幕阜山系西北支脉，为花岗岩中山地貌，主峰脉络清晰，呈马鞍形东西走向，主山脉东高西低，北陡南缓。公园基本上处于主脉山脊以南。大云山属幕阜山系西北支脉，为花岗岩中山地貌，主峰脉络清晰，呈马鞍形东西走向，主山脉东高西低，北陡南缓。公园基本上处于主脉山脊以南。最高海拔相公尖 911.1 米，最低处为 152 米，相对高差 757.7 米，境内地形坡度为 30°～35°，局部陡崖为 70°～90°，地形险要。年平均气温 16.6℃，年均日照 1700 小时，年均降水量 1500 毫米。

二、主要森林体验和养生资源

（一）白颈长尾雉

公园森林覆盖率为 56.9%，植被覆盖率为 84.6%，有各种植物 16 科 35 属 1230 种，其中，古珍稀树种 12 种，列入省级珍稀名木古树保护名录的树种有 200 多棵，树龄均在 800～1000 年。大云山森林动物种类繁多。大云山现有鱼类、两栖类、爬行类、鸟类、哺乳类等脊椎动物 100 余种，现纳入国家保护名录的动物有白鹤（俗名白山鸡），穿山甲，蛙蛙鱼，野猪等。常见的野生动物珍禽异兽有野兔，野猪、乌梢蛇、花蛇、竹叶青蛇、青蛙、竹鸡、野鸡、甲鱼等。此外，这里还珍藏被列为国家保护的云豹、白颈长尾雉（世界罕见）、红腹角雉、白鹇、红腹锦鸡等 19 种动物资源（图 12-11）。

图 12-11

（二）云山梯田

大云山共有 72 座山峰，峰峰有梯田。云山梯田大部份都位于大云山的南面，海拔 510 米的地段，像美女的裙罗一般，层层叠叠，蓬松的披在大云山的腰间。大大

图 12-12

小小的梯田随着蜿蜒的盘山路，一路在脚下荡漾开来，层叠的梯田间，偶尔有小村落的身影闪现。

云山最高的梯田层数有 143 层。梯田最高海拔 710 米。几乎每座梯田的最高层，都有一个小小的水库镶嵌其中。在半山腰的公路上随便一停，居高临下俯瞰大云山的梯田，都有“一览众田小”之感，梯田象裙折一般撒落在山麓的绿树间。各山的梯田各有千秋，层次的缓急程度各不相同。在云山梯田附近的农家乐里，能吃到城里难得一见的烟竹笋、蕨菜、铁山腊鱼、清炖土鸡等，菜式简单，但却是纯天然的，格外香甜(图 12-12)。

(三)奇峰

《巴陵县志》称大云山“盘旋七十二峰”，青笠如笠，攒剑如剑，围屏如屏，卓笔如笔，峰峦重叠，维妙维俏。大云山奇峰，叫得出名的还有攒剑峰、青笠峰、围屏峰、鸡鸣峰、飞来峰、观音峰等七十余座(图 12-13)。

图 12-13

(1)鸡子石峰。位于公园西北部，海拔 686 米，为江南第一石峰。《湖广通志》载“石高四百丈，周围险峻，惟湘湄有一路，攀缘可登，顶上宽平，可容千人，有井”。峰呈圆椎形，四面峭如削。从祖师殿西眺，如一支巨笔倒插天穹，文人谓其为“卓笔峰”。鸡子石东面有一瀑布，久旱未雨时，若是要降雨，则有一股瀑布从石壁中涌出，白练徐徐而下，约 1 小时后，水势减弱自下而上干止，水干则雨下，十分神奇。

(2)黄梁伞峰。黄梁伞峰位于祖师殿下一千米处，形似伞，高入云天。相传仙人弃伞于此而得名。又传汉高祖刘邦寻访贤臣张良至此，在路边茅庵歇凉而得名“皇凉伞”。抗日战争时期，黄梁伞成为军事要地，至今还留有战壕遗迹。

(3)相公尖。位于大云山主脉中央，为大云山最高峰，海拔 911. 1 米。每逢秋高气爽，胜日寻芳之际，登其峰顶，极目四顾，千峰万壑如子孙罗列，有的似走马奔羊，有的似仕女倩男。西眺洞庭，水天一色，君山青螺，漂泊其上，屈曲长江，白练生辉。翘首兰天，群雁排空，莺燕掠影，晨观日出，红韦万缕。俯视铁山水库，玉镜平磨，画舫生辉。

(四)怪石

(1)双蛙石(图12-14)。位于真君殿下200米处，有两块紧偎在一起的大石头，酷似双蛙静坐听经，恬静自如。相传一对青蛙在大云山修炼千年，被许逊真君点化成仙，留下这千年古迹蛙壳。

图12-14

(2)拖船石。于大云山中部南麓拖船坡，石形似船，侧倾，长2米，宽1.5米。

(3)洗脸盆石。位于大云山祖师殿南下500米的朝香古道旁，石中有一圆形，内径0.21米，深0.06米，后有一道徒凿大石盆，米不出而清泉不涸，称“仙人洗脸盆”，后来朝山香客多在此净手。《岳州府志》有记。

三、体验攻略

自驾路线：岳阳县城至大云山有公路直达，全程66千米。荣(家湾)公(田)公路改道后将缩短路程8千米。临湘市至大云山已有公路连通，路程50千米。通城(湖北省)至大云山公路长50千米。

铁路：岳阳火车站在先锋路，京广铁路纵贯岳阳，岳阳站每天有20多趟客班列车分别发往长沙、株洲、衡阳、郴州、广州、零陵、桂林、柳州、湛江、南宁、武汉、郑州、北京、西安、兰州等地。从长沙火车站乘早上6：42的K588次空调列车，8：26就可以到达岳阳。

市内交通：乘2路、9路公共汽车可直达。

第四节　沱龙峡生态旅游景区

一、概　况

沱龙峡生态旅游景区以徐家洞大坝及水库、沱龙峡、连云山主峰为物质基础，以龙湖(水库湖)水上娱乐和沱龙峡(徐家溪峡谷)激流探险为核心项目，打造成可供漂流探险、蹦极攀岩、休闲度假、大型娱乐、户外运动的具有全国性影响力的AAA级综合性景区。

沱龙峡漂流是国内落差的最大的山地两人自助峡谷漂流，全长5千米，总落差299米，漂流过程中最高落差19米，最长滑道120米，沿途峡谷雄伟壮观、怪石嶙峋、花木繁茂，更有百米绝壁飞瀑，恰似人在水中漂，如在画中游，既可以享受澎湃刺激的漂流，又能领略自然生态的无尽魅力，有世界皮筏艇“漂流极品”之称。

二、主要森林体验和养生资源

（一）徐家洞水库及大坝

徐家洞水库及大坝，是景区内最具震撼力的景观，根据大坝的形状，设计建筑成一条昂首回头的巨龙，可作为景区的主要画面及标志性景观之一，同时也是极具开发价值和可塑性的景观，大坝宽197米，高53米，雄伟而壮观地伫立在连云山脉（图12-15）。

图12-15

（二）动植物

景区有茂密的森林植被为野生动物提供了良好的环境。据调查，区内共有野生脊椎动物22目51科144种。其中两栖类8种，爬行类11种，鸟类96

图12-16

种，兽类9种。兽类有果子狸、狐狸、野猪、黄鼬等；鸟类有白鹇、黄腹角雉、金雕、雀鹰、竹鸡、斑鸠、杜鹃、画鹛、啄木鸟、红嘴相思、环颈雉、八哥等；两栖类有虎纹蛙等；爬行类有蝮蛇、翠表蛇、乌梢蛇、赤练蛇等。

景区内植被繁茂，群落类型丰富，属于亚热带常绿阔叶林植物区。据调查有木本植物89科710种。上层乔木树种主要有杉木、黄山松、楠木、江南桤木、山核桃及壳斗科植物；中层植物主要有柃木、杜鹃、乌饭树、米饭树、越橘、盐肤木、胡枝子、冬青等；地被植物主要有蕨类、五节芒、鱼腥草、黄精等(图12-16)。

三、体验攻略

公交：①长沙东站—平江汽车站，到平江汽车站后乘平江到长寿的中巴在东山站下车，在转乘摩的(约10元)到徐家洞电站(游客中心)。②长沙东站—平江长寿站，在东山站下车，在转乘摩的(约10元)到徐家洞电站(游客中心)。此趟车班次较少。③岳阳—平江汽车站，到平江汽车站后，乘平江到长寿的中巴，在东山站下车，再转乘摩的(约10元)到徐家洞电站(沱龙峡漂流游客中心)。

自驾：①长沙走京珠高速，平江路口下高速走平伍公路到平江县城后沿308省道到落鼓分叉路口右转到沱龙峡景区；②长永高速/浏阳工业园/沙市/社港/平江沱龙峡漂流；③武汉方向游客可走通平高速，至平江段安定收费站出，转S308长寿方向，到落鼓分叉路口，见沱龙峡指示牌沿景区大道直行2千米即到景区；④江西方向游客可经修水县到平江境内沿S308往平江方向，到加义镇东山村路口，见沱龙峡指示牌左转沿景区大道直行2千米，即到沱龙峡景区。

第五节　五尖山国家森林公园

一、概　况

五尖山森林公园，全国文明森林公园。公园由五座山峰组成，故名五尖山。1993年成立湖南省森林公园，2007年晋升为国家森林公园。公园属幕阜山脉、江汉平原过渡地带，是一座突起于丘陵的大山。整个公园有山地面积2879.89公顷，森林覆盖率达98.2%，地处中亚热带向北亚热带过渡区域，立木蓄积总量 15 万立方米。公园分为四大景区，即望城山、麦坡岭、龙头山、柴家冲景区。100 余个自然和人文景点如颗颗珍珠散落在公园的角角落落。

五尖山山脉呈东西走向，最高峰海拔 588.1 米，最低处海拔 90 米，一般山地海拔 200～400 米，坡度为 25°～35°之间。据清同治版《临湘县志》记载："五尖山五峰高耸……登上山峰，既能俯瞰洞庭之水，又可远观湖北监利、蒲圻、洪湖山光。"境内有丰富的动物资源，充满野味的幽谷，构成五尖山奇特的自然景观。

二、主要森林体验和养生资源

森林公园里森林茂密，空气清新，负氧离子含量极高，被誉为"天然氧吧"。森林公园植被茂盛，林间花草树木随季节变化而显得绚丽多姿。春来花开，山间桃花、梨花尽相开放，红如飞霞，白似流云；映山红红遍山岭，芝兰香满幽径。盛夏酷暑，林荫蓊郁，飞瀑泻玉，松风送爽。深秋时节，苍山翠岭，枫叶红了，山果黄了，恰似一幅五彩斑斓的镜屏，显得那么成熟、苍郁、丰富和深沉，构成江南森林群落的特有风貌。数九寒冬，苍松翠竹傲然挺立，林涛澎湃。山舞银蛇，巍峨挺秀的五尖山如批玉甲，更有那千树万树"梨花"开的奇观。

（一）瀑布

五尖山森林公园雨季有众多的瀑布，大大小小计有 10 多处，其中有飞瀑，鸳鸯瀑，姊妹瀑，三跌瀑，滴水岩瀑等。大小众多的瀑布从壁立的山崖上倒泻而下，涛声如雷，气势磅礴，蔚为壮观。鸳鸯瀑位于柴家冲中部，鸯瀑布高 40 米，宽约 6 米，中间突出一石一树，把瀑布一分为二，一大一小，直泻而下，水声震耳，积水成潭。还有那三跌瀑布，从陡崖上

图 12-17

溅玉飞雪般直落而下，沿着石壁，一跌又一跌，共分三跌而下。置身其间，使人忘却闹市中的喧嚣，产生一种回归自然的心旷神怡(图 12-17)。

(二)桃花溪

桃花溪长三千米，不仅溪流瀑布多，而且遍布野生桃树，阳春三月桃花盛开，花落溪中形成桃花流水的景观，美丽极了。在桃花溪下游的半山上，有一巨大的青石块，状似鳄鱼掉头探看，因正对“桃花流水”的下游，所以叫鳄鱼探花(图 12-18)。

图 12-18

(三)原始次森林

柴家冲有湘北地区保存完好、为数不多的原始次森林。整个景区为一条 3 千米长的幽谷，两岸山势陡峻，200 多公顷天然次生阔叶林密布，分布有毛红椿、红豆杉、白壮花、香果、银杏以及中国鸽子花(珙桐)等珍稀植物(图 12-19)。

图 12-19

(四)竹林

竹林分布于望城山、花家来等地，面积约 250 公顷。秀挺凌霄的楠竹林，郁郁苍苍，亭亭立立。漫山遍野翠竹环绕，竹林临风吐翠。竹林四季迥异奇趣。春雨过后，新笋萌发，一派生机盎然景象；盛夏酷暑，浓荫蔽覆，青纱消暑，凉爽宜人；秋风细雨，潇潇竹声，别具风韵；

图 12-20

冬天到来，傲雪经霜，依然姿态万千。更有那点缀其的几许枫香、槭树，宛如火焰、朝霞，掩映在青青翠竹中，呈现无尽的诗情画意(图 12-20)。

三、体验攻略

湘北门户临湘市城西南 1 千米处，距岳阳市区 35 千米，与武汉、长沙只需 2 小时车程，107 国道、京珠高速、京广铁路、武广高速客运专线傍山而过。

第六节　幕阜山国家森林公园

一、概　况

幕阜山，旧称天岳山，三国时吴太史慈为建昌都尉，拒刘表从子磐，扎营幕于山顶，遂改称幕阜山。2001 年，湖南省人民政府批准设立幕阜山为省级森林公园，原中央军委副主席张震将军为公园题写了园名。2005 年，国家林业局批准幕阜山为国家级森林公园。

幕阜山国家森林公园总面积 1701 公顷，主峰海拔 1606 米，为湘、鄂、赣三省边界第一高峰。幕阜山以山雄、崖险、石奇、林秀、水美著称。园内群山起伏、奇峰挺秀、鸟唱猿啼、古刹藏幽、高山草原、相映成趣、云涛雾海、变幻莫测、奇松怪石、横生妙趣、名人题刻、历历犹存……构成了钟灵毓秀的自然风光和别具一格的人文景观。

幕阜山山高林密，沟壑幽深，区内动植物资源十分丰富，不仅拥有我国中南地区面积最大的黄山松母树林基地，并已查明有南方红豆杉、香果树、钟萼木、半枫荷、鹅掌楸、银杏等国家保护树种 32 种；有云连、摇竹霄、杜仲、厚朴等珍贵野生药材 200 余种；有云豹、金雕、黄腹角雉、莽虎纹蛙、鹰嘴龟、穿山甲等国家保护动物 52 种，众多的动植物资源为森林公园平添了几分神秘和野趣。

幕阜山年平均气温为 12. 1 ~ 8. 6℃，园内夏季凉爽，万木葱茏，蚊虫稀少，空气清新，负离子浓度高。特别是高山泉水富含碱性成分和多种游离元素，经常饮用，具有减肥、美容之特效。是人们理想的休闲、避暑、疗养圣地。幕阜山春季的云涛雾海、夏日的凉爽宜人、秋天的日出日落、隆冬的皑皑白雪，令人心旷神怡、留连忘返，形成了春观花、夏避暑、秋登高、冬赏雪的生态旅游发展格局。

二、主要森林体验和养生资源

幕阜山山高林深，地形奇特，危岩陡峭，区内植物区系成分丰富，既有华东植物区系成分，又有华中植物区系成分，并伸延到华北、东北植物区系，山上动植物种类资源极为丰富。森林覆盖率为94%，有国家Ⅱ级保护植物银杏、金钱松、福建柏、核桃、香果树等9种，并有中国长江以南最大面积的天然黄山松1000多公顷。已发现国家Ⅰ级保护动物云豹，国家Ⅱ级保护动物虎纹蛙、平胸龟、猕猴、穿山甲、豺、大灵猫、水獭等22种。

幕阜山地处中亚热带向北亚热带过渡区，气候凉爽，雨量充沛，空气湿润。山上沟壑纵横，溪流遍布，因地势起伏，形成无数瀑布、龙潭。山上有水质纯净，甘甜清冽的优质天然饮用沸沙泉，山下有常年地表水温达40℃的长潭、浆田两处温泉。

(一)竹林

春夏时节，幕阜山是花的海洋，漫山遍野的杜鹃花、水马桑、缨桃花以及各种不知名的花朵，竞相开放，将幕阜山装点成了一位美艳的少女，主要品种有：

图 12-21

(1)高山杜鹃。幕阜山海拔400~800米之间有大面积杜鹃群落，分布集中，每到春季，山花怒放，红艳无比，一片花海；海拔800m以上，特别是山顶部位，集中分布着20公顷高山杜鹃，铁骨丛立，先花后叶，每到春末初夏，竞相绽放，花团锦簇，惊艳娇媚，煞是壮观。

(2)云锦花都。云锦杜鹃是一种名贵的乔木型杜鹃花。幕阜山海拔800米以上，分布着大面积连片的云锦杜鹃，每到初夏季节，繁花似锦，高贵优雅，花朵硕大，如霞似锦。

(3)缨桃缀岭。幕阜山拥有分布广泛的缨桃花群落，早春时节，漫山落叶之中，缨桃花迎春绽放，或大红，或桃红，或水红，一簇簇，一枝枝，星布于山岭之中，给人一种清新扑面、春萌初动之感(图12-21)。

（二）虬松奇景

幕阜山海拔 1000 米以上，主要树种以黄山松为主，山中自然生长成片高山黄山松林，面积达 886 公顷，系南方地区最大的黄山松群落，并被林业部列为中国南方黄山松母树林基地。黄山松受高山寒流，冰封雪压的摧折，顽强生存，形成了大量平顶奇松，虬枝展臂，笑迎来客。比较著名的奇松有：

图 12-22

（1）蟠龙松。位于一峰尖南天门悬岩之上。临岩而生，树龄达 300 多年，精干短壮，树枝虬杂，恰似蟠龙蜿蜒，游客至此，大多攀附其上，留影纪念。

（2）迎客松。位于沸沙泉西侧，胸径达 30 厘米，顶平枝密，虬枝展臂，松青叶茂，笑迎宾客。

平顶奇松：位于天岳堂前，胸径 20 厘米，树高 5.5 米，顶部平坦，恰似刀削，侧无旁枝，堪称奇绝！

（3）九龙松。位于丹岩游道旁，径干仅 10 厘米，高不足 2 米，树龄却达 200 余年，枝骨环绕，恰似九龙蟠转，谓之“ 九龙松 ”。

（4）会仙松。位于燕子坪东侧山顶，树形奇特，树干达 30 厘米 ，树高不足 4 米，身无侧枝，顶部平旷伸展，可同时容纳十几人坐立，相传八仙们常在此坐而论道，故名“ 会仙松 ”（图 12-22）。

（三）竹海奇观

幕阜山竹林成片，自成景观。根据 2003—2004 年中南林学院对幕阜山进行的植物考察显示，公园内共有名贵竹子达 16 种之多，其中紫竹、方竹、桂竹、筱竹等均比较少见而珍贵。

实心竹。位于天岳堂侧，面积达 10 公顷左右，竹节一

图 12-23

密二稀，径粗2~3厘米。竿高2~3(4.5)米，粗6~12毫米，全竿计21~36节(图12-23)。

(四)古树名木

幕阜山历史悠久，古树遍布，较为著名的有：

(1)银杏三姊妹。位于天岳堂，三棵直径1米以上的古银杏生机勃发，据说系宋代一老道所栽，至今已达千年历史。

(2)千年古檀。位于老龙沟沟里屋前，树径40厘米，树高达20米左右，树龄千年以上，现已被人们奉为神树，树下建有一小石庙，供人祭拜。

图12-24

(3)银小姐槐相公。位于普济庵前，一株银杏，一株槐树，并排而立，传说系唐代庵中一青年尼姑所栽，寄托了出家人对人世间美好的祝愿，距今已达一千多年，胸径分别为1.8米和1.64米，树高均在20米以上。虽经多次雷击，现仍顽强生存。

(4)柳杉林廊。位于毛坡里，面积达百亩之大，一株株胸径40厘米左右柳杉，挺拔高大，成行成队，形成了多处林间走廊，遮天弊日，荫凉宜人(图12-24)。

三、体验攻略

公交：在岳阳市汽车站坐直达大巴到平江，车票35元左右，然后在平江汽车站坐平江——南江的车(注：平江到南江的汽车只能到平江的老汽车站乘坐，新汽车是没有的，可以做公交车从新汽车站到老汽车站。)岳阳有直达南江的车，到了南江镇后在车站打听一下，有专门的中巴车到幕阜山的，也可以包车去。

自驾：全程约19.4千米，平江南江汽车站：①从起点向东南方向出发，沿G106行驶210米，稍向右转进入环岛。②沿环岛行驶60米，右前方转弯进入XF10 。③沿XF10行驶2.1千米，稍向右转进入Y117 。④沿Y117行驶16.7千米，右后方转弯。⑤行驶240米，到达终点幕阜山森林公园。

可参考游览线路：①线路：公园管理处→云腾寺→一树四色→天门寺→峭壁栈道→丹崖→顶天立地→会仙亭→雄霸南天→集善宫→沸沙泉旅游服务区→高山平湖→平顶松（天岳堂）→烂船坡→沸沙泉→牛棚里→云腾寺→公园管理处。

②线路：公园管理处→老虎洞→漂水岩→马脑嘴→龙潭瀑布→阴阳瀑→龙凤池→老龙沟旅游服务区→风瀑雨瀑→半壁江山→沉塘湾→白水岩→牛棚里→沸沙泉旅游服务区→集善宫→丹崖→会仙亭→一树四色→天门寺→云腾寺→公园管理处。

导读：邵阳市位于南岭山脉、雪峰山脉与云贵高原余脉三大植物区系交会地带，是湖南四大林区之一，境内山地、丘陵、岗地、平原各类地貌兼有，邵阳河山毓秀，风光旖旎，境内不仅有莽莽林海，而且有茫茫草山，自然景观和人文胜迹散布各地，有新宁良山、城步南山、武冈云山、新邵白水洞等风景区，60多个旅游景点。崀山是现今全国乃至世界稀有的大面积丹霞地貌景区；武冈云山为全国道教七十二福地之一；城步南山象一块碧绿的翡翠镶嵌在湘西南边陲，芳草如茵，牛羊成群，既具北国草原的雄浑，又不失江南草山的灵秀，为回归绿色旅游的最佳生态环境。

第十三章　邵阳市森林体验与森林养生资源概览

邵阳，史称“宝庆”，是湖南省人口最多、面积第二大的城市，距今已有2500多年历史。邵阳位于南岭山脉、雪峰山脉与云贵高原余脉三大植物区系交汇地带，是湖南四大林区之一，森林覆盖率为42.7%，均居全省各县市之首，有“神奇的绿洲”之誉。有高等植物245科792属2826种。受国家重点保护的珍稀树种有60种，一级保护的银杉，二级保护的资源冷杉、银杏、钟萼木、连香树、鹅掌楸、香果树、水青树、篦子三尖杉等，为国内特有的孑遗树种。城步沙角洞的银杉群落，新宁、城步的资源冷杉群落，绥宁黄桑的长苞铁杉群落，是研究江南地域古生物学的活标本。已建立绥宁黄桑、武冈云山、新宁舜皇山和紫云、万峰山4个省级自然保护区和一批县级自然保护区。境内不仅有莽莽林海，而且有茫茫草山。城步苗族自治县西南境是江南有名的山地草原区，其中八十里大南山，总面积23万亩，已建设成为中国南方最大的现代化山地牧场。

1. 地理位置

邵阳市位于湘中偏西南，资江上游。地处东经109°49′~112°57′，北纬25°58′~27°40′，东与衡阳市为邻，南与零陵地区和广西壮族自治区桂林地区接壤，西与怀化地区交界，北与娄底地区毗连。下辖大祥、双清、北塔、新邵4个市辖区，以及武冈市和邵东、新邵、隆回、洞口、绥宁、新宁、邵阳、城步8个县，共38个民族，800多万人口，总面积2.1万平方千米。

2. **地形地貌**

邵阳市地处湘中丘陵西南部和南岭山地西北部。整个地势是西南高、东北低，北西南三面分布有丘陵和中低山、中部为盆地，属江南丘陵大地形区，山地、丘陵、岗地、平地、平原各类地貌兼有，以丘陵、山地为主，其约占全市面积的三分之二，大体是“七分山地两分田，一分水、路和庄园”，东南、西南、西北三面环山，南岭山脉最西端之越城岭绵亘南境，雪峰山脉耸峙西、北，中、东部为衡邵丘陵盆地，顺势向中、东部倾斜，呈向东北敞口的箕形。

3. **气候概况**

邵阳市地处亚热带，属典型的中亚热带湿润季风气候。夏季盛吹偏南风，高温多雨，冬季盛吹偏北风，低温少雨；四季分明，光热充足，雨水充沛，且雨热同季，受地貌地势的影响，气候复杂并垂直变化和地区差异明显。全市年平均气温 16.1～17.1℃，7 月最热，月平均气温 26.6～28.5℃；1 月最冷，月平均气温 4.7～5.6℃，境内全年日照时数为 1350～1670 小时，全市年平均气温 16.1～17.1℃，年降水量 1200～1500 毫米。

4. **交通条件**

邵阳，历来为湘中重镇、水陆要冲，资江黄金水道、湘黔公路干线贯穿境内，成为东南与西南商品物资转运枢纽。目前，娄邵铁路连接湘黔铁路干线，经娄底、株洲、长沙；怀邵衡铁路途经怀化、邵阳、衡阳，而达全国各地；公路有 320 国道横贯东西，207 国道纵连南北，省道、县道、乡道及专用公路在境内经纬交织，通车里程达 5839 千米。现有潭邵、邵衡、邵永、安邵、邵怀、包茂、二广、娄新等高速公路，以及沪昆高速铁路，构建了从市区辐射全市、以高速公路为主通道、国道省道干线为主骨架、农村公路为支脉的公路交通网络，2008 年被国家确定为“全国交通枢纽城市”。

第一节　崀山风景区

一、概　况

崀山风景名胜区，是世界自然遗产、国家地质公园、国家 AAAA 景区、国家级风景名胜区，位于湖南省新宁县境内。崀山东与南岳遥望，南和桂林毗邻，北同武陵源呼应，地质结构奇特，雄浑的丹霞地貌和峻峭的喀斯特地貌并存，山、水、林、洞浑然一体，是国内最为典型的丹霞地貌风景区。景区气候属亚热带湿润季风气候，四季分明，年平均气温17℃；扶夷江常年水流不断，最小流量为12立方米/秒；植被茂盛，生长着许多珍稀名贵物种，森林覆盖率超过70%，气候宜人，生态环境非常优越。

二、主要森林体验和养生资源

崀山众妙皆备，气韵天成，是举世罕见的丹霞峰林，被誉为藏在深闺人未知的湘南翡翠、风景明珠。在108平方千米范围内，聚集紫霞峒、夫夷江、辣椒峰、天一巷、天生桥、八角寨六大景区，400多个景点。景区内有3座天生桥，10处“一线天”，10多个各具特色的溶洞，8条溪河纵贯全境，20余条壮观的峡谷；将军、美女、大象、骆驼、斗笠、神箭、花轿、啄木鸟。各种象形景观，神似的，形肖的，比比皆是；更有峡谷幽峒、奇花异草、走兽飞禽、文物古迹、奇风异俗。

（一）八角寨景区

坐落在湘桂边陲的湖南省新宁县崀山镇崀山景区境内，是由6700万年白垩纪红色砂砾岩在地表流水沿垂直节理侵蚀下，所形成丹峰壁立、奇山秀岭、碧水丹崖，国内少见的典型丹霞地貌景观，是崀山风景区核心景点之一。被地质、园林、旅游专家誉为“世界丹霞之魂”“世界丹霞奇观”。2005年入选中国国家地理中国最美的七大丹霞之一。景区面积为717平方千米，主峰海拔818米，因主峰有八个翘角而得名。主要景点有八角寨、龙门、巴掌岩、云台寺、龙头香、鲸鱼闹海、奕仙台、药王殿等(图13-1)。

图13-1

（二）龙梯栈道

该栈道分两大部分，起始段叫“龙梯”，福寿亭后面的一段叫“云梯”。抬头向上，“龙梯”蜿蜒曲折，依山而筑，顺势而上，恰似一条腾飞的中国龙(图13-2)。

（三）龙脊

图 13-2

被称为八角寨的一支角：两边刀砍斧削，万丈深渊，云缭雾绕，气象万千。这是攀登八角寨的唯一通道，走过龙脊，才能进入八角寨的古寨门，才能看到八角寨的无限风光（图 13-3）。

图 13-3

（四）鲸鱼闹海

图 13-4

站在八角寨山顶向下俯瞰，山下 40 多平方千米的崀山大峡谷内，簇拥着无数座高大圆顶的丹霞峰林峰丛。它们成密集型排列，一律面向北方，犹如万马齐奔，恰比群鱼游弋。每当雨后初晴，峡谷内气温回升，雾气升腾，千山万壑在乳白色云雾之间若隐若现；千百座奇峰异石，时而被云海吞没，时而露出圆圆的头顶，似无数头鲸鱼在海浪中翻滚嬉戏。气势磅礴，无比壮观，这就是传说中的“鲸鱼闹海”景观。这里峰丛峰林，其丹霞地貌的发育丰富程度及品位世界罕见（图 13-4）。

（五）辣椒峰景区

位于世界自然遗产地中国崀山的石田村，距新宁县城 17 千米，是崀山开发最早的景区，也是崀山丹霞地貌中最典型的象形景区。辣椒峰气候属于亚热带湿润季风气候，四季分明，气候宜人，年平均气温 17℃。植被茂盛，生长着许多珍稀名贵物种，有“植物熊猫”银杉、珙桐，国家一级保护动物云豹、锦鸡、灵猫、大鲵等，森林覆盖率超过 70%，生态环境非常优越。景区面积

9.62平方千米，主要有辣椒峰、骆驼峰、林家寨、鹅公寨、蜡烛峰、一线天、龙口朝阳等景点22处(图13-5)。

图13-5

(六)辣椒峰

崀山风景名胜区"六绝"景观之一，位于佛顶山上，它上大下小，凌空突兀，高耸云霄。四周没有山峰与之相连，靠得最近的山脊也有12米之遥。辣椒峰的绝对高度180米，顶部周长100米，脚部周长40米，是由红色砂砾岩层中的多组垂直裂隙或软弱岩层面发生崩塌，残存部分而形成。2003年，法国"蜘蛛人"阿兰·罗伯特徒手攀上了辣椒峰，创造了新记录，此峰也由此名扬世界。2011年8月8日，辣椒峰峰丛景观被评为"中国丹霞优秀景点"(图13-6)。

图13-6

(七)骆驼峰九九天梯

这是由四座巨型山石组成，全长273米，高187.8米。石峰三面陡崖，有两处凹陷，恰似骆驼头、骆驼峰和骆驼尾，陡崖凹槽起伏勾勒出骆驼的肌肉，结构准确分明。游客可通过一条陡峭梯径由"驼颈"上到"驼峰"再

图13-7

到驼尾，两侧是万丈深壑，中间开凿了 99 级石梯，也被称为“九九天梯”(图 13-7)。

(八)天一巷景区

原名牛鼻寨景区，2004 年改名为天一巷景区，位于湖南省新宁县境内，南距桂林 142 千米，北距新宁县城 11 千米，全长 238. 8 米，宽 0. 33 ~ 0. 8 米，壁高 80 ~ 120 米，总面积 108 平方千米，是典型的丹霞地貌一线天群落，为崀山风景名胜区的核心景区之一。巷谷和线谷发育且规模宏大是景区最大特色，其中“天一巷”，全长 238. 8 米，两侧石壁高 80 ~ 120 米，最宽处 0. 8 米，最窄处仅 0. 33 米，可谓世界一线天绝景，生长着墨绿的原始次森林，一年四季绽放着有名无名的野花。1992 年 11 月，中科院院士、国际地洼学创始人、丹霞地貌命名者陈国达先生到此考察后，特意命名的。这是迄今为止世界上丹霞地貌中最长的一条天然石巷，独一无二，无法复制，所以叫它“天一巷”。除此之外，景区还有遇仙巷、马蹄巷、遇仙桥、仙人桥、百丈崖、月光岩等主要景点(图 13-8)。

图 13-8

(九)扶夷江景区

崀山风景名胜区的精华景区之一，发源于广西猫儿山，是崀山的母亲河，为洞庭湖的资水源头。其水域贯穿崀山风景区，游山、玩水均具有得天独厚的条件。扶夷江水清澈见底、平缓如镜，水面宽约 100 米，窄处 70 多米，两岸奇峰异石。扶夷江景区包括连心坝、瓦子滩、将军石、植物园四个风景小区，20 多个景点。数千亩竹林风绰妖姿、竹涛涌江、水色天光浑然一体；更有鱼船飞舟、千鸟翔集，不是漓江胜似漓江；构成湘西南水乡的一幅天然画卷(图 13-9)。

扶夷江景区水域贯穿整个风景区，十二滩、十二景、景景迥异，美不可言，游夷江可乘民间竹筏，或乘橡皮艇或乘游船饱览山水风光。景区主要景点有将军石、无影州、长堤柳岸、崀虎啸天、玉石巷、团鱼石、军舰石、啄木鸟石、婆婆岩、笔架山、万古堤防、莲潭映月等。

图 13-9

（十）“将军石”

屹立于扶夷江东岸低缓平坦的山坡，它是丹霞地貌发育到晚期所形成的一座高程 399.5 米，净高 75 米，周长 40 余米，上下等粗、顶部稍细的石柱，是扶夷江最著名的一个景点，也是“崀山六绝”之一(图 13-10)。

图 13-10

“啄木鸟石”：位于夫夷江西岸，是一块高达 90 米，上高下斜的长石，其石由一悬崖构成。

“军舰石”：由三块横亘东西方向，长均 300 米，高 150 米，前端高高翘起，后端成弧线倾斜的巨石构成。

“夫夷江竹筏漂流”：从水溪码头起漂，全程 24 千米，大约需要 1.5 小时(窑市起漂为 27 千米，约需 2.5 小

图 13-11

时)，其间有16米落差，水流清澈平缓，为观赏性平水漂流，男女老少皆宜，一年四季能漂，春夏秋冬各有特色(图13-11)。

(十一)紫霞峒景区

紫霞峒并没有洞，峒是少数民族村、寨的意思，是四周山石围拱，一方有壑口出入的盆型谷地。紫霞峒似洞非洞，是一条曲径通幽的峡谷，面积达100亩，内含无数离奇小洞，外延奇石峭壁，形成一个大峒架势，是崀山风景名胜区的六大核心景区之一，因周围有红褐色赤壁丹崖，夕阳斜照，万道霞光反射，漫山紫气升腾而得名。紫霞峒景区以奇、险、秀、幽为主要特点，有许多热带雨林景观，可感受到“疏影横斜水清浅，暗香浮动月黄昏”的意思。景区内环境优美、山石奇特、峰回路转、植被繁茂、溪涧瀑布、峒幽林深。景区有紫霞宫、万景槽、紫微峰、红华赤壁、乌云寨、青蛙石、象泉洞、紫霞大佛、象鼻石、红瓦山等大小二十多个景点(图13-12)。

图13-12

“神仙洞”：位于牛鼻寨狭谷中，深约200米，结构奇特，幽深壮观。

“红瓦山”：悬崖绝壁长达700米，高百米，崖壁洞穴密布，景象万千。

“将军墓”：占地200平方米，为丹霞石、青石结构。墓围石柱石碑精雕细刻，精致绝伦，石羊、石马、石人栩栩如生。墓前设大青石镶花供桌神台一个。墓地四周群山环抱，苍松翠竹，古木参天，一派肃穆庄严的景象。

三、体验攻略

①线路：崀山距省会长沙295千米，从长沙出发，入潭西高速，经湘潭，再从湘潭上沪昆高速至新宁县；②线路：从长沙乘N731次、5373次火车，从广州乘N742次、从娄底乘8435次火车均可到邵阳市；③线路：从长沙(广州)乘高铁，到衡阳东站下，到衡阳市中心汽车站乘高速客车到邵阳，再从邵阳市转乘汽车至新宁县；也可从长沙、桂林乘汽车直达新宁县(县城至崀山10千米)。

第二节　城步南山风景区

一、概　况

省级风景名胜区，国家AAA级景区、湖南省爱国主义教育基地，又称为城步南山牧场，坐落在城步苗族自治县西南边陲，距县城西南80千米处，总面积199平方千米，平均海拔1760米。景区内山势平缓、草地辽阔，有连片天然草山23万余亩，绵延80余里，称之为“八十里大南山”，是我国南方最大的高山台地草原。其气候属亚热带山地季风湿润气候，冬暖夏凉，夏季最高气温28℃，平均气温11℃，被誉为“南方的呼伦贝尔”。其“生态体育”吸引了众多的体育爱好者、旅游者；先后成功举办“绿色南山滑草赛”“大南山登山赛”“相约南山夏令营活动”“南山草原自助车大赛”一系列生态体育赛事；2001年，南山风景名胜区凭借自身的资源优势和成功经验，获得了“全国青少年绿色健身营地”的称号和承建权。

二、主要森林体验和养生资源

南山是一处集天然牧场、奇风异景、疗养、避暑于一体的旅游风景区，被社会各界公认为休闲避暑胜地和人类生存的天然氧吧。景区植物种类繁多，共有136科416种，共有3万多亩原始次森林；共有野生动物28种。境内有老山界景区、大坪景区、长安营景区和五团民谷风情村、紫阳峰景区、茅坪湖景区、沙角洞景区和白云湖景区、蛟龙洞景区、南山顶景区和白云洞景区等。

（一）老山界景区

位于南山风景名胜区的东南部，是一片2万余亩的原始森林，全长15千米，最陡峻的有2.5千米。其中百步坎地段为70°的陡壁上雕凿出来的百余级石梯，形似天梯，令人望而生畏。老山界是“当年红军长征中所过的第一座难走的高山”，因陆定一的散文《老山界》而名扬天下。老山界上一株遒劲青松上，有红军刀刻“红军万岁”四个大字，至今仍清晰可辨。2002年10月，修建了“老山界”纪念碑。该景区现有老山界、原始次生林、大丫口奇雾、大丫口观日出及盘山公路等景点（图13-13）。

图 13-13

（二）南山草原日出

夏秋凌晨四点左右，站在观日台，前边的山谷云雾涌起，像一团团的棉花飘游其间，有时雾气如一条条白色的飘带，盘缠于半山腰，若即若离。在银白色的雾海中，太阳冉冉升起，只见霞光红波，雾海银波，交织出一幅辉煌的图景（图 13-14）。

图 13-14

（三）南山牧场

南山牧场曾是剑茅丛山，野兽出没的地方。1958 年 3 月，来自长沙、邵阳等地的 950 名热血青年响应团中央书记胡耀邦“向荒山进军”的号召，投入南山的怀抱，创办邵阳市第二青年集体农庄。1973 年，王震同志指示湖南省委要把大南山建设成社会主义的、大型的、现代化的奶菜牛出口基地；1976 年，王震亲自将南山农场改名为南山牧场。

图 13-15

南山牧场既有北国草原的苍茫雄浑，又有江南山水的灵秀神奇，山势平缓，草地辽阔，集中连片的草山达 23 万亩，空气新鲜，土壤、大气、水质无任何污染和公害，是一处集天然牧场、奇风异景、疗养、避暑于一体的旅游风景区，是我国南方最大的现代化山地牧场。一年四季，绿草如茵，风景如画，其气候属亚热带山地季风湿润气候，夏无酷暑，冬无严寒，被社会各界公认为休闲避暑胜地和人类生存的天然氧吧（图 13-15）。

(四)南山草原度假村

图 13-16

是根据南山的气候、地理条件，参照内蒙古中部草原度假村的风格修建而成的。度假村的天湖，宛如天成，可以垂钓、划船。这里共有大小蒙古包22个，蒙古族习俗式的服务，冬暖夏凉，安全舒适。这里，白天可以登临后山游道，欣赏南方草原的壮美，又可以品尝奶茶、奶酒，参加骑马、射箭、划船等各种活动，晚上则可以欣赏民族歌舞，参加篝火晚会，风味烧烤等活动，享受远离都市的蒙古包那浪漫与温馨的生活(图 13-16)。

(五)紫阳峰景区

图 13-17

位于南山风景名胜区中部，上有48坪，下有48溪，草原风光异常浓郁，蓝天、白云、绿草、牛羊相得益彰。这里着重突出了雄浑壮阔、气势磅礴的南方高山台地草原牧场风光之美。登上紫阳峰，站在紫阳亭，可以看到整个南山牧场23万亩草山的三分之一，也可以看到南山的最高峰——南山顶。南山顶海拔1940.6米，是湘桂两省区的分水岭，山上的溪水是两江的源头，向南奔向柳江，向北流向沅江。此景区可谓是八十里大南山的草原风光的缩影，有紫阳峰、蜘蛛山、群峰竞秀、玉女瀑布、老虎坪瀑布等景点(图 13-17)。

(六)高山红哨景区

是南山防空哨所的誉称，座落于南山牧场西山山顶，为当时中南省区所建的海拔最高的哨所。四周环顾，八十里南山可尽收眼底。哨所设备完善，结构坚固，由营房、碉堡、地道、战壕、篮球场五部分组成，总占地面积

3456平方米，是湖南省社会主义革命和建设时期的一处重要遗址，现为邵阳市青年革命传统及爱国主义教育基地。1969年，南山哨所被中央军委誉为“高山红哨”。20世纪70年代，“高山红哨”这一名词在全国家喻户晓（图13-18）。

图 13-18

（七）长安营景区

位于湖南城步县境西南面，南山脚下，是湘桂黔三省交界之地，地势险要，古为兵家必争之地。距县城64千米，东距长沙470千米，这里是湖南省的“西南边陲”，“古为南楚与百越相交之地，系‘南楚极边’”。“长安营”，即取“长治久安”之意，因乾隆年间朝廷在当地设军事驻地得名。这里不仅有浓厚的侗民族风情，也有独特的风雨桥、参天古树，还有不亚于龙脊的梯田、长安古城、香云庵、石蛙和大寨侗族风情村等景点（图13-19）。

图 13-19

（八）大寨侗族风情村

侗族是城步县的第三大民族，他们大都是傍水依山聚族而居，常常是一寨一姓，吊脚楼、鼓楼和风雨桥是侗族村寨的标志。侗族人民有着自己的服饰、语言，自己的节日和风俗。侗族人民至今还保留着奇特的民族风情“嘎”，嘎是他们流传至今的古老而又淳朴的集体歌舞娱乐活动。每逢重大喜庆或节日，侗民们便汇集于鼓楼尖坪，男女老少，围成大围圈，彼此手搭着肩或扯着衣角，边踩舞步，边唱团歌，一人领唱，众人附和，以笙、侗笛、木叶、唢呐伴奏，场面热烈，气氛快活，显现出浓郁的侗族风情。侗族人民还时兴喝油茶、对山歌。会唱山歌被侗族视为聪明的标志，青年男女白天去林旷野间唱情歌。唱歌即“玩山”，所唱的情歌被称为“玩山歌”，以歌为媒，结合家庭。

（九）风雨桥

苗乡侗寨多风雨桥。一般坐落于寨子水口。既有连通两岸交通之功效，又有固守村寨之美意，故称回龙桥，盘龙桥或接龙桥。由于长廊和楼亭上刻画人物山水、花鸟虫鱼，美轮美奂，因而又称花桥，因它能遮风挡雨，休闲憩息，故又称“风雨桥”，这是苗侗建筑的瑰宝（图 13-20）。

图 13-20

（十）鼓楼

是侗族村民议事、休息、娱乐的重要场所，也是青年多女谈情说爱的好地方。农闲时，侗族人民在这里开展民族文前活动，享受劳动之余的欢乐，青年们则在这里谈恋爱，播撒爱情的种子。

这座鼓楼是城步至今保存完好的唯一的侗族鼓楼。该楼建于清代嘉庆二十三年，楼基为 4.5 米见方，楼下层空高 2.3 米，楼上层高 4 米，鼓楼四面置有板凳，板凳后是鼓形栏杆，栏杆外边每向都嵌了一块满幅的方字格。古楼的精雕细刻“双龙抢宝图”，工艺精湛（图 13-21）。

图 13-21

（十一）茅坪湖景区

位于南山风景名胜区最南部，地势宽广、水面广阔，湖水清澈碧蓝，两岸峡谷奇特幽静、植被丰富、环境优美、野生动植物资源丰富。有茅坪湖、茅坪水库、天然盆景园、天然狩猎场、杜鹃溪、狩猎场、小昆明、瀑布等景点。

图 13-22

“茅坪水库”：水面约400多亩，水产丰富，有娃娃鱼、贴岩鱼、高山鱼、黄尾鱼等。水库南面是自然草山(图13-22)。

(十二)“天然盆景园”

图 13-23

位于茅坪湖上游，距场部大坪九千米，是在一块块弧立裸露的岩石上，天然生成的一棵棵岩梨子树、映山红树。石如盆，树为景，姿态万千，形神兼备，宛如棵棵人工造就的巨大盆景。在天然盆景的另一方面，靠近原始森林，便是天然狩猎场，许多野生动物一到傍晚便成群结队的出现在这里，有狗熊、野猪、野兔、岩鸡、金鸡、竹鸡等动物(图13-23)。

(十三)蛟龙洞景区

又称鸾子洞，其实不是洞，是一条长数千米、深数百米的峡谷凹地。山谷内原始次森林密布，常绿阔叶林丛生，溪沟、飞瀑、流泉间杂其间，身临其境，犹如进了仙洞。特别是雨后天晴时，这里会涌现出数不清的、排列有序的银白色雾柱，如同天宫的玉柱。在洞的一边是高达千仞的蛟龙壁。峡谷底部是一条高瀑如飞的溪流，许多瀑布组成了瀑布群，最高的长达百余米，宽十余米，溪流沿峡谷跌落成三十六个瀑布，形成了弯弯曲曲、美丽的三十六渡河。蛟龙洞的深处，保留着完整的原始生态环境，野生动物奇多，野猪经常出没。景区内有蛟龙洞雾，蛟龙壁、蛟龙峡、三十六渡河景点(图13-24)。

三、体验攻略

图 13-24

①线路：从长沙出发，乘大巴上“京珠高速”至株洲转“潭邵怀高速”→邵阳市城步县赴南山牧场。②线路：从长沙出发，途经“红太阳升起的地方”→湘潭市（韶山）、“湘军发祥地”→娄底市（双峰县曾国藩故居）、“睁眼看世界的地方”→邵阳市（隆回县魏源故居）→洞口→武冈→城步（西岩下高速）→南山（全程约450千米，约6小时）出发，出城步县城南行百余里，即到南山脚下。③线路：或者从长沙乘火车到邵阳市然后从邵阳汽车南站乘客车到城步县城，再转南山。

第三节　挪溪国家森林公园

一、概　况

图 13-25

又名那溪、罗溪国家森林公园，位于湖南省洞口县西部的雪峰山脉腹地，挪溪瑶族乡境内，被联合国科教文组织誉为世界上“最神奇的绿洲”。园区总面积298平方千米，平均海拔800米以上，最高海拔1821米，最低海拔 290 米，相对落差达 1531 米。森林覆盖率达 94. 1% ，其中森林游览区总面积 12401. 7 公顷，占公园总面积的 41. 6% ，是湖南省面积最大的国家级森林公园，公园内具有独特的自然环境和丰富的旅游资源，是一座原生态的天然氧吧和动植物基因库。2006 年 12 月由湖省政府批准为省级森林公园，2012 年 1 月由国家林业局批准为国家级森林公园，2012 年 12 月由湖南省旅游局、环保厅批准为第一批湖南省生态旅游示范区，2013 年 12 月被正式评定为国家 AAA 级旅游景区。

二、主要森林体验和养生资源

挪溪素有“万宝山”之称，森林覆盖率达 94. 1% ，遍布着大面积的硬叶常绿阔叶林、常绿阔叶林及常绿与落叶阔叶混交林等森林景观。境内崇山峻岭如雾环列，雄奇挺拔，溪涧沟谷蜿蜒纵横，幽深神秘，名胜古迹和独特的瑶乡民族风情相映成趣，是水的源头、绿的世界、花的海洋、珍稀动植物的乐园，集“雄、秀、险、幽”于一体，奇峰幽谷、清溪碧湖、悬泉飞瀑等自然景观举目皆是，湖光山色美不胜收，是旅游观光、避暑休闲、探险娱乐、体验民俗风情的理想之所。

(一)挪溪原始森林区

298 平方千米的挪溪森林公园境内，原始次森林 11690. 1 公顷，占森林面积的 44. 8% 。这里植被丰富，储藏着史前残遗植物的巨大基因库，有水杉、千年银杏、千年古樟和独具特色的雪峰红梭椤、湖南石储、白氏稠李、小瘤果茶等数百种珍贵树木，仅国家重点保护乔木就有 27 种。其中白椒村一丛数百年历史的榉木群，天天有野鸭栖息，最多时达 200 余只，成为当地一大奇观(图 13-26)。

图 13-26

(二)万丈岩景区

由公溪河干流及其主要支流罗溪河、四季河、白溪江组成的大峡谷，以悬崖绝壁、河流溪泉、瀑布群、奇石、古树及保存完好的原生态植被及生态环境而闻名。景区主要有太婆寨、五彩峡谷(公溪河峡谷及罗溪河峡谷)、唱歌洞、万丈岩、龙头三吊瀑布群等景点。

(三)太婆寨

是因山寨悬崖上有一尊酷象老太婆的石像得名。它素有天然原始森林生态公园之称，攀爬太婆寨，沿途可随时欣赏原始次生林奇景：有雪峰桫椤、雪峰红豆杉、长苞铁杉、含金榉树、雪峰楠木、穗花杉、云锦杜鹃、银鹊树、鹅掌秋、沉水樟、龙虾花、银杏、闽南等世界珍稀植物；随时可见真岩菌、天女花、吊钟花、锦带花、七叶一枝花、八角莲、凌霄花、野扇花、木绣球、九里香等高山奇葩，以及野生天麻、天然灵芝，灯台七、八角莲、九龙盘等天下名贵药材。

图 13-27

太婆寨还是个天然的野生动物园：在太婆寨茫茫林海中，经常会碰上果子狸、野猪、刺猬、花狐狸、山牛、山羊、山鼠、水獭、野兔、穿山甲等野生动物；也会看到苍鹰、岩鹰、猫头鹰、猴面鹰、野鸡、金鸡、锦鸡、布谷、杜鹃、百灵、画眉等(图 13-27)。

(四)公溪河峡谷

峡谷，是构成挪溪胜景的又一独具魅力的景观。在挪溪森林公园中，沿沅水源头公溪河沿岸遍布挪溪河峡谷、安顺峡谷、公溪河峡谷等众多山峰奇绝，峭壁如削的大小峡谷，形成了集“雄、奇、险、幽”的峡谷群。尤其是公溪河彩石峡谷，长24.5 千米，其中从公溪湖水

图 13-28

库到茶路大桥约7千米长的地段基本形成两山对峙，悬崖峭壁，地势十分险要。其剥蚀构造发育，山体与沟壑怪石嶙峋，千奇百怪，极富色彩美学价值，在湖南绝无仅有，在全国也只有山东、云南各发现1处(图13-28)。

(五)龙头三吊瀑布群

位于邵阳市洞口县挪溪瑶族乡龙头村，下面，“吊”就是“吊水岩”的意思。龙头三吊是近1.6千米长的挪溪河峡谷的三个瀑布，总落差120余米，其中观音瀑布(又叫“二吊瀑布”)落差近60米。在瀑布群的形成区域内，森林茂密，峭壁耸立，溪水常流，山谷幽静，充满神秘。景区内有一线天、虎啸岩、龙潭、天然彩石、原始森林等主要景点。这里是天然的氧吧，负氧离子含量极高，空气清新，凉风阵阵，水汽扑面，置身峡谷，绿树遮天，潭水碧幽(图13-29)。

图13-29

(六)公溪湖景区

位于公园南端，面积2012公顷，占森林游览区的16.2%。该景区以狭长幽深的公溪湖水体景观及公溪湖岸良好的森林植被和生态环境为特色。现有、长苞铁杉林、常绿阔叶林、硬叶常绿阔叶林等森林植被景观。其中公溪湖原称龙木坪水库，坝高80米，周长8950米，湖面面积60平方千米，蓄水量450万立方米。在4千米长的狭窄水库周围布满了以灌木居多的原始次生林(图13-30)。

图13-30

(七)湘黔古道景区

图 13-31

位于森林公园西北部，景区面积2603.9公顷，占森林游览区的21.0%。景区以宝瑶河及湘黔古道为轴，其中湘黔古道兴于西汉，是一条曾经东连宝庆、衡阳、长沙，西接洪江、芷江，一直延伸至贵州的古老商道。古道是历史上“上控云贵，下制长衡”，扼守洞口罗溪的唯一一条通道，现存十余华里，路面铺满一块块青石板，蜿蜒在群山之中，被誉为南方“丝绸之路”。古驿道的青石板路面宽1.5~2米之间，为了固定，一些石板还在边上凿洞以进行加固，或在险峻坡地立石柱栏杆以维护行人安全。古道一路有风雨桥、亭、驿站等休息场所，一些风雅之士还在路边的一块巨大岩石上刻有许多文字，如“大路走二江”“学文君子”等。景区主要景点有：将军石、思义亭、宝瑶古寨、“寿”字石、大坪桥、仙人桥、宝瑶河、仙人洞、千年鸳鸯银杏、桂花王等(图13-31)。

图 13-32

(八)高登山景区

位于绥宁县西北面的联民苗族瑶族乡边境，海拔1584.1米，为雪峰山脉第二高峰，顶峰终年为云雾所绕，佛教信徒视之为圣地。始建于清嘉庆十三年，建筑面积760平方米的普照寺，就位于高登山极顶。该寺一应构件全由青色石料凿成，历经百年风吹雨打，全寺依然顶不漏水、墙不透风。沿着山径小路，举步拾级而上，从山底的峡谷、原始森林、原始次生林到山顶的高山草原，一路曲折险陡，沿途松杉翠，浓荫蔽日，鸟语花香，野果含羞欲坠、山茶百媚丛生，好似漫步于园林中、徘徊于音乐厅，心爽神怡(图13-32)。

三、体验攻略

①线路：从长沙出发，乘大巴上“京珠高速”至株洲转“潭邵怀高速”→邵阳市→挪溪。②线路：从长沙出发，途经湘潭市、娄底市双峰县，至邵阳市，再从邵阳市→江口→洞口→挪溪。③线路：或者从长沙乘火车到邵阳市，然后从邵阳市→江口→洞口→挪溪。

第四节　新邵白水洞景区

一、概　况

该景区位于湘中新邵县境内，核心区在严塘镇白水村，距县城酿溪镇12千米，区域以白水洞村为主体，包含洞口村、岱山林场部分土地，总面积11.90平方千米。峡谷纵深10千米，风景奇特，山峰秀丽，悬崖峭壁，飞瀑流泉，野花满谷，绿树成林。白水洞，其实不是一个“洞”，白水洞是一块养在深闺人未知的碧玉。因其溪水剔透如玉，又处在一个山谷之中，只有一天蜿蜒的小道可以进入山谷，给人一种别有洞天，豁然开朗的感觉，故名。据志书记载，“两山环回夹峙，群峰拱卫，其形似洞，中有瀑布流溪，水白如银，故名白水洞”。景区融山秀、水白、洞幻、石奇和人文攸丰于一体，是具有千年旅游史的风景胜地。白水洞风景名胜区于1999年经省人民政府正式批准为省级风景名胜区，2002年4月经国家旅游局正式评定为AA级旅游区，2006年5月经湖南省国土资源厅批准为省级地质公园。

二、主要森林体验和养生资源

白水洞景区峡谷纵深10千米，风景奇特，山峰秀丽，悬崖峭壁，飞瀑流泉，野花满谷，绿树成林，现有景点480多处，一级景点30处，其中自然景观有“高峡平湖”“流泉飞瀑”“地下溶洞群”“一线天”“洞天门”“白龙洞”等，尤其是银涛峡的飞虹瀑布和水帘洞瀑布，为白水洞独特的美景。瀑布从百丈悬崖峭壁上飞流跌下，水花四溅，白雾蒙蒙，阳光射去，形成五彩缤纷的彩虹，绚丽夺目，游人从瀑布内岩石下穿过去，又可看到另一座更高、更大、更奇、更美的瀑布，瀑布半空的悬崖内有一山洞，酷似花果山的水帘洞，瀑布成抛物线飞流直下，过洞而不沾洞；历代骚人墨客前来观光者曾留不少诗句，清代诗人谭瑶曾有诗云："滚滚银涛天上来，劈分石峡走鹭雷，澄潭百尺深无底，险过瞿塘滟滪堆"。

（一）吸潮岩

此洞得天独厚，四季无潮，故名"吸潮岩"。留有清咸丰年间李湘藻题书的石刻"吸潮岩"斗大三字，并有碑文四句，内容均为赞颂白水洞胜景。洞前建有"两宜寺"。在吸潮岩之上，有金龟洞、洞中佛，在崖顶，有银仙岩、休闲洞(图 13-33)。

图 13-33

（二）白水神宫

这是一座大溶洞，现已开发开放三厅，全程长约 6000 米，面积约 8000 平方米。前厅内，有二万年前的大熊猫、剑齿象、羚羊等动物化石群，还有"巨鲟飞天""海豹出水""海枯石烂""阴河过境"等经万年沧桑变化的遗迹。中间两厅，尽是色彩缤纷、斑斓锦绣、造型诡谲、千姿百态的钟乳石景，有龙凤龟鹤、狮虎马象，有观音赐福、罗汉聚会，有村寨田园、彩虹飞瀑，还有"金壁生辉""湖光天色""仙女野浴""闺秀荡秋千""金蟾戏美猴"……等奇观异景。殿堂正中，是一根高 28. 8 米、径围 16. 9 米，如金如银、如珠如玉的石柱，称"群龙擎天柱"，亦称"镇宫龙柱""南天神柱"，和"海底世界""天下第一帘"并称为白龙神宫三大奇观(图 13-34)。

图 13-34

（三）银涛峡

图 13-35

系两行峭壁夹束，形成一道幽长的峡谷，底有激流，宽仅丈余，长逾千米。峡内四季山风袭人，两岩峭壁如切，水奔峡底，撞山击石，急涛喷白湍，声如雷鸣。翻滚中，形成无数乒乓球样水泡，向前涌进，经久不破，久观则呈色不定，忽红忽绿，忽白忽黄，是为一绝。涛至峡口，破门而出，一落数丈，如柱如帘银光耀人（图 13-35）。

（四）罗山湖景区

图 13-36

这是一座高山壑谷天水湖，空气、土壤、水质生态无污染。该湖修建于“大跃进”时期，丰水期水面 100 余公顷，最深处达 150 米，蓄水量 500 万立方米。湖四周群山环抱，湖面碧波荡漾，鱼游生花，还闻好鸟相鸣，啭啭成韵，常可见到“鸟飞水底，鱼游峰巅”的美景。这里，水随山转，谷峡错综，港汊繁多……游船到处。还可观赏“七仙瀑布”和“穿岩洞”等多处景物（图 13-36）。

（五）七仙瀑布

位于螺丝洞，不管从上而往下，从左而往右，从外而向里，仰俯八方不可视其真容，只容一人攀沿天梯至绝壁半山腰，天然生成的直径约 50 厘米的石洞，探头窥视，方见真容。高 80 米，宽 10 余米，落入“S”字形深潭，四周绝壁悬崖，有数株合抱古树遮蔽，相传深潭为七仙女之浴池，瀑布则为七仙女身披的彩带悬挂于峭壁之上（图 13-37）。

三、体验攻略

从长沙出发，乘大巴上京珠高速至株洲转潭邵怀高速→邵阳市→新邵，或从长沙乘火车到邵阳市，然后从邵阳市→新邵，从新邵县城出发约 20 千米至白水洞景区。

图 13-37

第五节　百里龙山国家森林公园

一、概　况

位于新邵县东北部，南北宽 25 千米，号称“百里龙山”，总面积为 3835 公顷，历史上药圣唐朝孙思邈和御医申泰芝曾在此采药炼丹，留有药王殿和炼丹池古迹，故百里龙山又称“药山”。龙山主峰岳平云顶海拔 1513.6 米，比南岳衡山祝融峰还高 223.6 米，为宝庆十二景之一。境内森林覆盖率 88.3%，有高等植物 1000 多种。1992 年经湖南省林业厅批准为省级森林公园；2009 年 2 月，经国家林业局批准，新邵县龙山森林公园和涟源龙山森林公园合并升级为国家级森林公园，统一命名为湖南百里龙山国家森林公园。龙山以其茂密的森林、优美的环境、温暖的气候、奇山异石、古树古迹和革命遗址吸引海内外游客。

二、主要森林体验和养生资源

公园以“绿色家园，天然氧吧”闻名，分为岳平峰、烟竹、捞底石三大景区，有自然景区 37 处，有海拔高达 1513.6 米的湘中第一高峰岳坪峰；有烟竹坑的竹海泛青波；有龙家岭的“银杏三姐妹”、“枫香三兄弟”等古树名木景观；更有捞底石的天然原始次生林。公园内空气清新、氧气及负氧离子含量高，空气质量达到国家一级标准，主要景区点负氧离子含量每立方厘米高达 1 千至 3 万个，公园内水质清冽、山泉完全符合饮用水标准。景区内溪流棋布，天然瀑布、峡谷、溶洞、奇峰异石众多，形状千奇百怪。境内有国家重点保护树种银杏、香果树、金钱松、伯乐树、杜仲、蓖子三尖杉、闽楠7种；珍稀古老树种摇钱树、山拐枣、鸭头梨、毛红椿等41种；珍稀动物穿山甲、灵猫、锦鸡、丹凤鸟、石蛙、石蟹等50多种，丰富的动植物资源构成了一幅美丽怡人的天然画卷。以其茂密的森林、优美的环境、温暖的气候、奇山异石、古树古迹和革命遗址吸引海内外游客。

图 13-38

（一）岳平峰景区

位于新邵县东北部龙山上，海拔1513.6米，其高度与南岳衡山持平，山顶常有云海出现，故称“岳平云顶”，是宝庆十二景之一。此山气势巍峨，群峰叠翠，石壁嶙峋。北有狮子石、仙人石，罾箕岭上丹嶂横开，白云摩顶；飞水洞前银瀑悬空，坠雪飞花。南有扬旗寨、锡帽岭，狮象锁水诸景。西向的乌鸦潭、猫公洞、青龙桥，各具特色。清代学者阎之望有《登岳平顶》诗：“攀罗直上最高峰，峰势湾环一径通。二水分流飞瀑下，万山全沓乱云封，人随鹏鹗空中渡，僧住烟霞世外逢。回首天梯都历尽，到门才打午时钟”。

（二）岳平云顶

为宝庆十二景之一。岳平顶位于新邵县东北部龙山上，海拔1513.6米，为湘中第一高峰，山顶常有云海出现，故称“岳平云顶”。此山气势巍峨，群峰叠翠，石壁嶙峋。北有狮子石、仙人石，罾箕岭上丹嶂横开，白云摩顶；飞水洞前银瀑悬空，坠雪飞花。南有扬旗寨、锡帽岭，狮象锁水诸景。西向的乌鸦潭、猫公洞、青龙桥，各具特色。清代学者阎之望有《登岳平顶》诗：“攀罗直上最高峰，峰势湾环一径通。二水分流飞瀑下，万山全沓乱云封，人随鹏鹗空中渡，僧住烟霞世外逢。回首天梯都历尽，到门才打午时钟”。

（三）药王殿

宋时为纪念被唐皇御封为药王的孙思邈所建，相传他曾在此炼丹采药，遗留有炼丹池，故龙山又称“药山”。历经千年的风雨，药王殿几经毁坏与重修。清乾隆三十七年（1772年）宝庆知府刁玉成扩建，清光绪年间，当地人将药王庙由山顶移下了50米至今址重建。药王殿的主建筑有山门、围墙、殿堂、僧室、厢房、客房。殿内还立有唐太宗李世民御笔亲书的石刻“圣旨”《赐真人孙思邈颂》：“凿开经路，名魁大医；羽翼三圣，调和四时；降龙伏虎，拯衰救危；巍巍堂堂，百代之师”。正殿门额石刻“药王殿”三字，由清代中兴重臣曾国藩登龙山拜祭药王时手书。其占地300多平方米，石墙铁瓦，建筑古香古色。殿门大石柱上刻有“万里风云供吐纳，四时花草著精神”。

（四）竹山飞瀑

位于海拔734米的上竹山冲，瀑布宽3米，高20米，溪水飞流直下，气势恢弘，犹如一条白色的飘带飞摆在竹林之中。瀑布四周为石壁，水流从石壁落下，水声如雷，声震山谷。瀑布下面为一个5米左右的深潭，潭水清澈见底。瀑布四周青山绿水相互辉映，令人流连忘返（图13-39）。

图13-39

（五）高山杜鹃

杜鹃群落集中连片的主要分布在岳坪峰以下至黑坑里一带，面积在100公顷以上，树高一般在2～4米。每年春夏之交之时，满山杜鹃竞相开放、争奇斗艳（图13-40）。

图13-40

三、体验攻略

从长沙出发：乘大巴上京珠高速至株洲转潭邵怀高速→邵阳市→新邵，或从长沙乘火车到邵阳市，然后从邵阳市→新邵，从新邵县城出发往东北方向约50千米至百里龙山国家森林公园。

第六节　云山国家森林公园

一、概　况

毗邻崀山、南山、桂林、武陵园等著名风景名胜区。位于武冈市城南5千米处，属雪峰山余脉，总面积1267公顷，核心保护区面积547公顷，缓冲区和实验区面积720公顷。保护区山地海拔一般在550～850米之间，最高峰紫宵峰，海拔1373米，最低点(伴山冲景区)海拔为388米，相对高度为984.5米。区内气候温和，雨量充沛，四季分明，云雾变幻莫测，年平均气温15℃，年降水量为1500毫米左右，以山奇、水秀、林幽、云幻著称。1992年由被批准为国家森林公园，2006年被评定为国家AAA旅游景区。云山是一座历史悠久的名山，《道书》载为中国第69福地的“楚南胜境”；宋高宗赵构曰：“云山七十一峰，烟云变幻”；明代礼部主事潘星曾题：“一瀑飞涛”“两华耸翠”“仙桥横汉”“崖前帘水”“云外钟声”“杏坞藏春”“竹坛风扫”“丹井云封”“石畔遗踪”“洞门余影”云山十景。因为自然和人文的原因，云山和衡山、岳麓、九嶷一起，并称为湖南四大名山。

二、主要森林体验和养生资源

图13-41

云山自然保护区森林覆盖率达94.7%，现有保存完好的原始次生阔叶林200公顷，林区郁闭度达0.9以上，地属中亚热带，气候适宜，动植物资源丰富，有植物203科1518种。区内奇材佳木，有钟萼木、云山椆、楠木、“摇钱树”，还有胸围5.11米、高20余米、约800多岁高龄、堪称湖南省榉树之王的大叶榉；珍贵药材有“癌症克星”南方红豆杉、“天然青霉素”雪胆、“血癌克星”三尖杉、“南国人参”绞股蓝等。珍稀花卉有白兰花、白玉兰、“龙虾花”、凹叶厚朴、红花木莲等；还有巴岩香、满山香等天然香料植物。云山森林公园分为伴山冲景区、云山堂景区、紫霄峰景区三大景区，景区中云海、古树、流泉、溪涧、瀑布、幽谷、山峰、怪石、古刹、灵寺、古道、古迹一应俱全。

（一）伴山冲景区

伴山冲是两座对峙的山峰从平坦的田垅尽头拔地而起形成的云山天然山门。景区由伴山雁荡、威溪平湖、伴山庵和“金龟越岭”“太白吟诗”“仙桥横汉”“一瀑飞泻”“崖前帘水”以及云湖大坝、休闲度假村等景点组成。自然景观和人文景点交相辉映，是人们游览休闲的胜地。

（二）伴山雁荡

即伴山水库，因为库中水面上突兀高的大岩石，据说是大雁和鹰聚集的地方，人们称为“伴山雁池”。它又是一个天然游泳池，夏日，人们可入水游泳，也可在水面泛舟。现库区内有游艇，可坐船品茗，也可泛舟观景。

（三）威溪平湖

距伴山雁荡约 1 千米，是武冈市最大的水库。水库大坝东连白狼山，西接马鞍山，长 437 米，高 49 米。威溪平湖全长 7500 米，两岸狭谷奇特，林木茂盛，山水相依，风光旖旎，四季皆景，犹以春夏更为宜人。湖中有一山突兀水中，不高不低，圆圆墩墩，如元宝降水中，将碧水分为二道，如二龙戏水，故以“双龙抢宝”誉之(图 13-42)。

图 13-42

（四）“金龟越岭”

整个大石象个乌龟神彩飞扬，稳稳粘在不少于 60°的陡坡上(图 13-43)。

（五）“仙桥横汉”

位于三里庵“步云亭”对面山坳上的一座天然生成的石拱桥，宽约 1 米，跨度 7 米许，拔地横空而起，气势雄伟，在云天雾海中似隐似现，为云山十景之一(图 13-44)。

(六)“一瀑飞涛”

位于五里庵下秦人古道，是一股山泉自崖头飞泻而下，跌落在岩石上，形成浪花。溪旁有古人题字“白玉泉”“飞瀑”及“秦人古道”等摩崖石刻。

图 13-43

(七)秦人古道

图 13-44

这是一条由秦人开辟的，从步云亭开始，经五里庵、十八茅湾、七里庵、观音堂、土地祠、接龙桥、京龙桥，到云山堂终止，长 3.5 千米，宽 1.2 米，铺满灰绿色青石板的道路。古道两边的山上覆盖着茂密的原始次生阔叶林和杉木人工林，其中列为国家重点保护的珍稀植物有水杉、云山钟萼木、银杏、楠木等 28 种(图 13-45)。

图 13-45

(八)“两华耸翠”

位于五星庵处，为日华峰和月华峰两座相互对峙的山峰。由于地理位置不同，太阳出来时，月华峰黯然荫蔽，日华峰则阳光明媚；月亮出来了，日华峰失却了白天的光彩，月华峰却在溶溶月色里显出楚楚风韵。两峰间山泉叮咚，溪水常流，望月训跨两壁。现望月桥畔新建一座古典式的“双华亭”

图 13-46

(图13-46)。

(九)紫霄峰景区

为云山自然保护区核心保护区最高峰，又称宝顶，海拔1372.5米，景区面积共有200多公顷的原始次生阔叶林，区内有着丰富的野生动植物资源，属国家级和省级保护的繁多(图13-47)。

图13-47

三、体验攻略

从长沙出发：乘大巴上京珠高速至株洲转潭邵怀高速或从长沙乘火车到邵阳市，然后从邵阳市走G60，转S91，途经隆回县，至武冈市，从市区往南行驶5千米至云山国家森林公园。

第七节 黄桑国家自然保护区

一、概 况

黄桑自然保护区位于湖南省西南部八十里大南山北坡与雪峰山南麓交接处，绥宁县南端，包括黄桑乡全境和长铺乡部分区域，总面积254.2平方千米，于2004年批准为国家级自然保护区，保护区为中亚热带季风湿润气候，年平均气温16℃，森林覆盖率达86%，动植物资源丰富，有动物230多种，植物2300多种，其中有红豆杉、伯乐树、银杏等国家重点保护野生植物21种，稀有珍贵的植物108种、古老孑遗植物36种、我国特有植物18种、常用观赏植物166种、治癌植物等药用植物580种、吸毒抗烟尘植物16种，被林学专家誉为“江南最大的动植物基因库”。2005年7月，晋升为国家级；2016年1月，国家旅游局和环保部拟认定湖南省邵阳市黄桑生态旅游区为国家生态旅游示范区。

二、主要森林体验和养生资源

黄桑自然保护区地处中亚热带，四季分明，气候温暖湿润。年平均气温为15.7℃；年平均降水量为1421.2毫米。境内气候温和，雨量充沛，气温垂直差异较大，海拔610米处，年平均气温16.2℃，海拔900米处，年平均气温14.7℃，海拔1800米处，年平均气温10.9℃，最热月(7月)月平均气温为18.3℃，最冷月(1月)月平均气温为1.7℃，降水量1600~1800毫米，雨日、雾日多，相对湿度在80%以上。区内山、溪、林众多，体现出幽、坚、深、密、奇、静等特色。景区生态良好、空气新鲜、风景秀丽、环境优美，有曲幽谷、六鹅洞、神龙洞、鸳鸯岛、九溪冲、铁杉林、上堡古国和楠木林八大景点，是集科研考察、休闲度假、野外探险、影视拍摄于一体的旅游休闲之所。

(一)铁杉林景区

位于海拔1080米的源头山上，是我国迄今为止仅存的一片铁杉群落，于1984年林科所在考察林业资源时发现本群落面积4.2亩，有大径的铁杉38株。其中最大的一株铁杉高42米，胸径130厘米，要4人张臂才能合抱树干。

图13-48

铁杉全称叫长苞铁杉，原属松科类植物，是第三纪冰川时期(据今约1亿年)的孑遗植物，被称为“植物界的活化石”，具有极高的科研价值。铁杉株株高大挺拔，树干圆满通直，树冠稠密，枝桠粗壮，向外伸展4~5米；其树根突击地面，树与树之间的根都是相连的，自成体系，被称之为“铁杉王国”(图13-48)。

(二)鸳鸯岛

实为黄桑国家自然保护区18万亩原始次森林的核心区的一部分，其特色在于树、古藤和水(图13-49)。

图13-49

(三)“鹊桥相会”

这是一座独具生态特色的桥，桥在中间部位分岔，往右走进入大山内，往左走是条沿溪的观光游步道。桥下小溪因绥宁县在宋朝原名为莳竹县，此溪流穿越老县城汇入沅江，因而得名“莳竹溪”。此溪一年四季水流量丰富。

(四)“石头养树”

这是因为黄桑的山都是石头山，岩石多为变质岩、花岗岩和砂页岩，地表的覆盖层非常薄，树木就像从石头缝里蹦出来的，几乎看不到土层。

(五)“树藤相缠”

在鸳鸯岛上，有很多古藤，与树相生相伴，长得比树干还粗壮。树与藤相互缠绕，出现了“虬枝闹海”“游龙戏树”“横刀夺爱”等景观(图13-50)。

图 13-50

(六)曲幽谷

位于六鹅洞瀑布的下游，距离县城仅15千米，是一长约4.5千米的深山峡谷，两岸群山徒峭、森林茂密，古树众多，水流跌宕，鱼蟹游行。春夏两季，峡谷两旁的中国兰、山茶花、樱桃花、杜鹃花、含笑花、白玉兰花竞相开放，争芳斗艳。一条溪水从峡谷中婉蜒穿过，延绵十里，形成“十里花溪”。

图 13-51

曲幽谷地型属于亚热带季风气候，不仅有南方的特色林木，也有北方特色林木，树木有银杏、鹅掌楸、穗花杉、华南五针松、楠木、美女樟等多种植物，野果类的有猕猴桃、杨梅、板栗、核桃、山楂、樱桃、李子等，同时，还有林麝、红腹锦鸡、白鹇等珍禽异兽云集于此(图13-51)。

(七)六鹅洞瀑布

位于曲幽谷的上游，高40m，宽约两丈，水流呈直角下泻，下部敞开近70m宽，注入深潭形成水帘。潭上方10m处，有一尖石突出，使水珠飞溅，犹如莲花开放。瀑布的左侧有一岩洞，约一人高，半露水面，神秘莫测(图 13-52)。

图 13-52

(八)神龙洞

并非洞中有真龙，而是整个洞由神似龙体的大小六层溶洞构成而得名。经考证，该洞内石头构造形成年限约 5 亿年，比一般溶洞形成的时间长。洞内温度一年四季均在 13～18℃之间，冬暖夏凉。因此，洞内生存着一种稀有的红蝙蝠，这种蝙蝠只有在最好的原始生态环境里才会出现，它们倒挂于洞顶，泰然自若。洞内有“擎天柱”“乾坤宫”“飞翔天龙”等石钟浮景观。同时，洞内还生长着一种濒临灭绝的珍稀动物，学名叫大鲵，俗称“娃娃鱼”，具有极高的科研价值。

(九)“擎天柱”

如神话中天宫南天门浓缩的擎天一柱(图 13-53)。

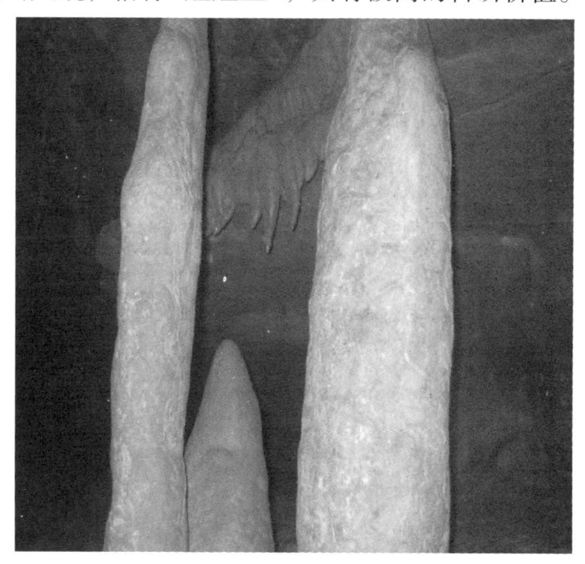

图 13-53

(十)“乾坤宫”

岩洞下方，有二个向上突出的岩石，左边的一个像男性生殖器，右边的一个像女人丰满的乳房，古人讲究古为乾右为坤，因此，此洞叫“乾坤宫”，又叫“求子宫”(图 13-54)。

(十一)“飞翔天龙”

龙的头，龙角、龙眼、龙嘴、龙颈……活生生一条昂首的中华龙，它有四种飞翔的状态，每种飞翔姿态都栩栩如生，浑然一体，如人工雕琢一般(图 13-55)。

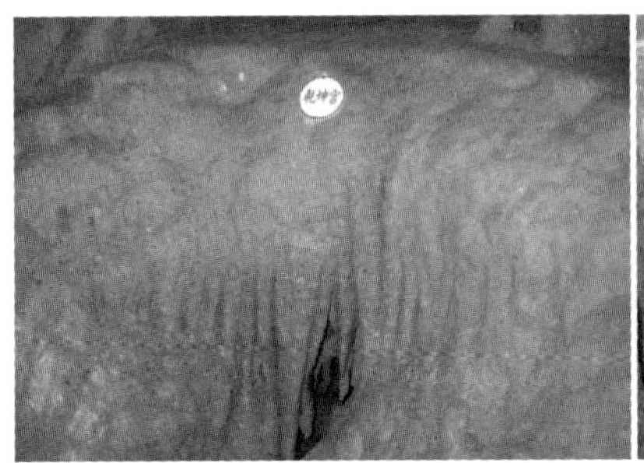
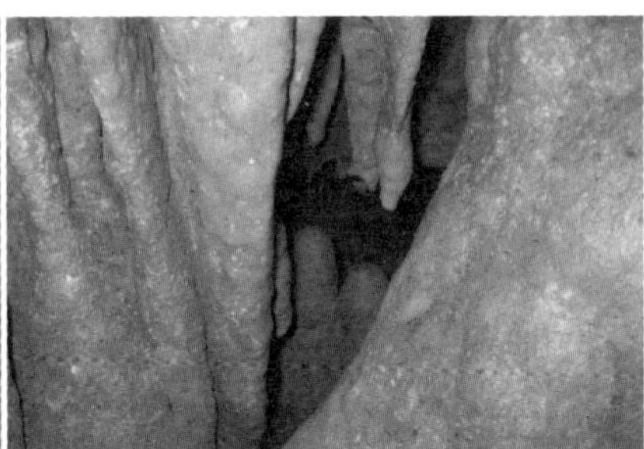

图 13-54

(十二)"野生娃娃鱼"

学名叫大鲵，头部扁平、钝圆，口大，眼不发达，无眼睑。身体前部扁平，至尾部逐渐转为侧扁。体两侧有明显的肤褶，四肢短扁，指、趾前四后五，具微蹼。尾圆形，尾上下有鳍状物。外形有点类似蜥蜴，只是相比之下更肥壮扁平。是世界上现存最大的也是最珍贵的两栖动物，全长可达1米及以上，体重最重的可超50公斤。它的叫声像婴儿的哭声，因此它又被为娃娃鱼。在神龙洞的小溪里，有时能见到野生的娃娃鱼，具有极高的科研价值(图 13-56)。

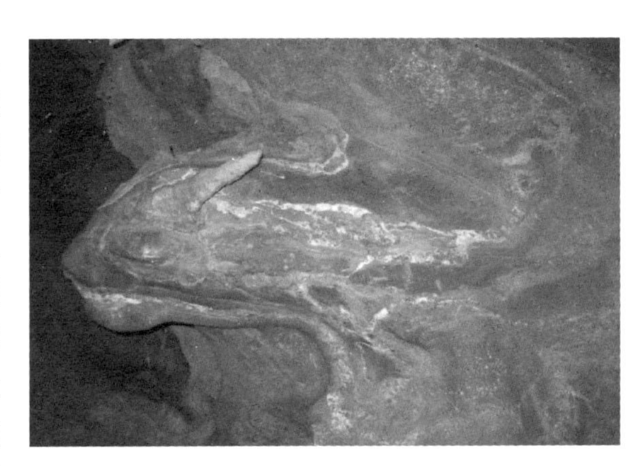

图 13-55

图 13-56

(十三)楠木林

位于黄桑自然保护区的南端，与通道县的木脚乡毗邻，足有二千余亩。楠木株株苍老笔直耸立，崛然傲立于群山峻岭中。大的高三十余米，径围五米，小的高几米，手指般粗。有的长在悬崖上，有的长在溪水边，其中很少有杂树，遮天蔽日(图 13-57)。

林中低谷有一条大溪流通过，溪流上方有一宽五米、高三十米、长几百米的石槽，槽壁如刀削般陡滑，沿石槽往下走四十余米有一瀑布，名为大龙潭瀑布，再往下四十米处又有一瀑布，名为小龙潭瀑布(图 13-58)。

图 13-57

图 13-58

三、体验攻略

保护区位于湖南、广西、广东三省的交界区域，省道1805 线从邻乡穿过，保护区距省道 13 千米，距保护区所在地——绥宁县县城 32 千米，东北至湖南省邵阳市 236 千米，西至靖州县城和支柳铁路靖州站 69 千米，西南至通道县城 86 千米。因交通便利，通过铁路、公路后可直达保护区。如从长沙出发，乘大巴上京珠高速至株洲转潭邵怀高速，或从长沙乘火车到邵阳市，然后从邵阳市出发，途经隆回县、洞口、武冈市至绥宁县，从绥宁县往南行 42 千米至黄桑国家自然保护区。

第八节　高州温泉旅游区

一、概　况

国家 AAA 级旅游景区，景区位于距隆回县 63 千米的高州乡热水井村，环境优雅，空气清新，温泉特色浓郁。温泉呈三角形，面积 60 平方米，出露于地下 500 多米深的加里东期花岗闪长岩中，流水量大，日流量 16183 吨，常洗常新，并不污染；常年恒温 49. 5℃，含有大量的钾、钠、镁和硫磺等矿物质，具有灭菌、杀虫、消炎等医疗作用，对皮肤病尤有疗效。

二、主要森林体验和养生资源

高州温泉富含钾、钠、镁等30多种微量元素及人体健康必需的偏硅酸，是国内第一家可直接饮用的纯天然矿泉水温泉养生中心建有露天温泉游泳池，池周边分别建有温泉“六福汤”、石板温泉、至尊泉、酒温泉、花草温泉、旋转温泉、瀑布温泉、超音波冲浪温泉、椰奶温泉、锅底温泉、鸳鸯温泉、香木温泉、香泥温泉、童乐泉等近三十个具有温泉文化特色的温泉旅游产品。根据不同季节，游客可以到“绿色品牌兴趣协会”进行诸如插秧、收割、扬谷、垂钓、蔬菜水果现场采摘等农家乐参与活动体验。“泡温泉养生休闲，体验农家乐”活动现已成为景区的特色名片。

图 13-59

（一）高州温泉

温泉含氡量达1975.8毫克/升，是国际医疗矿泉水基本标准的26.7倍，世界罕见；偏硅酸含量达132毫克/升，超过国际基本标准的3.5倍，居全国第一；锂含量0.22毫克/升，为珍稀锂资源，为全世界罕见的特种医疗温泉，对神经系统疾病，特别是精神重压症、皮肤病、风湿病、消化系统疾病有显著疗效(图13-60)。

图 13-60

（二）高洲温泉度假村

集旅游、休闲度假、疗养保健、娱乐、饮食、住宿、会议于一体，环境优雅舒适，村内建有室内外温泉浴场、温泉药浴池、特色浴池（酒浴、鲜花浴、牛奶浴、特种配方盐浴）和水疗中心。饮食方面，有邵阳地区特色的铜鹅系列菜、宝庆猪血丸子、滩头鸭脚、土鸡炖百合等(图 13-61)。

图 13-61

三、体验攻略

从长沙出发：乘大巴上京珠高速至株洲转潭邵怀高速，或从长沙乘火车到邵阳市，从邵阳市出发，到隆回县，再从县城往北行 63 千米至高州乡热水井村。

导读：益阳市东临长沙，西接武陵，背靠雪峰，怀抱洞庭，半城山色半城湖，这美丽的山水之地，气候温和，四季分明。安化柘溪森林茂密，山明水秀，茶山艳丽，飞瀑流泉；梅山古风犹存，有山皆奇，有水皆秀，鬼斧神工，妙景天成，古道马蹄声声，老街名茶幽幽；山乡巨变第一村淳朴厚重乡间情；桃花江竹海享誉东南亚，美人窝里竹香飘；南洞庭烟水浸成湖，水落为洲，百里柳林，万顷芦荡。

第十四章　益阳市森林体验与森林养生资源概览

益阳，地处湖南省北部，别名“银城”“丽都”“羽毛球之乡”。清人周树荣有“益阳赋”云：“益水所经，水北曰阳，县以此名”，故称益阳。益阳是环洞庭湖生态经济圈核心城市之一，也是长株潭 3 +5 城市群之一，先后获得省级园林城市、国家森林城市、国家卫生城市等称号，是当今中西部大开发的前沿地带。总人口 481 万。益阳市辖 3 县（安化县、桃江县、南县）、1 市（沅江市）、3 区（资阳区、赫山区、大通湖区）。

1. 地理位置

益阳北近长江，背靠雪峰观湖浩，半成山色半成湖，同湖北省石首县抵界；东北部濒临烟波浩森的洞庭湖，与本省岳阳市毗邻；西和西南部是连绵千里的雪峰山，与常德市、怀化市接壤；东距省会长沙市 70 千米，与长株潭经济共同体相连；南连湘中腹地娄底市。

2. 地形地貌

益阳地理坐标为东经 110°43′02″ ~ 112°55′48″，北纬 27°58′38″ ~ 29°31′42″，东西最长距离 217 千米，南北最宽距离 173 千米，土地总面积 12144 平方千米，境内由南至北呈梯级倾斜，南半部是丘陵山区，属雪峰山余脉，最高处为海拔 1621 米；北半部为洞庭湖淤积平原，最低处为海拔 26 米，一派水乡景色，南北自然坡降为 9.5%。

3. 气候概况

益阳市境属亚热带大陆性季风湿润气候，阳光充足，雨量充沛，气候温和，具有气温总体偏高、冬暖夏凉明显、降水年年偏丰、7 月多雨成灾、日照普遍偏少，春寒阴雨突出等特征。年平均气温为16.1～16.9℃，日照达1348～1772小时，降水量为1230～1700毫米，是一个山清水秀、环境适宜的风景胜地。

4. 交通条件

益阳水陆交通十分便利。长常高速公路、石长铁路、319国道穿越境内，是省会长沙通往大西南的要道。水路经洞庭湖、内通湘、资、沅、澧四水，外达长沙各口岸。湘黔铁路穿越安化县境，洛(洛阳)—湛(湛江)铁路线在益阳设立枢纽站。目前益阳正在建设和即将建设的交通项目有益阳绕城高速公路、二广高速公路、益娄高速公路、益阳—溆浦高速公路、益阳—南县高速公路、益阳—平江高速公路、益宁城际干道、长益常城际铁路、益阳—汨罗城际铁路、益阳—娄底城际铁路、洛湛铁路荆益段、怀益九铁路等等。距长沙黄花国际机场和常德桃花源机场均只有70千米。

第一节　桃花江竹海风景区

一、概　况

桃花江竹海风景区又叫洪山竹海，2002年被国家旅游局评定为AA级景区，是江南地区最大的竹林生态景区。距离桃江县城约3千米，是江南地区最大的竹林生态景区，东与桃江另一旅游景点美人窝度假村相连，南以桃益一级公路为界，西与桃灰公路相邻，北与原桃益公路相镶，总面积761.2公顷。整个桃花江竹海景区丘岗波浪起伏，间有峰瘠，一般海拔在100～250米之间，最高海拔雪峰坳335.4米，最低海拔37米，七万亩竹林气势磅礴，是竹乡桃江一颗闪光发亮的绿宝石，而独具竹乡特色的景观，已纳入全省和全国"竹乡之旅"旅游线。

二、主要森林体验和养生资源

桃花江竹海被称为"楠竹之乡"，竹林面积为亚洲第四，中国第三，湖南第一。翠绿挺拔的楠竹，山连山，坡连坡。从眼前伸向远方，一眼望不到边，组成了竹涛滚滚的海洋。山山青竹翠，坡坡涌绿波，是一幅乡在桃江大地的水彩画。这里是国内外游客观竹赏竹、亲近自然、度假避暑、旅游休闲最佳去处。同时也是个天然氧吧，环境优雅，空气清新，富含离子和负离子，大气环境质量得天独厚。沿途全是绿色竹荫，可观竹赏景，春上观雨后春笋，夏日享竹林清凉，登上竹海红楼，喜沐春风，山山楠竹翠，坡坡泛绿波，竹荫涛声声，百鸟和鸣。是名符其实的“竹的海洋”“竹的王国”。她以独特的竹林自然资源为基础，熔山水、佛教民情风俗于一炉，是具有旅游、避暑、疗养、野营、度假、科研等多种功能的旅游胜地。

（一）曲径通幽

从“竹海”门楼而进，走的是“曲径通幽”小道，整个曲径通幽游步道全长 1460 米。竹舞婆娑迎远客，海翻翠浪悦嘉宾。对于久居城市的人来说，来这里赏竹观景，确实是一种难得的享受。当大地回春之时，竹鞭萌动，一夜春雨过后，到处冒出尖尖竹笋来，夏日里，不管风吹雨打，烈日烤晒，竹子一身常绿，它坚韧不拔的精神能给人以力量；秋雨过后，竹子越发青翠，竹的清香使人陶醉，使人忘却烦恼，淡泊名利；“琼节高吹宿风林，风流交我立忘归”，寒冬季节里的竹子，宁折不弯，搏击风雪，催人迎难奋进(图 14-1)。

图 14-1

（二）屈子祠

相传屈原放逐江南，碾转于桃花江畔，后人为纪念屈原故修屈子祠。屈子祠占地近 2000 平方米，有屈子祠陈列馆，分为屈原在桃花江的足迹、深切的怀念、不朽的诗篇三部分进行介绍，并立有大碑石，刻有《天问》和《离骚》。陈列馆四周有佛教堂，雕有祖师菩提、观音菩萨，朝拜者络绎不绝(图 14-2)。

图 14-2

(三)吟竹亭

桃江人爱竹、珍竹、迷竹。自古以来，文人墨客喜欢以竹吟诗作赋，故建此亭。吟竹亭坐落在火焰山关山腰上，登高望远，观竹吟诗，别有一番风味。相传清朝诗人郑板桥曾来此欣然吟诗一首：“衙斋卧听萧萧竹，疑是民间疾苦声，疑是民间疾苦声。此小吾曹州县吏，一枝一叶总关情。”故此修建了吟竹亭(图 14-3)。

图 14-3

(四)观竹楼

又称竹海红楼，1991 年改名观竹楼。观竹楼共分为三层。第一层是竹工艺品展厅，在竹工艺品展厅，首先看到的是副竹画，竹画是著名的西施浣纱图，沉鱼落雁之感尽显。第二层一共分为三个部分，风光篇，诗画篇和关怀篇。风光篇中“楠竹之乡”四个大字是在原温家宝总理 1992 年视察竹海时挥笔提下的。最精华的部分是竹在春夏秋冬四个不同季节展现出的不同美感的照片。在诗画部分有一副板桥听竹图。关怀篇是近年来，党和国家领导人万国权、毛致用、张震、温家宝等曾先后来此视察，一睹桃花江竹海的风采。观竹楼第三层展现的是一望无际的竹海。春夏秋冬，一年四季，不同的天气，观竹者的心态各有不同。春天观竹要观其形：大地回春，竹鞭萌动，一夜春雨过，竹笋到处生，竹的奋发向上，令人振奋；夏天观竹要赏其色：不管风吹雨打，烈日烤晒，一身常绿，竹的秉性和朝气给人以力量；秋天观竹要闻其香：竹中取道，满目青翠尤其是秋雨过后，竹香清新人欲醉，使人忘却烦恼，舍弃名利，专事奉献；冬天观竹要听其声：富有节奏的竹声，似一支扣人心弦的进行曲，催

图 14-4

人迎难而上(图 14-4)。

（五）桃花江擂茶

桃花江擂茶，桃花江“五道茶”(清茶、蛋茶、擂茶、面茶、盐姜茶)之一，取芝麻、花生、茶叶、绿豆等拌在一起放入擂钵，用特制的茶树棒在钵中擂碎，然后用开水冲搅，并加入白糖，便成了白乳汁状的擂茶，香甜可口，有美容养颜、清肺解毒、提神醒脑等功效。来观竹楼观竹的客人不但能观竹，而且还能品尝到飘香的桃花江擂茶及独具风味的酸枣片、紫苏梅、山梨皮、山楂丝等桃花江特色小吃(图 14-5)。

图 14-5

三、体验攻略

从长沙出发：进入长张高速公路行驶至益阳南线高速公路，到桃花江大道至桃花江竹海。

第二节　茶马古道风景区

一、概　况

茶马古道风景区是国家 AAAA 级旅游景区，位于益阳市安化县境内，距离益阳市区 150 千米。“茶马”一词，一是源于唐朝开始的茶马交易机制。古代中原政权为了加强军事力量，以茶叶等商品与边疆游牧民族换取战马，并设有专门的管理机构“茶马司”。二是山区茶农以茶叶换取生活物资，由于山道崎岖，交通不便，多用马匹作为驮运工具，因此，茶和马联系在一起。由此引申出了“茶马之路”，即留存至今所谓的“茶马古道”。这里素以南

图 14-6

方最后一支马帮和最完整的茶马古道遗存著称于世，保留了原生态的高山民居风光和峡谷风光，远离尘嚣，秀美独特，故被称为“高山之城，茶马遗风”。茶马古道风景区地处亚热带季风性湿润气候区，气候温和湿润，可谓冬无严寒，夏无酷暑，1、2 月稍冷，7、8 月较热而无持续高温，其他各月均为气候舒适季节。因地处高山，早晚偏凉。年平均气温16.2～17.6℃。景区内林秀水美，山高谷深，集“雄、奇、险、秀、幽”等风景特色于一身。

二、主要森林体验和养生资源

茶马古道风景区是一处融山水风光和历史文化于一体的风景区。这里仍留存了大量的茶马古道遗迹，有的仅剩小段路基，有的绵延数里，其中，保存较为完整的有黄花林场腰子界一段、江南至洞市黄花溪一段、陈王次庄至山口一段、洞市老街一段、永锡桥一段等等。

茶马古道风景区内，保留了最为完整的一段茶马古道，由山下联环村至高城村绵延几千米的青石板路，由于未进行旅游开发前仍未通公路，这里依然靠马匹作为主要的交通运输工具，当地人一直对茶马古道多有维护，才完好地保留了下来。每逢山下市集圩日，山里人用马匹驮着木材、山货、茶叶等去山下的市集换取生活物资，成群结队，蔚为壮观。街区内的名胜古迹、手工作坊、经典展馆、宗教建筑、民俗风情、休闲场所让人流连忘返。骑马穿行在川岩江边的茶马古驿道上，清脆的马铃声在这诗情画意的山水中宛如一支动听的歌，随着山风悠悠传开，不绝于耳，有一番“山外车鸣声不绝，山间铃响马帮来”的景象。

(一)安化黑茶

安化县地域南北形成“V”字形，东西形成“W”字形，境内群山连片，丘、岗、平地分布零散，山体切割强烈，溪谷发育，水系密度大，这种高山坡地，以酸性和弱性为主，氮、钾等有机质含量丰富，由于气候四季分明，雨量充沛，严寒期短，年平均降水量为 1687.7 毫米，年平均相对湿度为 81%，茶树的生长期长达 7 个多月(图 14-7)。

图 14-7

安化黑茶属黑茶类，因产自湖南益阳市安化县而得名。采用安化境内山区种植的大叶种茶叶，经过杀青、揉捻、渥堆、烘焙、干燥以及人工后发酵、自然陈化等独特工艺形成的具有独特风味的黑茶。品质色泽乌黑油润，汤色橙黄，香气纯正，茶味醇和，耐冲泡，具有提神醒脑、止渴生津、调理肠胃、促成消化、解油腻、治肚胀、疗腹泻、消脂肪、降血压、降血糖、减肥消瘦、增强毛细血管的韧性等作用。

安化黑茶主要品种有‘三尖”“三砖”“一卷”。三尖茶以安化县境内生产的黑毛茶一、二、三级为主要原料，根据采用原料等级的不同，分为天尖茶、贡尖茶和生尖茶3个等级，是安化黑茶的上品，采用谷雨时节的鲜叶加工而成，曾经是西北地区的贵族饮品，清道光年间，天尖和贡尖列为贡品，供皇室饮用。

（二）关山峡谷

这是古茶马道必经隘口，以攀岩穿越峡谷溪流为游览特点。两旁山形耸立似门，如高城山村出入之门关，故名“关山”。关山峡谷全程3千米左右，峡谷宽约十多米，高约近百米，两岸怪石嶙峋，刀削斧劈一般，十分险峻。岩壁上长满各种树木、藤蔓。藤蔓缠绕在树上和岩石上，苔藓、地衣附于岩壁上和树干上。岩壁上没有路，一条水渠环绕石壁之上。谷底是涓涓细流，清澈见底。清晨散发出雾水，缭绕于峡谷，让人有一种神秘莫测之感。峡谷虽小，却像一个优美的盆景，把神、奇、险、峻汇集其中，沿游道行走其间，一身水雾走出来，十分惬意。峡谷内巨石林立、层岩叠翠、飞瀑流泉，景色秀美神秘，沿途跌宕起伏，有穿洞、栈道、浮桥、天梯等穿行其间，可尽情体验溯溪、探险带来的新奇刺激和无限乐趣（图14-8）。

图14-8

（三）川岩景区

川岩景区内游道是湘中罕有保存至今的茶马古道路线之一，曾是古代安化茶叶以马驮运经湘西至川藏的重要通道。安化地处山区，山多地少，有“山崖水畔，不种自生”的宜茶环境，自古“活家口者，唯茶一项”，随着黑茶产销的兴盛，商家为了收购和运输茶叶的便利，在安化县境内集资修建茶马专道，这些道路翻山越岭，以青石板铺就，沿途建风雨廊桥、茶亭、栓马柱等供歇息之用，绵延数百里。借助资水横贯全境的地利之便，茶商在安化山区内收购茶叶后，沿茶马专道驮运至江边集镇，再通过水运销往外地。据专家考证，古代安化黑茶的运销线路是经资江运往洞庭湖，再转运湖北沙市，经襄樊、老河口至泾阳、晋阳、祁县，然后销往西北边陲。这里具有“奇石、飞瀑、水秀、林幽”的高山峡谷景观特点。景区内现仍保留了一些茶马古道遗存，如安泰廊桥。桥名“安泰”，意指过此桥者，平安畅顺，前途大吉，寄托了家人对马帮外出贩运茶叶换取家用，出入平安的心理愿望。游川岩景区，可骑马观美景，充分感受古茶马文化遗韵（图 14-9）。

图 14-9

（四）洞市老街

洞市老街曾是“前乡”到“后乡”，安化到新化、邵阳、云贵的必经要道。尤其曾是新化县多个乡镇的人们来安化的必经要道，是茶马古道的重要中转站。洞市地处雪峰山系东端，西南部与新化的大熊山国家森林公园相依偎，一条发源于大熊山的小河——麻溪穿越其境，直达资江，麻溪河有个暗流奔涌、深浅难测的“三门洞”，“三门洞”附近有繁荣的集市，洞市因此而得名。新化的茶马是通过三条山道进入洞市乡境内的，而洞市老街正是“三道归一”之处。由于麻溪流经洞市的地方水急滩险，洞市自然成为千百年来水路运输的终点和转运点，同时又是马帮运输的起点，商业因此而兴。据记载，从明清至解放后一段时间

图 14-10

的数百年里，这里商贾云集，店铺如林，作坊遍布。老人们说，清代民国时期，洞市老街商业繁华盛极，运输货物的竹排绵延数里，马帮列队，驼铃叮当，游人如织，物畅其流，真正一派梅山清明上河图的景象。上世纪七十年代，洞市老街依然完整，由清一色的三华里木屋串联而成，中间点缀着灰砖青瓦的徽派建筑。现在的洞市老街还保持了一些原貌：以德盛祥、谦春详、太美和、福兴祥、万泰鸿等商号，何得春、寿生堂、四知堂等药号，湘和玉为代表的众多旅馆、曾安庆为代表的铁匠铺、学公堂、天运祯为代表的茶馆茶行、邱久化为代表的皮纸作坊享誉梅山茶马古道(图 14-10)。

(五)贺氏宗祠

这是洞市老街现存最完整的宗祠建筑，保留了清朝建筑的古色古韵，贺氏宗祠始建于清乾隆三年，初期只有里侧一栋，原称诚公祠，道光二十六年扩建为现有规模，更名为贺氏宗祠。宗祠整座建筑从造型和颜色、绘画设计，匠心独具，焕然一体，与周围山水和谐共生，象征天人合一。现在是利源隆茶厂的展示厅，可以欣赏和购买各种黑茶产品，还可以观赏到工人制作千两茶的过程，所以这里是了解湖南黑茶文化的一个好去处(图 14-11)。

图 14-11

(六)高城村

高城村是洞市茶马古道上的一个更神奇的景点，距洞市 15 千米，海拔高出洞市 600 多米，村子被一群高山托起，历史上是宝庆、新化、安化、益阳等多个县之间的一个中转站，有高山之城的美誉。民居多为二层全木结构，第一层住人，第二层堆放杂物。村中民风淳朴，崇尚文化。高城村本村现有马匹 40 多头，与高城村里面的方溪村，安溪村的马匹一起，组成一支拥有

100 多匹的马帮。高城马帮与清一色依山傍水而建的木房子交相辉映，再配以淳厚的梅山文化底蕴，使高城村成为了一个藏在深闺人未识的风景胜地(图 14-12)。

图 14-12

(七)永锡桥

这是安化县规模最大，且保存最为完好的清代木构风雨廊桥。距今已有百多年历史，属县级重点文物保护单位。此桥长八十余米，三十九间。此桥桥墩为纯一色巨石累砌而成，石墩之上为巨大鹊木横卧其上，鹊木上便是由三十九扇木屋互连而成的主体廊桥。屋面盖瓦，以蔽风雨。桥的两头则飞檐翘角，画栋雕梁。从桥的上游或下游远望廊桥，见廊桥如龙似虹，横卧麻溪河上，不由让人心中快意腾腾而生(图 14-13)。

图 14-13

三、体验攻略

从长沙出发：进入长张高速公路行驶至益阳南线高速公路，到桃花江大道进入南环线进入 S308，然后进入 G207 右转进入 S308 转到 X042 进入 X045，到达茶马古道风景区。

第三节　奥林匹克公园

一、概　况

奥林匹克公园地处益阳市中心城区，于 2002 年 8 月建成，是 2002 年湖南省九运会会场、2003 年全国五城会的分赛场，也是目前国内唯一以体育运动为主题并被评为国家 AAAA 级旅游景区的主题公园。公园占地面积 500 亩，整体地幅呈矩形，东西长 700 余米，南北宽约 360 米。它毗邻梓山湖国际高尔夫球场和益阳市委市政府办公新区，东、西、南、北四周紧靠城市主干道并设有出入口，是一个自然与人工交融，现代建筑与丘陵景观有机协调的体育主题公园，被誉为“银城之光”。

二、主要森林体验和养生资源

园内还保留了两处较大面积的原生态植物山体，人工栽植的绿化面积达 10 万平方米，并有数十棵名贵花木和数以百计的乡土树木花卉，整个公园绿地覆盖率达 83% 以上，公园因此被评为“湖南绿化示范工程”“湖南百景”之一，是湖南乃至全国同类城市中目前唯一的一座集体育运动与休闲旅游于一体的体育主题旅游公园。

奥林匹克公园具备旅游观光、休闲游乐、运动健身、会展演出和体育赛事功能。主要建筑为一场三馆，即可容纳 30000 人的体育场，5000 人的体育馆，800 人的游泳馆和拥有 20 片训练场地的羽毛球训练馆。自建成以来，每年举办的各种体育赛事或大型演出活动有十多次。先后有中国足协杯赛、中超女足联赛、中甲男足联赛、2002—2008 年全国女排联赛八一女排主场、2005—2007 年世界杯羽毛球赛、全国女子羽毛球联赛等国家国际级重大体育赛事落户这里。中国羽毛球队 2004 年在公园进行备战雅典奥运会的赛前封闭式训练和模拟比赛。

（一）综合体育场

综合体育场依山就势，气势非凡，规模宏伟，造型强劲。东、西两片看台进口张拉膜悬挑雨蓬，造型粗犷有力而轻巧，充分体现出时代性、标志性和地方独特性。这里同时具备国家标准的田径和足球两大功能，总平面为东西轴长 199 米、南北轴长 228 米的椭圆形，总建筑面积 25109 平方米，塑胶粒面层田径场地 12199

图 14-14

平方米、植草足球场7140平方米，看台固定座席28088个，可容纳观众3万余人。在这里先后举行过湖南省九运会开闭幕式及田径比赛、湖南省第五届农运会、全国残疾人田径运动会、中国足协杯赛、中超女足联赛和中甲男足联赛，2012、2013中甲联赛湖南湘涛足球俱乐部湖南浏阳河队主场，香港明星足球队和湖南明星足球队也在这里举行过慈善比赛(图14-14)。

(二)综合体育馆

呈飞蝶状的银灰色抛物面屋顶建筑物，造型为直径79.2米的圆形平面及形体，与公园整体自然环境形成现代人文景观。总建筑面积10300平方米，屋顶为钢网架结构，屋面为复合钢面板，屋顶最高点距地23米，1746平方米的内场地为双层体育专用木地板地面，看台设计了固定座席4113个、可移动座席1000个。场内安装有中央空调系统、屏面为44平方米的双屏电子显示系统、场地灯光调控系统、消防监控及自动喷淋系统、音响系统和消音设施，可满足各类户内体育赛事、会展演出的需要。这里曾举行过湖南省九运会、全国五城会、全国残疾人运动会的户内项目比赛，举办过多次大型演唱会和杂技表演，中国女排联赛八一女排的主场从2002年开始连续四年落户这里，中国女子羽毛球联赛也在这里举行过总决赛(图14-15)。

图14-15

(三)游泳跳水馆

分为室内、室外两个场地，是目前省内外同类城市中规模较大、功能较全、环境较好的国家标准游泳、跳水综合馆。游泳跳水馆的室内场地，其造型和色调简洁流畅，与公园其他场馆风格及其环境十分协调。室内游泳馆建筑面积9000平方米，馆内空间高达22.3米，视野开阔良好，自然采光充分。馆内有8泳道标准游泳池一座。配有场地灯光、供热、送风、水循环处理系统以及更衣、冲洗、消毒等设施。室外场地有8泳道标准游泳池一座和跳水池一座，设有1、3、5、7、10米跳台和跳板(图14-16)。

(四)羽毛球训练馆

这是一个正面由10根圆柱擎顶的四层建筑物，建筑面积为9185平方米，有24片羽毛球场地，是中国羽毛球队益阳训练基地的训练场馆。特别要提到的是中国羽毛球队训练基地也在这里挂牌，并进行了备战2004年雅典奥运会的赛前封闭式训练和模拟比赛，当今中国女排和中国羽毛球队的顶尖级国手，都曾在这里参加过比赛或训练。每年国家羽毛球队都要选择这里进行封闭训练，使这里成为全国重点羽毛球训练基地。同时这里也是益阳羽毛球爱好者的圣地，每天到这里练球的羽毛球业余爱好者络绎不绝，也带动了周边羽毛球产业的发展(图14-17)。

图14-16

图14-17

(五)体坛冠军纪念林

2012年2月，市政府投资200万元，集中种植48棵金桂在“益阳体坛冠军纪念林”内，在1300平方米的“冠军林”内，还设立了“益阳体坛冠军纪念榜”，以昭示和激励后人。益阳体坛英杰辈出，体育事业硕果累累。自1963年以来，从益阳走向湖南、走向全国、走向世界的一批批体育健儿们，先后共有48人分别夺得过奥运冠军、世界冠军、特奥冠军、残疾人世界冠军，以及亚运、全运、全国残运冠军和全国特奥冠军(图14-18)。

图14-18

三、体验攻略

从长沙出发：进入长张高速公路转入益阳大道(东)行驶至龙洲南路，进入梓山西路走康富南路，到达益阳奥林匹克公园。

第四节　皇家湖生态旅游区

一、概　况

皇家湖生态旅游区位于益阳市资阳区长春镇，中国明清古典建筑风格。距长沙市区仅1小时车程；距黄花国际机场、高铁南站仅1.5小时车程；距张家界240千米、常德市80千米，处于“长张高速”的重要节点位置。一期工程占地450亩，建筑面积71850平方米。

二、主要森林体验和养生资源

皇家湖生态旅游区依托于素有“天然氧吧”之美誉的皇家湖，这里风光秀丽，景色宜人，植被丰富，水质优良清澈，湖草茂盛，湖岸丘陵广布，绿树成荫，自然资源非常丰富。这里空气清新，气候宜人，空气中负氧离子含量高，无污染，农业、渔业、畜牧业发达，是富绕的“鱼米之乡。这里有丰富的渔耕文化及民俗活动，湖汊扳罾、麻网撩鱼、虾龙沽拖、鸬鹚捕鱼、渔村歌舞还在不断演绎着皇家湖的过去、现在与未来。项目主体由五星级福林国际大酒店、皇家别墅庄园、国际游艇俱乐部、国际会议中心、欢乐世界、生态农产品加工厂组成，有各式风格建筑32栋，既带明清古韵，又显万国风情，是集旅游、休闲垂钓、中西婚庆、会议接待等于一体的大型综合旅游开发项目。游客在这里可饱览旖旎秀美的洞庭湖滨湿地风光，还能尽享“中国淡水鱼都”生态美食，体验冲锋舟、游艇、水上飞机等特色服务。

(一)皇家湖

又名黄家湖、七仙湖，属南洞庭水系，是湖南省十大淡水湖之一。相传古时天上七位美丽的仙女，因向往人间美景，常常偷偷下凡来到此地戏水游玩。“水不在深，有仙则灵”，皇家湖不仅湖面风光怡人，引得仙人入境，传说皇家湖水还具有祛病健身、延年益寿之神奇功效，湖畔周边长寿者多，相传皇帝也慕名而往，多次巡游此地，并修建行宫。至今当地民间仍盛传“金竹咀出皇帝”“天子桥”等神奇传说，“皇家湖”也因此而得名。丰水期湖面面积达31000亩，储水量达800万立方米以上，素有“天然氧吧”之美誉。湖水清澈见底，水草摇曳，114种优质淡水鱼蟹游弋其中，“中国淡水鱼都”名符其实。湖岸青山掩映，绿树成荫，高负氧离子，形成近在身边的“天然氧吧”(图14-19)。

图 14-19

(二)皇家别墅山庄

由15栋别具风格的垂钓别墅、15栋商务别墅、26套亲水行政套房、仙女湖休闲散钓区构成，为客人提供个性化的产品和服务。商务别墅临水而筑，装修高雅，功能齐全，每栋别墅均提供设施完备的私家厨房及原生态食材配送，是高端商务会谈，私人宴请的最佳场所。垂钓别墅清静优雅，各俱形胜。墨西哥的、荷兰的、土尔其的、美国的、英国的、泰国的、意大利的，再现了世界各国皇家风情，每套别墅均拥有专享的水上钓鱼平台，坐在别墅里钓鱼，尊贵与悠闲共存，静静感受着湖风习习，鸟语花香，深深呼吸，全身的细胞都舒展开来。浅色的花，绿色的水，相映成趣。亲水行政套房，围绕长寿湖而建，采用欧式装修，风格典雅，环境优美。仙女湖休闲散钓区，可为大众提供垂钓服务。

(三)皇家湖国际游艇俱乐部

皇家湖国际游艇俱乐部，依湖而建，独揽3万亩皇家湖浩瀚胜景，主要包括游艇中心、儿童水上乐园、体验中心等，游客可以乘坐游艇逐浪洞庭，饱览湖乡风光；大人可以体验撒网捕鱼，回归古朴生活；小孩在水上乐园可以游泳，玩尽水上游乐设施。

图 14-20

皇家湖国际游艇俱乐部拥有 2 艘大型豪华游艇，每艘可容纳 120 余人，各种设施一应诸全。乘船游湖，视野坦荡，碧绿的湖水使人心旷神怡，轻风拂面的别致景色，让人有随时想把美景摄入镜中的感动。游戏于天水之间，无不感慨人与自然和谐相处之美妙。坐上水中飞机，随着一阵震耳的轰鸣声，水上飞机缓缓驶离湖面腾空而起，整个景区尽收眼底，周围美景一览无余，星罗棋布洒落湖中的小岛，仿佛一块块从天际抖落而下的翠玉般，美得令人窒息，俯瞰大地，仿佛给您的梦想插上了腾飞的翅膀，去寻找嫦娥仙子和美丽的桂花树，给他们带去地球人的问候。驾着冲锋舟，贴着水面飞，感受惊险刺激，尽览湖中风光，让您的心胸变得越来越开阔的同时，也不由让人生出“乘风破浪会有时，直挂云帆济沧海”的英雄豪气(图 14-20)。

(四)皇家湖龙舟赛

皇家湖自然风光旖旎，地理条件独特，湖面宽阔，水位深度适宜。湖南省第五届农民运动会龙舟赛在这里举行。同时已具备承办国际龙舟竞赛的条件，打造成一个国家级的水上运动项目基地(图 14-21)。

图 14-21

(五)生态休闲

绿色生态休闲是度假区的又一鲜明特色。百亩菜园里一畦一畦的有机蔬菜翠绿欲滴，可为城市族人群提供农家菜种植，吃自己种的农家菜，通过自己的双手感受劳动带来的愉悦和满足。千亩橘园水净、土净、气净的优良自然环境与整个度假区融为一体。春天里橘花开放，芳香四溢；秋天里金橘挂枝，硕果累累，是体验采摘休闲的绝妙之选。五月初夏，万亩荷园里的莲花尚未着花，荷叶却已亭亭玉立，擎出水面。微风过处翻卷摇曳，映着沉沉碧水，别有一番楚楚风

图 14-22

致。6~7 月份，紫荷花、红荷花、白荷花争奇斗艳，陶醉其中的人们不由发出“身处污泥未染泥，白茎埋地没人知。生机红绿清澄里，不待风来香满池”的感叹。采蔬菜、捉泥鳅，体验原生态的生活(图 14-22)。

三、体验攻略

从长沙出发：进入长张高速公路转入资阳路行驶到马良北路，走 S204 到达景区。

第五节　林芳生态旅游村

一、概　况

林芳生态旅游村位于赫山区沧水铺镇黄藤岭村，紧靠长常高速公路泉交河出口和益宁城际干道，与灵山秀水的碧云峰、鱼形湖为邻。林芳生态旅游村经营产业有花卉植树业、特种养殖业、农副产品加工业、宾馆餐饮业、观光旅游业、娱乐休闲业和房地产业等项目。在建项目有人工湖、水上乐园、健身广场、儿童乐园、滑草场、沙滩排球、花卉观赏及培植基地、宾馆餐饮、文化剧场、土特产超市、特种养殖等项目。林芳生态旅游村分三期建成，目前已完成投资 6200 万元。该地区属中亚热带向北亚热带过渡的季风湿润气候带，具有光热丰富，雨量充沛，环境优美，植被带为亚热带常绿阔叶林，森林覆盖率较高。

二、主要森林体验和养生资源

林芳生态旅游村分为“一园一区一带”的空间结构。一园指的是花山云海农业观光园，占地 28.7 公顷，为核心生态观光区域。该园由陌上寻芳入口广场区、锦绣潇湘花卉景观区、花山漫步生态观光区、云海秋月水上休闲带、水岸汀香中心接待区、射击练习基地、渔樵耕读农业体验区、绿野仙踪休闲娱乐区、密林野趣生态漫步区九个子项目组成。一区指的是芳林田园乡村度假区，占地 3.34 公顷，为乡村旅游度假区域。一带指的是都市农业产业化可持续发展带，既发展绿色食品和生态环境，又独具农耕文化和民俗风情人文景观新型产业。2009 年 9 月 13 日，中国湖南旅游节“走进林芳・拥抱自然”益阳花草美食旅游文化艺术节在此隆重开幕，既是一次富有传统文化内涵的旅游节会，又是一个多视角展示益阳旅游文化的窗口，是益阳对外交流合作的载体。

（一）陌上寻芳入口广场区

陌上寻芳入口广场区是综合服务区，其功能是项目内、外交通转换和联系的场所，同时也是一个集停车、门票、赏游于一体的复合空间，既具有观赏性，又具有服务性，节假日还可作为民俗迎宾表演场地。本区域由生态停车场、游客服务管理中心等组成（图 14-22）。

图 14-22

（二）锦绣潇湘花卉景观区

以花卉为背景，由核心景观区和花神广场构成。核心景观区园内摆放有 20 万盆奇花异卉，同时，生态村内种植的各类花卉苗木也始终用于销售和出租，有效拉长了当地林业发展的产业链，完成了产业化程度由低到高的转变。花神广场其性质为绿荫铺地广场，规划在休憩树池绿荫的点缀中配套十二花神半身雕塑（图 14-23）。

图 14-23

（三）花山漫步生态观光区

本区大量种植各类观赏花卉，让人们体验花卉世界的多姿多彩，享受大自然的美丽。本区内设置生态型环园步道，并配置由高塔风车、爱亭、恋亭、田园诗廊等四处景观，以方便游客休憩以及观景、诉情。高塔风车位于本区制高点，以北欧风车为主体造型，背面配套攀岩设施，内部配套茶饮休闲设施，使之成为一个实用性与景观性相结合的复合空间（图 14-24）。

（四）云海秋月水上休闲带

为水上休闲体验区。具体项目构成包括水上脚踏车、皮划艇、小型电动游船等。设有龟仙岛一处，该岛以竹林环境营造为主，通过栈桥连接岸线，一条生态环线贯穿整个整片竹林，岛中心配套建设龟仙花廊景观，廊中主亭内配套玻璃展室，向世人展示规划区开发中挖掘出来的“千年神龟”，以凸显规划区深厚的地脉渊源（图 14-25）。

图 14-24

图 14-25

（五）水岸汀香中心接待区

水岸汀香中心接待区是集会议、就餐、休闲娱乐、住宿为一体的多功能场所，其实体为规划区度假酒店（配套主楼 1 幢、度假小栋楼 4 幢，同时接待 200 名以上客人），按三星级标准配套建设。水岸汀香中心接待区是规划区内的重要餐饮接待基地。园区以本地特色风味为立足点，以无公害原材料为基础，创建了一系列带有规划区鲜明特色的品牌菜肴。规划建议重点打造“花草美食”系列绿色菜肴、“田园素食”系列健康菜肴、“特色野鸡宴”风情山珍系列、“好吃农家餐”乡土风味系列等主题餐饮产品，并借此提升规划区风情美食的综合竞争力。为了体现项目的文化特色，在本区择地展示有关当地名人胡林翼及肖山令的事迹、诗词和与箴言书院相关文化内涵有关的文字、诗歌、书画等作品（图 14-26）。

图 14-26

（六）渔樵耕读农业体验区

渔樵耕读农业体验区由渔（一亩塘）、樵（百果梯田）、耕（农夫菜园）、读（民俗广场）四个景点组成。通过喜闻乐见的花灯、皮影戏、舞龙狮、踩高跷、讲故事等活动，使“农业”旅游充满乡土人文魅力，实现可持续发展（图 14-27）。

图 14-27

（七）绿野仙踪休闲娱乐区

绿野仙踪休闲娱乐区为花山云海农业观光园的主要休闲娱乐区域。由观赏鱼池（摸鱼池）、戏水池、滑草场、拓展营（儿童乐园）、生态烧烤场、茶室（海棠山舍）、配套管理服务用房、温室花卉等组成。戏水池为儿童水上游乐的主要场所，设置水上步行球等项目；滑草是一项新兴的环保运动，指的是利用滑鞋、滑撬在专门植种的草坪上进行的有如滑雪的体育项目，具有健身、刺激、安全等特点。规划区内滑草场于丘陵山坡上建设，坡度达 20°左右，草坪采用优质草种，游客既可以穿上太空式的滑草鞋，尽情享受浪漫而刺激的草上冲浪，也可以坐在滑草车上，体验风驰电掣、惊险刺激的感受。乡土玩具内容包括趣味类游艺、智力类游艺与比赛类游艺等，该园区设置专为锻炼青少年及相关团队智力和体能而设立的原生拓展基地，所有设施均要求为古朴原木制作，充满野趣和冒险精神；温室花卉主要用于研究、示范、培植和展示，温室内主要推广各种名贵花卉苗木品种；观赏鱼池内养殖各类观赏鱼，建设曲桥和生态驳岸，以便游客亲水和观赏（图 14-28）。

图 14-28

（八）密林野趣生态漫步区

该区是花山云海农业观光园的配套生态漫步与历史名人瞻仰区域。建设重点在于植被环境营造，园内大面积种植乡土树种，结合部分景观树和色叶林，创造林荫环境，让游人感受林间乐趣，欣赏林间美景（图14-29）。

图 14-29

（九）芳林田园乡村度假区

除度假住宿外，还为度假者提供附加价值，管理者向常居型度假者免费提供（仅使用权）规划区中一块田地或果林，平时委托公司管理维护，度假入住时可在其中自主播种、耕作、采摘，体验真正田园生活的乐趣（图14-30）。

图 14-30

三、体验攻略

从长沙出发：进入长张高速公路行驶至高新大道，进入城际干道走 X023 转入 G319 到达景区。

导读：娄底市位于湖南省中部，雪峰、衡山两大山脉拱围四周，资水纵贯南北，涟水横穿东西，素有“湘中明珠”之称。这里的山雄奇伟岸，有层峦叠嶂，青翠欲滴，飞瀑横空的大熊山、龙山和九峰山；这里的水，飘逸秀丽，水府庙浩渺，油溪河漂流有惊无险，湄江风光令人拍案叫绝；这里的溶洞神工造化，波月瑰丽多姿，梅山引人入胜；还有线条流畅、层次分明，雄伟壮观，层叠变幻的紫鹊界梯田风光。

第十五章　娄底市森林体验与森林养生资源概览

娄底位于湖南省地理的几何中心，1960 年始设娄底市。娄底是湘中交通枢纽，湖南工业重镇，矿藏丰富，号称“涟邵煤田”，是中国江南最大的煤田，锑矿储量居世界第一，冷水江境内的锡矿山，素称“世界锑都”。现辖娄星区、冷水江市、涟源市、双峰县、新化县，总面积 8117.6 平方千米，人口 418.4 万人，其中城镇人口 162.81 万人，娄底市为中国优秀旅游城市，新化县为湖南省旅游强县。

1. 地理位置

地处湘中丘陵西北部和湘西山地东缘，涟水中游，地理位置优越，交通便利，自古以来就是湖南省主要的战略要地和南北通达、东西连贯的要衢。

2. 地形地貌

地势西北高，东南低，属于云贵高原向江浙丘陵递降的过渡带，雪峰山斜亘西北，衡山余脉逶迤东南边境，龙山盘踞南部。西部山势雄厚，峰岭驰骋，大多为侵蚀、构造、溶蚀地貌，地势险峻，海拔较高；东部地势逐步降低，地形起伏平缓，丘冈延绵、平地宽敞，海拔较低。新化县大熊山西侧九龙池海拔 1622 米，为境内最高峰。涟水向东注入湘江，资水向北汇入洞庭湖。

3. 气候概况

娄底市地处中亚热带季风湿润气候区，既具季风性，又兼具大陆性，气候温暖，四季分明，夏季酷热，冬季寒冷，秋季凉爽，春末夏初多雨，盛夏秋初多旱，积温较多，气候类型多样，立体变化明显。年平均气温 16.5 ~

17.5℃，年极端最高气温40.1℃，年极端最低气温-12.1℃，年平均降水量1300~1400毫米，光、热、水基本同季，对农业生产极为有利。新化是唐宋贡品蒙洱茶的主产区，盛产玉竹、柑橘、金银花等。

4. 交通条件

交通的便利是娄底经济发展的优势条件。地处湖南省中部的娄底是广州军区重要的能源、原材料供应基地。总投资达2亿元连接洛阳和湛江的的洛湛铁路，衔接株洲和贵阳市的湘黔铁路在娄星区内呈十字形交叉，使娄底成为南方的重要交通点，连东西、通南北；沪昆客运专线和安张娄衡铁路将使娄底成为国内少有的米字型铁路枢纽。上(海)瑞(丽)高速公路——潭邵段全线贯通，将娄底推进了以省城长沙为中心的1小时经济圈，娄涟高等级公路、太澳高速、宁太高等级公路的建成使娄底的交通四通八达、一马平川，带动了娄底的旅游业和交通运输业的发展。为娄底的经济建设奠定了坚实的硬件基础。

第一节 梅山龙宫

一、概况

梅山龙宫风景区位于湖南省中部，娄底新化县油溪乡高桥村风景如画的资水河西岸，距长沙市仅250千米，水陆交通便利。梅山龙宫为一个地下溶洞群，由九层洞穴上万个溶洞组成，洞府现已探明长度2876米，已开发的面积58600平方米，号称“天下第一洞”。景区所在的地区属于亚热带，为中亚热带季风湿润气候，兼具大陆和海洋性气候特色，光温丰富，雨水充沛，空气湿润，年平均气温在16.8~17.3℃，极端最高气温40.1℃，极端最低气温-10.7℃，年平均降水量1455.9毫米，平均无霜期为280天。梅山龙宫是国家级重点风景名胜区、国家自然与文化双遗产地、新潇湘八景景区、首届湖南大众最爱旅游目的地。2010年1月18日，成为国家AAAA级旅游景区。

二、主要森林体验和养生资源

梅山龙宫风景区内景观丰富多彩，绝世景观举不胜举。整体上溶洞群为层楼空间结构，洞体造型奇特，组合多样，水陆皆备，共有九层洞穴，上万个溶洞，洞体安全可靠，专家考证，经过50万年的洞体本身自然平衡调整，洞顶已达到力学强度可靠的厚层岩石部位，同时洞内通风良好，空气清新。洞府分为龙宫迎宾、碧水莲宫、开天辟地、天宫仙苑、梅山风情、龙凤呈祥六大景群。截至2014年年底，可游览的路线长为1696米，其中包括长466米世界罕见的神秘地下河，洞内大量姿态各异的流石景观，有美不胜收、玲珑剔透的石笋、石钟乳景观，还有千变万化的断面形态和蚀余小形态景观，更有四大世界溶洞景观之绝：高达80米的层楼空间结构的洞府云天绝世景观；规模宏大、惟妙惟肖的哪吒出世绝世景观；由毛细管力作用而成的形似雾凇的白色非重力水沉积物绝世景观，妙不可言、举世无双的水中金山绝世景观。

(一)洞府云天

洞府云天为上下高达80米的层楼空间结构，规模宏大、布局天成。它上下映照，水路遥相呼应，石钟乳生长繁茂，形态多种多样，极为罕见(图15-1)。

图 15-1

(二)碧水莲宫

碧水莲宫是梅山龙宫的一条地下河，全长466米，可乘游艇游览。河道狭窄弯曲，变化多端。两岸怪石，峥嵘突牙，列列群峰，郁郁多华，各种石钟乳、石笋、石旗、石幔等景观层出不穷，令人目不暇接，更有硕大的莲花宝殿，它似倒挂莲花，脉络清楚，水流如幕，令人叹为叹止(图15-2)。

图 15-2

(三)水中金山

水中金山顶部有数百万根洁白无瑕、美妙绝伦的鹅管和姿态各异、层次分明的钟乳石，底端为水平如镜的池水，池面面积368平方米，一侧是一座自然形成的拦水坝，拦水坝高约一米，曲线优美，纹理清晰。顶部鹅管和钟乳石倒映在水中，上下映照、浑然一体、形成了一座五光十色的巨大金山，光芒四射、龙鳞点点(图 15-3)。

图 15-3

(四)天宫雾凇

天宫雾凇为非重力沉积物，白色，形似雾凇，细如牛毛，生长无规则，不是由地心重力作用形成，而是由毛细管力作用成，这种沉积物晶莹剔透、洁白无瑕、一尘不染，全世界独一无二，具有极高的科研和观赏价值(图 15-4)。

图 15-4

(五)远古河床

在高出现代地下河水面 36 米的第四层洞穴中有大面积的古河床沙砾层沉积。沉积层曾多期受到再侵蚀，因而既分布于洞底，又残留在洞壁上。在洞壁上形成有大片的色如白雪的“雾凇”奇观。而在洞底被冲刷的断面上，则有砂层表层的钙板，新生钟乳、鹅管、被埋藏的小石笋和石旗等。它至少记录了梅山龙宫几十万年甚至逾几百万年来的历史变迁和沉积规律。其科学研究内容

图 15-5

十分丰富。这种现象及其形成的景观，在国内洞穴中石并不多见的(图 15-5)。

三、体验攻略

距省会长沙约 250 千米，从长沙火车南站乘坐高速铁路向南，在新化南站下，坐车经 S312、新洋路、上梅中路、上梅东路、上渡街，到梅苑北路，进 S217、X035，抵达，或自驾走长韶娄高速公路、二广高速、娄怀高速公路，经 S217、白沙洲路、梅苑南路、X035 抵达梅山龙宫。

可参考游览线路：龙宫迎宾景区→碧水莲宫景区→玉皇天宫景区→龙宫仙苑景区→龙宫风情景区。

第二节　紫鹊界秦人梯田景区

一、概　况

紫鹊界梯田景区位于湖南省新化县，属于雪峰山中部的奉家山体系，梯田成型已有 2000 年历史，起源于先秦、盛于宋明，是中国苗、瑶、侗、汉等多民族历代先民共同劳动结晶，其最高处海拔 1585 米，梯田依山就势开凿，在海拔 500 ~ 1200 米之间，共 500 余级，坡度在 30° ~ 50°之间，是山地渔猎文化与稻作文化融化揉合的历史遗存，是古梅山地域突出的标志性文化景观。景区总面积 440 平方千米，有梯田 8 万余亩，为国家 AAAA 旅游景区、国家级风景名胜区、国家自然与文化双遗产、国家水利风景名胜区。2013 年 5 月成为中国首批 19 个重要农业文化遗产之一；2014 年 9 月 16 日，在韩国光州举行的第 22 届国际灌溉排水大会暨国际灌溉排水委员会(ICID)第 65 届国际执行理事会上，新化紫鹊界梯田水利灌溉工程被授牌列入首批世界灌溉工程遗产名录。

二、主要森林体验和养生资源

紫鹊界及周边的奉家山一带，群山环绕，新增紫鹊界 360°全观景台—紫鹊阁，30 余座 1000 多米高的山峰，连绵起伏，溪水奔流。山顶的绿树滋润着梯田，山中的板屋点缀着梯田。由山岳、梯田、溪流、岩石、道路、板屋等组成一幅优美的田园风光。因山就势和古树环抱的木架板屋的民居，组成了紫鹊界“天人合一”的美妙自然景观。而南方稻作文化与狩猎文化的巧妙融合成就了紫鹊界人与自然和谐共处的稻作文化遗存，这里民风淳朴，苗瑶风俗世代相传，梅山山歌独具韵味，妇孺皆知；梅山饮食、梅山武术等风格独特；紫鹊民居古色古香、颇有特色；草龙舞、傩面狮身舞等风俗表演更是原始神秘、别有风情。

(一)龙普、石丰梯田

龙普、石丰梯田分布在或陡或缓或大或小的山坡上，层层叠叠横躺于天地间，片片相连数千亩，梯梯相垒几百台，高高低低，气势磅礴。龙普梯田景观分两部分，东部一组、八组的梯田密布于山山岭岭之间，气势磅礴，曲线婀娜，巍巍壮观，尤其是清晨，阳光洒满田畴，面与线显得更加突出，点缀于田园阡陌间的座座板屋，炊烟袅袅，融入薄薄轻纱晨雾之中，营造出一种近处清楚，远处朦胧的意境。黄鸡岭300亩贡粮梯田，老庄梯田、龙湘梯田又无限地沿着山势延伸。龙普梯田、石丰梯田南临锡溪河，一年四季有60天以上可看到雾气或者骤雨后形成的大片云海，其云雾在山黛之间流动，在梯田之中飘缈，如临仙境。特别是在这里看日出，天边的朝霞与地面的白雾交相辉映，其色彩瞬息万变，幻化无穷，可谓天下奇观(图15-6)。

图 15-6

(二)金龙梯田

从来时坳至丫髻寨之间，连续有12道山梁，起起伏伏，弯弯曲曲，而就在这山梁上开凿出几千亩梯田。宛若12条金龙，争相竞越，直撺山巅。每当下午时分，侧逆光洒在梯田的水面上，当阳的亮面与背光的暗面，将梯田清晰地映入眼帘，尤其感觉出梯田的伟岸。傍晚阳光在西边的晚霞中透过，

图 15-7

无数光柱从红霞中倾泻下来，与梯田融汇成无与伦比的奇观(图15-7)。

(三)千年古樟

千年古樟生在楼下村形如龙椅的东面小山丘上，潺潺溪流绕树而过。肥沃的土地，丰足的水源，滋养着古樟枝繁叶茂，樟果累累。古樟高15米，围径5米，从根部起往周围长出五根粗枝，形如华盖，其状怪异而威严(图15-8)。

图15-8

(四)瑶人冲梯田

瑶人冲梯田景观由两条山脊一个凼，形成一个“凹”字，西端山梁，从山下一直延伸到山顶，多达200余级，似一座铁塔，梯田坡度都在25°～50°之间，而水土从不流失，这里没有一口山塘，一座水库，连一条像样的水渠也没有，更无需人工引水灌溉，令人叹为观止。这里抒写着瑶人开凿梯田的丰功伟绩。据文物专家考察，在这里曾找到过瑶人遗留下的瑶人凼、瑶人峒、瑶人屋场等历史遗址(图15-9)。

图15-9

(五)云心谷桃花源漂流

两岸山势险峻，茂林修竹，景色秀丽；沿途鸟语花香，翠色盈目，别有风情；横江河婉蜒别致，激流阵阵，浪花飞溅。漂流途经百米龙槽、天门关、飞水滩、钻心吼、飞舟湾、背聋眼、大小黑塘、石牛塘、漏水洞、飞水洞等10多个景点，全程看不到一处人为的痕迹，是完整的全生态漂流(图15-10)。

图 15-10

图 15-11

(六)紫鹊界贡米

紫鹊界贡米是一种极其罕见的碱性米，米粒呈四色，以紫黑色为主，含有丰富的氨基酸和广泛的微量元素。米粒呈紫黑色，称为紫香米、黑香米。鹊界梯田利用地下矿泉水灌溉，旱涝保收，加上其位于海拔 500 ~ 1000 米之间，常年云雾缭绕，昼夜温差大，所以这里生产的紫米不但香软可口，而且富含各种有益的矿物质，弥足珍贵。目前紫鹊界贡米获得国家农产品地理标志认证，国内获此荣誉的仅有 3 种大米：四川再生稻、重庆西南米、紫鹊界贡米(图 15-11)。

(七)奉家米茶

图 15-12

奉家山一带，海拔在 800 米以上，峻岭挺拔，云雾缭绕，雨量充沛，溪流潺潺，土质肥沃，是植茶的天然之所。奉家米茶芽叶细嫩，香气馥郁，氨基酸、儿茶素含量尤高。当地人称“若得米茶天天饮，明目益思人长春”。清同治年间，被列为清迁贡品，以抵“征粮”。1982 年起，地区茶叶学会、科委组织茶叶界的专家和技术人员在继承传统工艺的基础上，借鉴各类名茶的采摘经验和加工技术，于 1986 年成功地将奉家米茶改造为形质皆美的新名茶——月芽茶(图 15-12)。

三、体验攻略

从长沙出发：长沙岳麓区学士收费站进入长韶娄高速，经二广高速、娄怀高速，由紫鹊界出口(炉观镇)下高速，走炉奉公路抵达景区，全程接需要 3 小时左右。

从娄底出发：经湘中大道、高丰路，上娄怀高速，转 S312，经 XK60、X062，抵达紫鹊界梯田景区。

第三节 湄江风景区

一、概 况

涟源湄江位于涟源市北部，东起肖家村，西至桃溪村，南抵深坑村，北达跑马村。由石陶、古塘、漆村、大桥、四古五个乡中的 40 村组成，距冷水江波月洞 45 千米，娄底市 50 千米，是湖南旅游网络的中心地带，地处全国旅游热线上，交通方便。具有得天独厚的区位优势。景区所在地位于中亚热带大陆性季风湿润气候区。热量丰富，温度适宜，四季分明。全年平均气温 16～17.3℃。年平均日照时间 1538 小时，东部多于西部。无霜期 268 天。全市年平均降水量 1406 毫米。湄江自 1992 年开发建设以来，累计投资 1.2 亿元开发开放了观音崖、藏君洞、仙人府、塞海湖、龙泉峡、大江口等六大景区，配套完善了邮电通讯、道路交通、供电供水、宾馆饭店以及医疗卫生等一列旅游服务设施，已评定为国家 AAAA 级景区。

二、主要森林体验和养生资源

湄江总面积 136.64 平方千米，风光秀丽、山水奇特、景观齐全，集山、水、洞、峰、石、泉、瀑布、悬崖、峭壁、深坑及溶崖湖于一身。有褶皱、断裂和节点发育等构造地貌类型，龙泉峡、藏君洞、黄罗湾是第四纪的产物，具有幼年期岩溶地貌发育特征和标志，有别于路南石林和张家界，具有较高的美学价值和地质学岩溶地貌科研价值，景区共有四百多个景点：其中一级景点76个，二级景点126个，三级景点226个，分布在十大景区之内：即观音崖、藏君洞、古神州、塞海、龙泉峡、黄罗湾、香炉山、仙人府、大江口、仙人寨。

（一）天生桥

天生桥位于涟邵盆地车田江向斜之东翼，公园西部寨背岭之南，为一座典型的碳酸盐岩三孔自生桥，桥的形成与地下水的溶蚀作用和重力崩落作用有关，其桥南为一座单孔桥，高40米，跨度10米，为内仙桥，过小溪，便见一座双孔桥，高50米，跨度30米，为外仙桥，两桥扭曲连为一体，组成一个三孔立交桥。溪流从桥下通过，桥旁有4座小石峰，似四个桥墩，似一座即将完工的多孔天生桥，该天生桥在目前碳酸盐岩溶天生桥中极为独特，据资料显示，是我国碳酸盐岩岩溶发育区发现的唯一一座双曲三孔自生桥，属国家级地质遗迹景观（图15-13）。

图 15-13

（二）仙人府溶洞

仙人府溶洞位于天生桥的南边，溶洞长280米，平均宽30米，高60米。洞内地下河与天生桥下小溪贯通，小溪高出地下河35米，从小溪进仙人府洞形成一高30米之瀑布，随之瀑布流水入仙人洞，构成洞内之暗河（图15-14）。

图 15-14

（三）塞海莲花涌泉

莲花涌泉位于观音崖—藏君洞景区内，为一大流量的上升涌泉。涌泉流量最大5000 升/秒，最小 500 升/秒，为一终年不断水的涌泉。泉水从 5 个环抱的泉眼中涌出，每个泉眼动水直径 1 ~2 米。此泉分布在莲花池中，远看似莲花朵朵，荡漾池中，近看如水沸腾翻滚，为我国目前发现的几个奇特上升泉中的一个。国内比较著名的涌泉如山东济南的趵突泉，被誉为“天下第一泉”，其泉眼为三个，涌水量为 1500 升/秒，而公园内的莲花涌泉无论从泉水的流量上，还是涌泉孔数量、景观特色及持续性上，都超越了山东济南趵突泉，是具有国内典型地学意义的水体景观，属国家级地质遗迹景观（图 15-15）。

图 15-15

（四）观音崖

为一个岩溶环抱型的半圆峭壁，直径 0.5 千米，观音崖海拔高度为 499.8 米，相对高度 300 余米，系岩溶侵蚀侵蚀形成的圆形巷道式峭壁，观音崖原为落水洞，因地壳上升，不断崩塌而形成，目前崖壁上仍发育有观音洞、藏佛洞、罗汉洞、盘蛟洞、藏经洞等绝壁五洞，与藏君洞一起，呈三个高度分布，即 350 ~500 米，250 ~350 米，150 ~250 米。峭壁上溶洞的多层分布反映了三次地壳间歇性运动，具有重要的地学意义（图 15-16）。

图 15-16

（五）十里画廊

十里画廊位于黄罗湾，又名黄罗湾峭壁，被誉为“三湘一绝”，峭壁巍峨挺拔、气势恢弘，沿湄江西岸呈南北展布，长达 3500 米，与河床相对高差达

360 米，悬崖断面近乎直立，仿佛一座巨大的长城屏障，悬崖峭壁上因风化作用形成色彩绚丽、多姿多彩的奇异画面，其色彩随季节、晨昏变化，构成一副色彩斑斓的十里画廊，可谓华夏一绝。据岩溶地质专家考证，在岩溶地貌区有如此规模的悬崖峭壁，实属罕见，属国家级地质遗迹(图 15-17)。

图 15-17

三、体验攻略

从长沙出发：经长潭西高速，转长韶娄高速，经二广高速，转 G207、X031，抵达景区。从娄底出发：由湘中大道，进内环线，上娄涟公路，转 X186，经 XH27 到达目的地。全程需要约 70 分钟。

第四节　大熊山国家森林公园

一、概　况

大熊山国家森林公园地处寒武原嵩山大背斜北翼，属雪峰山脉北段中山地貌，位于湖南湘中娄底市新化县境北部，与安化县接壤，距县城约 78 千米。公园总面积 7623 公顷，森林覆盖率 92%，公园属亚热带风季风湿润气候区，年平均气温 14℃，年降水量 1560 毫米，无霜期约 220 天。1958 年，大熊山建立国有林场，1992 年批准建立省级森林公园，2002 年评定为国家级森林公园，境内有蚩尤文化体验区、春姬峡谷观光区、大熊峰登山揽胜区、川岩江原始探险区、生态养生度假区、森林生态保护区六大功能区。

二、主要森林体验和养生资源

大熊山属雪峰山脉北段中山地貌。海拔在 350 ~ 1150. 6 米，从新生界到元古界，向人们展示了完整的地质演变过程。40 余座海拔 1000 米以上的山峰，组成宏大的山体，横亘湘中，连绵百里，最高点九龙峰海拔 1662 米，属湘中最高峰，与海拔 1602. 15 米的瞭望台遥相耸立。公园内物种繁多，是湘中唯一的物种基因宝库，森林蓄积量38万立方米，据考察，境内共有维管植物1286种，其中木本植物573种，在湖南仅次于湘西北的武陵源。这些植物，有国家一级保护对象3种，即南方红豆杉、银杏、钟萼木，二级40种，有濒临绝灭的连香树、金钱柳、罗柏、天师栗等。最为称奇的是熊山古寺的银杏王，树冠160平方米，树高28.5米，树龄1400多年，有“中国银杏王”之美称。在公园川岩江原始探险区，至今还保存着2000余公顷原始次生阔叶林，是湘中地区唯一幸存的一块受人为干扰最少的宝地，蕴藏着极为丰富的植物资源。有野生动物240余种，共有陆栖脊椎动物38科59种；主要野生动物有獾、白咪子、松鼠、刺猬、野猪、兔等。其中国家一级保护对象3种，即云豹、金钱豹、白颈长尾雉，国家二级保护对象24种。

（一）古树名木

大熊山境内拥有众多古树名木，其中以熊山古寺内红枫、银杏王和苍木最具代表性。古寺入口20米处左侧，一株五角枫、枝条、树形优美，主干粗壮，树高20米，胸围1.5米，树龄约为300～400年，秋季为最佳观赏时节；古寺内有一株高28.5米，胸径2米，树冠面积为160平方米，树龄为1400多年的“湖南银杏王”，主干粗大苍老，其树冠枝繁叶茂，环境优雅，绿树成荫；寺院门口30米处的一株古老金钱树，树高22米，胸径0.6米，树龄约200～300年，干枝苍老，开花结果时节，书上挂满铜线似的果实，饶有生趣(图15-18)。

图15-18

（二）原始次生林

原始次生林位于大熊山西部瞭望台北坡，面积约为

图15-19

2000 余公顷，建群树种为亮叶水青冈，生长良好，树木层次分明，郁闭度大，苍天古木众多，是湘中地区唯一幸存的一块受人为干扰最少的宝地，蕴藏着极为丰富的植物资源(图 15-19)。

(三)十里杜鹃

在大熊山瞭望台南坡海拔 1200～1400 米之间的山坡上，分布着野生山地杜鹃群落，生长良好，高度都在1～2 米之间，几乎无其他杂生灌木，春季时满山红遍，风景迷人，是踏青修养的理想之地(图 15-20)。

图 15-20

(四)熊山白雪

大熊山森林公园主峰的九龙池，海拔 1622 米，气温低，冬季积雪时间长，大雪过后，山下已是阳光明媚，山上仍是冰晶玉洁，晶莹剔透，登顶观雪，可领略北国风光，山下远眺群山，亦是白雪皑皑，气势非凡(图 15-21)。

图 15-21

三、体验攻略

从长沙出发：经由上瑞高速到娄新高速，从新化行驶 68 千米达到大熊山国家森林公园。从娄底出发，走湘中大道，进高丰路，转楼怀高速，经 S217、白沙洲路、梅苑南路梅苑北路，抵达目的地。全程需要约 180 分钟。

参考文献

陈起阳. 2012. 森林旅游开发与森林资源保护关系的探讨[J]. 中国城市林业, 10(4): 20－23.

陈秋华, 陈贵松, 等. 2015. 森林旅游低碳化研究[M]. 北京: 中国林业出版社.

董成森, 熊鹰, 覃鑫浩. 2008. 张家界国家森林公园旅游资源空间承载力[J]. 系统工程, 26(10): 90－94.

方洪. 2012. 我国体育旅游分类及可持续发展对策研究[J]. 赤峰学院学报, 28(8): 117－119.

国家林业局. 2015. 2014中国森林等自然资源发展报告[M]. 北京: 中国林业出版社.

国家林业局. 2014. 建设生态文明, 建设美丽中国[M]. 北京: 中国林业出版社.

贺晖, 熊健. 2008. 现代旅游传播学[M]. 长沙: 湖南科学技术出版社.

湖南省地方志编纂委员会. 1999. 湖南省志. 第二十七卷. 宗教志[M]. 长沙: 湖南人民出版社.

湖南省旅游局. 2008. 湖南导游词[M]. 长沙: 湖南科学技术出版社.

湖南省旅游局. 2003. 湖南导游词精选[M]. 长沙: 湖南科学技术出版社.

皇甫晓涛. 2007. 创意中国与文化产业[M]. 广州: 暨南大学出版社.

黄子燕. 2008. 中外旅游休闲自然地理[M]. 北京: 旅游教育出版社.

蒋敏元, 沈雪林. 1990. 森林旅游经济学[M]. 哈尔滨: 东北林业大学出版社.

李威, 何珊珊. 2007. 发展森林生态旅游的几点思考[J]. 林业勘查设计(1): 24－25.

刘之明. 2013. 智慧旅游[M]. 北京: 中国旅游出版社.

吕忠义. 2014. 风景园林美学[M]. 北京: 中国林业出版社.

彭蝶飞. 2003. 南岳衡山国内旅游客源市场调查分析[J]. 湖南环境生物职业技术学院学报, 9(1): 51－57.

彭镇华, 等. 2014. 中国城市林业[M]. 北京: 中国林业出版社.

彭镇华. 2014. 湖南现代林业发展战略[M]. 北京: 中国林业出版社.

曲利娟, 傅桦. 2008. 我国森林旅游效益评价研究[J]. 首都师范大学学报(自然科学版)(4): 89－93.

屈中正, 罗运祥. 2002. 南岳自然保护区人文资源的调查研究[J]. 湖南环境生物职业技术学院学报, 8(4): 274－278.

屈中正. 2012. 森林旅游文化的内涵及其特点[J]. 林业与生态, 10(4): 12－13.

屈中正. 2012. 挖掘文化资源促进森林旅游[J]. 低碳生活, 38－39.

屈中正. 2010. 中国森林旅游文化[M]. 南京：东南大学出版社.
全国导游人员资格考试教材编写组. 2016. 全国导游基础知识[M]. 北京：旅游教育出版社.
桑景拴. 2007. 我国森林旅游资源开发利用刍议[J]. 林业建设(1)：28－31.
王林琳，翟印礼. 2008. 我国森林生态旅游存在问题与发展对策[J]. 西南林学院学报，28(4)：146－148.
王岩，徐蕊. 2009. 森林旅游价值构成要素研究[J]. 林业科技，34(1)：68－70.
吴易明. 2003. 中国生态旅游业研究[D]. 江西财经大学博士学位论文.
吴章文，吴楚材，等. 2008. 森林旅游学[M]. 北京：中国旅游出版社.
吴章文，吴楚材. 2003. 湖南旅游资源研究[M]. 长沙：湖南科学技术出版社.
谢春山. 2015. 旅游文化的四类研究[M]. 北京：中国旅游出版社.
薛惠锋，张晓陶. 2009. 探索森林生态旅游的可持续发展[J]. 环境经济(9)：51－53.
杨载田. 2008. 中国旅游地理[M]. 北京：科学出版社.
姚国明. 2007. 生态林业与森林游憩可持续发展的协调研究[J]. 河南林业科技，27(6)：42－45.
易小力. 2014. 文化遗产与旅游规划[M]. 北京：北京大学出版社.
尹华光. 2003. 旅游文化[M]. 北京：高等教育出版社.
余美珠. 2005. 福建省森林旅游资源开发战略研究[D]. 福建师范大学硕士学位论文.
张颖，杨桂红. 2015. 森林碳汇与气候变化[M]. 北京：中国林业出版社.
郑冬子，任云. 2007. 中国旅游文化地域类型初步研究[J]. 中国科技信息(23)：144－147.
朱有志，等. 2010. 湖南在当代中国的战略地位[M]. 长沙：湖南人民出版社.
左家哺. 1998. 南岳森林生物多样性研究[M]. 北京：中国林业出版社.